细胞生物学理论
及发展研究

张 辉 黄循吟 程 爽 编著

中国水利水电出版社
www.waterpub.com.cn

内 容 提 要

本书按照细胞的结构层次和相关理论的内在联系,循序渐进地安排内容。其显著特点是内容全面、重点突出,尽可能地反映学科的最前沿进展。全书共分为 10 章,主要内容包括:细胞与细胞生物学,细胞生物学研究方法,细胞膜与跨膜运输,细胞质基质与细胞内膜系统,线粒体与叶绿体,细胞核与染色体,核糖体,细胞骨架,细胞周期和细胞分裂,细胞的分化、衰老和死亡等,适合从事相关研究工作的人员参考阅读。

图书在版编目(CIP)数据

细胞生物学理论及发展研究/张辉,黄循吟,程爽
编著.--北京:中国水利水电出版社,2015.6(2022.10重印)
ISBN 978-7-5170-3228-1

Ⅰ.①细… Ⅱ.①张… ②黄… ③程… Ⅲ.①细胞生
物学一研究 Ⅳ.①Q2

中国版本图书馆 CIP 数据核字(2015)第 108333 号

策划编辑:杨庆川 责任编辑:陈 洁 封面设计:崔 蕾

书 名	细胞生物学理论及发展研究
作 者	张 辉 黄循吟 程 爽 编著
出版发行	中国水利水电出版社
	(北京市海淀区玉渊潭南路 1 号 D 座 100038)
	网址:www. waterpub. com. cn
	E-mail:mchannel@263. net(万水)
	sales@ mwr.gov.cn
	电话:(010)68545888(营销中心)、82562819(万水)
经 售	北京科水图书销售有限公司
	电话:(010)63202643、68545874
	全国各地新华书店和相关出版物销售网点
排 版	北京厚诚则铭印刷科技有限公司
印 刷	三河市人民印务有限公司
规 格	184mm×260mm 16 开本 17 印张 413 千字
版 次	2015年8月第1版 2022年10月第2次印刷
印 数	3001-4001册
定 价	60.00 元

前　　言

细胞生物学是在显微水平、超微水平和分子水平等不同层次上，研究细胞的结构和功能的科学，旨在探索生物体的生长发育、繁殖分化、遗传变异、运动迁徙、衰老死亡等生命活动基本规律。现代细胞生物学已经从分子水平阐明了细胞的结构与功能，这与20世纪80年代以来出现的基因组学、蛋白质组学、代谢组学、系统生物学等分子水平系统性研究的巨大进步密切相关。细胞是一切生命活动结构与功能的基本单位，几乎所有生物学关键问题都必须在细胞中找寻答案。

细胞生物学是基础生物学与生命科学各学科之间的桥梁，从这一意义上来说，细胞生物学是一门承上启下的学科，与分子生物学同是现代生命科学的基础，广泛地渗透到医学、遗传学、发育生物学、生殖生物学、神经生物学和免疫生物学等生命科学各领域的研究中。现代细胞生物学与物理学、化学、信息科学、材料科学、计算机科学等各领域间形成广泛的交叉，并与农业、医学和生物高新技术的发展密切相关。

细胞生物学又是一门发展迅速的基础学科，对生物体从宏观到微观分子的深入探索，以及从微观分子到完整生物体的系统生物学整合，细胞生物学都是最为关键的篇章。本书是作者在总结多年教学经验，参考细胞生物学文献资料的基础上完成的。

目前，有关细胞生物学的图书有很多，然而，本书也有其独到之处，具体体现在以下两个方面。

(1)内容全面，注重理论与应用的全面介绍，细胞生物学涉及的知识点均在本书有所体现，尽可能地做到没有遗漏。

(2)突出新理论，挖掘新技术，拓展新领域，基本上反映了本学科的前沿动向，其时代特征非常明显。

全书共10章，主要内容包括：细胞与细胞生物学，细胞生物学研究方法，细胞膜与跨膜运输，细胞质基质与细胞内膜系统，线粒体与叶绿体，细胞核与染色体，核糖体，细胞骨架，细胞周期和细胞分裂，细胞的分化、衰老和死亡等。

全书由张辉、黄循吟、程爽撰写，具体分工如下：

第6章、第8章～第10章：张辉（石河子大学）；

第1章、第2章、第5章、第7章：黄循吟（海南师范大学）；

第3章、第4章：程爽（南阳理工学院）。

作者在撰写过程中，参考了很多文献及书刊资料，受篇幅所限，恕不一一列举。同时，本书得到了学校领导的高度重视和大力支持，也得到了很多老师直接或间接的帮助和有益指导，在此一并表示衷心的感谢。此外，出版社的工作人员为本书稿的整理做了许多工作，感谢你们为本书顺利问世所做的努力。

细胞生物学研究涉及面广,知识更新速度快。虽然作者力求把工作做到尽善尽美,但因水平有限,时间仓促,书中难免会有疏漏和不妥之处,敬请广大专家、读者批评指正。

作者

2015 年 2 月

目　　录

第1章 细胞与细胞生物学

1.1 细胞及细胞生物学概述

细胞(cell)是有机体结构和功能的基本单位,也是生命活动的基本单位。对细胞生命现象进行研究的科学就是细胞学(cytology),其研究方向涉及细胞的形态结构和功能、分裂和分化、遗传和变异以及衰老和病变等。随着近代物理技术、化学技术和分子生物学技术等相关科学技术的成功应用,细胞学研究从细胞整体层次和亚细胞层次深入到分子层次,以动态的观点研究细胞和细胞器结构和功能、细胞生活史和探索细胞的基本生命活动,即所谓细胞生物学(cell biology)。细胞生物学是一门正在迅速发展中的新兴学科,是现代生命科学前沿最活跃、最富有发展前景的分支学科之一。从生命结构层次上看,细胞生物学介于分子生物学和发育生物学之间,其研究内容和范畴又与二者相互衔接,相互渗透。

由此可见,细胞生物学是一门承上启下的学科,与分子生物学一道共同构成现代生命科学的基础,在遗传学、发育生物学、生殖生物学、神经生物学和免疫生物学等研究之中都可以看到它的身影,并与农业、医学、生物高新技术的发展密切相关,是当今生命科学中的前沿学科之一。

1.2 细胞生物学的主要研究内容

细胞生物学的研究面非常广,就其发展的历程来看,各个不同时期其侧重点是不相同的,并与医学有着密切的关系。现今细胞生物学研究的内容,可大致归纳为如下研究领域。

1. 细胞核、染色体以及基因表达

细胞核是遗传物质储存、复制和转录的场所,它控制着细胞的生命活动。染色体(chromosome)位于细胞核内,由核蛋白构成,是遗传物质(基因)的载体。遗传信息由 DNA→mRNA→蛋白质传递过程中,在细胞核内转录,在细胞质中翻译。真核细胞多基因表达调控的环节,赋予真核细胞更为复杂的功能。目前,对真核基因表达转录前、转录、转录后水平和翻译、翻译后水平的调控的研究正在如火如荼地进行着,对生命本质的理解程度也不断加深。

2. 细胞膜与细胞器

细胞膜(cell membrane)使细胞具有一个相对稳定的内环境,同时,在细胞与环境之间进行物质和能量交换及信息传递过程中也起着决定作用。细胞器是细胞内生物膜包被的各种功能性结构,包括线粒体、内质网、高尔基体、溶酶体、液泡、核糖体和中心体等。生命科学中的诸多重大问题,均与细胞膜和细胞器脱不了干系,对二者的研究也是细胞生物学的工作重点。

3. 细胞骨架系统

细胞骨架系统是真核细胞中由蛋白质纤维构成的复杂网络体系,包括细胞质骨架和细胞核骨架,它不是一成不变的,而是会随着机体细胞的各种生理活动状态而发生动态改变,因而,细胞骨架在时间和空间上受细胞内外因素的调控。目前,人们对细胞骨架的研究已由形态观察为主进入分子水平。细胞骨架不仅在保持细胞形态、维持细胞内各结构成分的有序性排列方面起重要作用,而且与细胞的多种生命活动如运动、分裂、增殖、分化、物质运输、信息传递、能量转换及基因表达等密切相关,可以说在细胞的一切重要生命活动中均可看到它的身影。

4. 细胞增殖及其调控

细胞正常的分裂、增殖、分化与衰老维持着有机体自身的稳定,细胞周期的异常会导致这一系列过程的紊乱。细胞的增殖是通过细胞周期来实现的,因此,想要对机体的生长和发育进行研究的话,前提条件是了解细胞增殖的基本规律及细胞周期的调控机制。目前已经发现三类细胞周期调控因子,包括细胞周期蛋白、细胞周期蛋白依赖性激酶和细胞周期蛋白依赖性激酶抑制物,它们之间的相互作用影响着细胞周期的进程。随着研究的不断进展,将有更多的调控因子被发现,对调控机制的了解程度也会不断地加深,继而使人为促使休眠细胞或不分裂细胞(终端细胞)再增殖,或者障碍细胞及增殖失控细胞恢复正常有序的增殖等成为可能,这方面的研究意义深远。

5. 细胞的生长和分化

细胞生长可以表现为细胞大小、细胞干重、蛋白质及核酸含量的增加,而细胞间质的增加也是细胞大小增加的一种形式。细胞生长受到细胞表面积与体积的比例、细胞核质比等因素的制约,当生长到达一定阶段,细胞的状态就会发生变化,会从稳定状态转变为不稳状态。细胞分化完成后并不是所有的细胞都有生长的过程。大多数的组织器官都是通过持续的细胞分裂以增加细胞数量的方式来生长,只有少数细胞(像神经元细胞)是通过增大细胞体积的方式来生长的,随着个体的不断发育,神经元胞体,特别是轴突的部分也要不断地伸长。

细胞分化是同一来源的细胞逐渐发生各自特有的形态结构、生理功能和生化特征的过程,其结果是,在空间上细胞之间出现差异,在时间上同一细胞较其原来的状态不会维持原状也是会发生变化的。故细胞分化是从化学分化到形态、功能分化的过程。

6. 细胞的衰老和凋亡

细胞衰老的研究是生物体寿命研究的基础。细胞总体的衰老导致个体的老化,但细胞的衰老并不等同于有机体的衰老。目前衰老的研究更多的是集中在分子水平,如探索衰老相关基因(senescence associated gene);癌基因或抑癌基因等肿瘤相关基因与细胞衰老的关系;染色体端粒与细胞衰老的关系等。通过细胞衰老的研究,能够获知细胞衰老的规律,对认识衰老和最终找到延缓衰老的方法都有重要的意义。

细胞凋亡(apoptosis)是由一系列基因控制并受复杂信号调节的细胞自然死亡现象。细胞凋亡可能是生物体正常生理发育与病理过程中的重要平衡因素。细胞凋亡与个体生长、发育以及疾病的发生和防治密切相关,因此,细胞凋亡的关键调控基因及其作用机制研究的意义是非常重要的。

7. 细胞信号转导

细胞信号转导是指细胞外因子(配体)通过与受体(膜受体或核受体)结合,引发细胞内的一系列生物化学反应以及蛋白间相互作用,从而启动细胞生理反应所需基因的表达,直至产生各种生物学效应的过程。近年来研究发现,有多种信号转导方式和途径存在于细胞内部,而各种方式和途径间还存在着多个层次的交叉调控,构成一个十分复杂的网络系统。阐明细胞的信号转导机制对认识有机体的生命活动有极其重要意义,也为疾病机制、药物筛选及毒副作用研究等提供理论基础。

8. 干细胞及其应用

干细胞是一类具有自我复制能力的多潜能细胞,在一定条件下,在它的基础上可以进一步分化成各类细胞。干细胞分为胚胎干细胞和成体干细胞两类。胚胎干细胞为全能干细胞,而成体干细胞是多能干细胞或单能干细胞。多种内在机制和微环境因素均会对干细胞的发育造成影响,目前,人类胚胎干细胞已可以在体外培养;成体干细胞也可以诱导分化为多种类型的细胞和组织,在此基础上可以实现干细胞的广泛应用。尽管由于社会伦理学等方面的原因,人类胚胎干细胞的研究工作在全世界范围内引起了很大的争议,但作为当前生物工程领域的核心课题之一,人类胚胎干细胞将为医学的基础研究和临床应用带来广阔的前景和深远的影响。

9. 细胞工程

细胞工程是细胞生物学与遗传学的交叉领域,是生物工程的重要组成部分。细胞工程是通过细胞融合、核质移植、染色体或基因移植以及组织和细胞培养等方法,按照人们的设计蓝图改造细胞的某些生物学特性,进行细胞水平上的遗传操作以及大规模的细胞和组织培养。目前,细胞工程涉及的主要技术领域有细胞培养、细胞融合、细胞拆合、染色体操作及基因转移等。近年在世界范围兴起的用哺乳动物体细胞克隆而获得无性繁殖胚胎与个体,是细胞工程最具有创新性的工作之一。

1.3 细胞生物学的发展简史

1.3.1 细胞的发现及细胞学说的建立

1. 细胞的发现

大多数细胞的直径在 $30\mu m$ 以下,这是人类裸眼无法分辨的,因此细胞的发现与光学放大装置的发明有着密切关系。最早的一台显微镜是由荷兰的眼镜商 Janssen 父子在 1604 年组装的。就现在来看,这台显微镜的分辨率非常低,在它的帮助下可以对小型昆虫的整体结构进行观察,如跳蚤,故名"跳蚤镜"。这台显微镜的生物学价值虽然不大,与细胞的发现也无直接关系,但它将光学放大装置提高到显微镜水平的技术却为后人提供了一定参考。

半个多世纪以后,英国物理学家 Hooke 制造了第一台显微镜并用于生物样本的观察。Hooke 将他在显微镜下观察到的软木塞的蜂巢样结构汇编成《显微图谱》一书,于 1665 年发表问世。在此书中他这样描述了显微镜下的结构:"我一看到这些现象,就认为是我的发现,因为它的确是我第一次见到过的微小孔洞,也可能是历史上的第一次发现,使我理解到软木为什么这样轻的原因。"在这部论著中，Hooke首次使用拉丁语"celia"（即小室）一词描述显微镜下的微小孔洞。此后，生物学家就用细胞"cell"一词来描述生物体的基本结构单位并一直沿用至今。实际上Hooke所观察到的小室，是植物已死细胞的细胞壁，但Hooke的工作是人类历史上第一次看到细胞的轮廓，因此，后人将细胞的发现归功于Hooke，他所描绘的这些蜂巢样结构成为细胞学史上第一个细胞模式图。

真正利用显微镜进行活细胞观察的是荷兰科学家Leeuwenhoek。Leeuwenhoek以经营布匹和纽扣生意为生，其业余爱好是磨制透镜并将其组装成简单的显微镜。利用自制的显微镜，Leeuwenhoek首先对池塘水中的不同形态的细菌进行了观察并描述。他把观察的现象报告给英国皇家学会，得到英国皇家学会的肯定而成为会员。Leeuwenhoek一生磨制了很多透镜，组装了上百架显微镜，至今，他所组装的显微镜还陈列在荷兰的一所大学，以纪念他对活细胞的发现。

2. 细胞学说的建立

从19世纪初到中期，细胞学说（the cell theory）的建立可以说是该时期的突出成就。

在Hooke发现细胞后的一百多年间，细胞的研究因显微镜技术未得到明显进步而受到限制。尽管如此，科学家们还是做了很多有意义的观察。1827年，Bear在蛙卵和几种无脊椎动物的卵中观察到了细胞核。1835年，Dujardin把低等动物根足虫和多孔虫细胞内的黏稠物质称为"肉样质"。1839年，捷克著名的显微解剖学家Pukinje首先提出了原生质（protoplasm）的概念，随后Von Mohl将原生质概念应用于植物细胞。而Schultze发现动物细胞中的"肉样质"和植物细胞中的原生质在性质上是保持一致的，建立了"原生质学说"。自此，"细胞是有膜包围的原生质团"的基本概念得以形成。此后学者们又更明确地把围绕在核周围的原生质称为细胞质，把核内的原生质称为核质。

直到19世纪30年代，人们才意识到细胞的重要性，其中代表性的工作是由德国的两位科学家Sehleiden和Schwann完成的。1838年，德国植物学家Schleiden总结了关于植物细胞的工作，发表了《植物发生论》一文，提出尽管各种植物组织在结构上千差万别，但无一例外的是所有植物都是由细胞组成的，并且植物胚胎来自于一个单个的细胞。一年后，德国动物学家Schwann发表了关于动物细胞研究的综合工作报告《关于动植物的结构和生长一致性的显微研究》，论证了动物细胞和植物细胞在结构上的相似性，并提出了细胞学说的两点主要内容：所有的有机体都是由一个或多个细胞构成的；细胞是生物体的基本结构单位。

细胞学说的建立首次对生物界的统一性和共同起源进行了论证，对此恩格斯曾给予高度评价，把它与达尔文的进化论及爱因斯坦的能量守恒定律并列为19世纪的三大发现，并指出"三大发现使我们对自然过程相互联系的认识大踏步地前进了"。

然而，对于细胞起源的问题上，Schleiden和Schwann都认为细胞可能来自于非细胞物质。鉴于这两位科学家在细胞领域的突出成绩，大多数的科学家都不否认该观点。直到1855年，德国病理学家Virchow根据实验观察明确指出："细胞只能由已经存在的细胞分裂而来。"这一理论的提出对细胞学说做了重要补充，也为现代组织胚胎学的形成奠定了理论基础。

经过Virchow的补充，细胞学说的基本内容可以概括为以下三点：所有的有机体都是由一个或多个细胞构成的；细胞是生物体的基本结构单位；细胞只能由已经存在的细胞分裂而来。

1.3.2　细胞学的形成

细胞学说的建立把生物学的注意力引向细胞,对细胞的研究程度也不断得以加深。特别是在 19 世纪下半叶,对细胞的研究进入了极其繁荣的时期,研究人员相继发现了许多重要的细胞器和细胞活动现象。

首先是细胞分裂现象的揭示。由于显微技术的限制,最早对有丝分裂的认识来自对细胞核与细胞分裂的观察,并没有将染色体与细胞分裂联系起来。1841 年,波兰生物学家 Remak 在其发表的论文中对鸡幼胚有核红细胞分裂成为两个带核子细胞的全过程进行了详细记载。1842 年,瑞士植物学家 Von Nageli 在其出版的著作中阐明植物细胞核在分裂过程中被一群很微小、生存时间很短的微结构所替代。这一结构在 1848 年得到了 Hofmeister 的证实,并在 1890 年由 Walderyer 将其命名为染色体(chromosome)。Hofmeister 在他 1849 年出版的专著中精确地记载了植物有丝分裂过程,包括细胞分裂前期细胞核形态的变化、核膜的消失,细胞中期纺锤体和染色体的复合结构,细胞分裂后期两组染色体的产生,细胞分裂末期核膜的重新形成以及在两个子细胞中间出现细胞壁。1877 年,德国生物学家 Flemming 在对各种蝾螈细胞有丝分裂进行了认真的研究之后,第一个提出了染色体"纵向分裂"模式。随后 Schneider 的工作也证实在细胞分裂过程中,染色体纵分为二,分别进入到两个子细胞中,他将这一过程称为核分裂。由于在分裂过程中出现染色质丝,Flemming 在他 1882 年出版的著作中,将其称为有丝分裂(mitosis)。随后,Strasburger 根据染色体的行为把有丝分裂期分为前期(prophase)、中期(metaphase)和后期(anaphase)。1894 年,Richard 的助手提出用"telophase"一词来将有丝分裂的末期表示出来。根据染色体的形态变化,复杂的有丝分裂的过程被划分为前期、中期、后期、末期四个时期。1915 年,Lundegardh 提出用"interphase"一词表示细胞分裂的间期。至此,人们在形态学上对有丝分裂的全过程有了全面的认识。

这一时期,科学家也发现染色体的数目在同一物种中是一成不变的。Strasburger 和 Flemming 分别以植物和动物为材料进行研究,提出细胞核从一代细胞传到下一代子细胞中,保持着实体的连续性。1882 年,Strasburger 发现一种百合科植物的染色体数目总是 12 条,而一种石蒜科植物的染色体数目保持在 8 条。比利时动物学家 Beneden 在马蛔虫中也观察到有相同数量的染色体存在于其体内。1885 年,Rabl 在蝾螈中看到 24 条染色体,并首次提出一个物种的染色体数目保持不变的理论。19 世纪 80 年代末,Boveri 报道说:动物体配子在形成过程中染色体数目减少一半。不久 Strasburger 在植物细胞中也发现了这种现象。1905 年,Farmer 和 Moore 把生殖细胞通过分裂使染色体数目减半的分裂方式称为减数分裂(meiosis)。这些研究阐明了生殖细胞内染色体在减数分裂过程中减少了一半,通过受精在下一代又恢复到原来数目,揭示了核物质在两代个体间保持数目恒定的机制。至此,人们对几种重要的细胞分裂方式有了全面的认识。

其次是重要细胞器的发现。这一时期,在细胞质基质中,许多细胞器相继被人们发现。例如,1887 年,Boveri 和 Beneden 在细胞质中发现中心体。同年 Benda 发现了线粒体。1898 年 Golgi 发现了高尔基体,这些工作代表人们对细胞结构在显微水平的细微了解。

从以上的工作可以看出,19 世纪下半叶是细胞学发展的黄金时代,新的发现如雨后春笋般不断涌现,恰在此时,德国胚胎学家和解剖学家 Hertiwig 发表了《细胞与组织》(Zelle and

Gewebe)这一名著,提出:"有机体的进化过程是细胞进化过程的反应",为细胞学(cytology)作为一个新学科从生物学分离出来奠定了基础。此后,1925 年,Wilson 发表了《细胞——在发育和遗传中》(The cell——in Development and Heredity)一书。在该书的第二版中,Wilson 绘制了一张含有核、核仁、染色质丝、中心粒、质体、高尔基体、液泡和油滴等结构的细胞模型图,代表着光学显微镜下人们对细胞的整体认识,是细胞学史上第二个具有代表意义的细胞模式图。

1.3.3　细胞学分支学科的产生

19 世纪末到 20 世纪初,随着对细胞形态结构认识程度的不断加深,学者们对细胞的遗传现象、细胞器的功能以及细胞生化代谢和生理活动等方面的研究也相继地展开起来,于是便以细胞为中心,发展起来如细胞遗传学、细胞生理学、细胞化学和实验胚胎学等一系列新兴学科。

1. 细胞遗传学

1876 年,Hertwig 发现了动物的受精现象。随后 Strasburger(1888 年)和 Overton(1893 年)在植物细胞中也发现了受精现象。1883 年,Roux 提出染色体是遗传单位的携带者。1884 年,Hertwig 和 Strasburger 提出有控制遗传性状的因子存在于细胞核内。关于遗传的物质基础,人们进行了种种猜测,提出了异胞质和泛生子的概念。1885 年,Weismann 提出了种质学说,明确指出种质完全不同于体细胞,是遗传性的唯一携带者,并且对种质和体质进行了明确地区分,认为种质可以影响体质,而体质不能影响种质,在理论上为遗传学的发展开辟了道路。这一时期,在受精现象和细胞分裂方面的研究所取得的进展,也为理解 1865 年 Mendel(孟德尔)的遗传定律奠定了理论基础。1900 年,Mendel 的工作得到荷兰的 Devries、德国的 Correns 和奥地利的 Tschermak 三位从事植物杂交工作学者的重新证实,他所提出的遗传学基本理论随即获得了广泛的认可。1909 年,丹麦植物生理学家和遗传学家 Johansen 将孟德尔式遗传中的遗传因子称为基因。而 Boveri 和 Sutton 所建立的遗传的染色体学说,将染色体的行为与孟德尔的遗传因子之间建立了关系,为遗传因子赋予了实质的内涵。1910 年,Morgan 在其基因学说中直接指出基因直线排列在染色体上,是决定遗传性状的基本单位。

2. 细胞生理学

在细胞生理学方面,1907 年,Harrison 利用淋巴液成功培养了神经细胞。在此基础上,Carrel 于 1912 年建立了更为复杂而科学的组织培养技术,包括无菌操作、培养液的制备和专业培养器皿的选择。该技术沿用至今,只是在此基础上稍有改进。

1943 年,Claude 建立了差速离心技术,从细胞匀浆中分离出各种细胞器,并对其化学组成以及酶在各种细胞器中的定位进行了研究,使得人们对细胞的代谢以及某些细胞器的功能有了新的认识。

3. 细胞化学

这一时期在细胞化学方面也有很多发现。1871 年,Miescher 从白细胞中提取出了核素,其后,Altmann 将核素纯化后分析发现,其化学组成为特定的糖和含氮碱基构成的大分子,于是他把核素更名为核酸。1915 年,Feulgen 创立了 Feulgen 染色法以显示染色体 DNA 的存在。

4. 实验胚胎学

实验胚胎学的研究在很大程度上促进了早期细胞学的发展,例如,His、Roux 研究了早期胚胎不同分裂球的发育能力与各个发育阶段的关系。后来 Driesch 的工作更深入发现海胆卵分裂到两个细胞和四个细胞阶段的胚胎,每个分裂球都有发育成完整幼体的能力,这就充分体现了早期胚胎分裂球具有全能性。

1.3.4　细胞生物学的形成与发展

由于光学显微镜的分辨率受可见光波长的限制难以大幅度提高,人们对细胞的细微结构的认识无法取得突破性的进展。1932 年,德国科学家 Ruska 在西门子公司设计制造了世界上第一台电子显微镜,并因此获得 1986 年诺贝尔物理学奖。电子显微镜以电子束为光源,其波长与电场的电压成反比,通过提高电压可以使波长在很大程度上得以降低,使得分辨率有明显的提高。

电子显微镜的发明结合超薄切片技术的建立把细胞学研究从显微水平提升到了亚显微水平。电镜下的细胞世界和光镜下看到的细胞形态是完全不同的,各种已知的细胞结构,如细胞膜、细胞核、高尔基体和线粒体等以更为精细的结构呈现出来,而且电镜下也显示出光镜能力看不到的超微结构,包括内质网、核孔复合体、溶酶体和核糖体等。更为重要的是亚显微结构显示出细胞器之间的联系,如内质网囊泡向高尔基体的运输。1961 年,Bracbet 根据电镜下观察到的细胞的超微结构及其动态变化结构绘制了一幅细胞模式图,这是继 Hooke 和 Wilson 之后细胞学史上第三个具有代表意义的细胞模式图。

Derobetis 对这一时期的细胞学发展有以下评价:"亚显微世界的发现非常重要,因为组成它的分子或分子团、酶、激素等以及各种代谢产物之间,产生着生命现象所特有的全部化学变化和能量转化。"1965 年,Derobetis 将他原著的《普通细胞学》更名为《细胞生物学》,细胞生物学这一概念被首次提出。

由于电镜的样品制备一般采用低温固定,对细胞骨架系统的观察会造成一定的影响。直到 20 世纪 60 年代,采用戊二醛常温固定,才显示出细胞质基质中微管、微丝和中等纤维的存在。至 20 世纪 70 年代,由于使用了高压电镜,能显示出细胞的立体结构,因而又发现细胞基质中除了微管、微丝外,还有网状物微梁网架的存在。至此,大家才认识到所谓细胞质基质,跟过去想象的是均匀的溶胶和凝胶是两码事,而是有一定秩序的立体结构,这些结构形成了纵横交错的骨架,总称为细胞骨架。细胞骨架同细胞器的空间分布、功能活动有着密切联系。细胞骨架的发现体现了超微结构研究方面的更大进步,1976 年,Porter 绘制了细胞微梁的模式图。虽然这个模式图还称不上是细胞学史上的第四个细胞模型,但它却在细胞的结构方面刷新了过去的一些概念,如游离核糖体的空间定位,以及细胞器之间的相互关系等。

从以上发展简史可以看出,细胞生物学由细胞学发展而来,但又区别于细胞学。细胞学是在光学显微镜时代形成和发展的,其研究重点集中在细胞整体水平的形态和生理变化的研究;细胞生物学是在电镜并结合其他新技术,如超速离心法的基础上形成的,它从细胞整体水平来对生命现象进行研究,又通过分析超微结构的功能揭示细胞生命活动现象的本质。

从细胞的发现到细胞生物学的形成历经三百余年,这三百余年来每一次细胞生物学在理论上的重大突破都是在技术的重大进步基础上完成的。上面提到的四张细胞模式图作为里程碑,代表着人们对细胞四个不同层次的认识,其中每一次理论的重大突破都和标志性技术的出现有很大关系。1953 年 Watson 和 Crick 发现了 DNA 的双螺旋结构,为分子生物学的到来揭开了新的篇章。20 世纪 80 年代以来,分子生物学技术的融入使得在分子水平上揭示细胞结构和功能关系成为可能,也使人们得以从更加微观地角度来看待细胞。

1.4　细胞生物学的研究进展

细胞是生命的基本单位,细胞的特殊性决定了个体的特殊性,因此,对细胞的深入研究可以说是揭开生命奥秘、改造生命和征服疾病的关键所在。20 世纪 50 年代以来诺贝尔生理与医学奖大都授予了从事细胞生物学及其相关领域研究的科学家。现如今,对细胞的研究仍然强烈地吸引着许多生物学家和医学家,许多有关细胞生命活动的奥秘也正在被深入的探索。

1.4.1　干细胞工程及其在医学中的应用

1."治疗性克隆"研究

在禁止生殖性克隆人研究的同时,对干细胞的治疗性克隆研究已经得到了很多国家的默许。治疗性克隆是指把患者体细胞移植到去核卵母细胞中形成早期胚胎,通过体外培养获得囊胚,然后从分离出胚胎干细胞(embryonic stem cell,ES),定向分化为所需的特定细胞类型。在合适的条件下,使可以发育成人体的任何组织和器官,包括肝组织、肌肉、血液和神经等,用于疾病的治疗。

2.干细胞与组织再生

机体组织的再生,必须在构成机体组织细胞增殖的同时,构筑细胞的支撑组织。通过对再生机体组织的研究发现,蝾螈和水螅的身体,以及人的骨骼及肝脏等器官,同样结构的再生均可得以实现,其中干细胞起到了重要作用。

干细胞具有分裂和自我复制能力,即具有向各种机体组织分化的能力。这些干细胞包括胚性干细胞(embryonic stem cell,ES)和成体干细胞(adult stem cell,AS)。再生医学的最终目的是保存干细胞,在某种机体组织需要的时候,将细胞增殖和分化因子添加到细胞中,于体外再生这一组织,进而用于治疗。让以治疗为目的干细胞分化的前提条件是,必须确切搞清楚相关细胞分化因子的情况。目前,对细胞分化的深入研究还在进行,还需要对诱导细胞增殖和分化的生物因子有更多深入了解。

3.干细胞的表观遗传调控

干细胞具有自我更新和多种分化潜能的特性,其向分化细胞的转变跟基因表达模式的改变有关,即与自我更新有关的基因关闭,与细胞特化有关的基因激活。表观遗传修饰(epigeneticmodification)是指非基因序列改变导致基因表达水平的变化,这种变化可通过减数分裂或/和有丝分裂遗传。表观遗传修饰主要包括三种调节机制:DNA 甲基化、组蛋白翻译后修饰和微小 RNA(microRNAs,miRNAs)介导基因转录与转录后调控,细胞生命过程中的基因表达在多个层面上得到控制。研究表明,细胞的生长、分化、凋亡、转化以及肿瘤发展相关基因的转录均会受到表观遗传修饰的影响。

表观遗传学的研究将有助于了解同一个细胞内的等位基因（DNA 序列完成相同）如何发生功能上的变异，以及这种变异如何在连续的细胞传代中维持下去。从一个受精卵发展成人体中两百多种不同类型细胞的过程中，DNA 的序列基本上是不会发生任何变化的，那么这一过程是如何实现的呢？这些正是表观遗传学需要回答的问题。整合细胞信号网络与表观遗传修饰、染色质重塑乃至基因表达等不同层面调控机制，在细胞层面阐明从外界信号到细胞分化、从个体生长发育和对环境适应的分子机理。

4. 诱导性多能干细胞

诱导性多能干细胞（induced pluripotent stem cells，iPS）是通过基因转染技术（gene transfection）将某些转录因子基因导入动物或人的体细胞，使体细胞直接转化成为多分化潜能的干细胞。目前，将 Oct4、Sox2、Klf4 和 c-Myc 等基因导入纤维细胞等一系列小鼠和人正常体细胞而获得自体 iPS 细胞是报道的集中点。

iPS 细胞不仅在细胞形态、生长特性、干细胞标志物表达等方面与 ES 细胞有非常高的相似度，而且在 DNA 甲基化方式、基因表达谱、染色质状态、形成嵌合体动物等方面也与 ES 细胞几乎相同。诱导得到的 iPS 细胞定向分化为有功能的造血干细胞、心肌细胞，用于生命科学的研究和人类疾病的治疗。同时 iPS 细胞技术也是打开干细胞分化过程中基因组重编程（reprogramming）之门的钥匙，因为 iPS 细胞的诱导产生过程将是我们了解基因组重编程与疾病发生关系的最理想模型。当然 iPS 细胞在应用于临床之前，还存在很多问题，例如如何避免逆转录病毒和慢病毒载体导致肿瘤发生的潜在风险，如何避免基因转染或基因转导带来的潜在风险，如何提高制备 iPS 细胞的效率等。为此，人们对 iPS 细胞研究的关注度非常高，是目前细胞生物学和分子生物学领域的研究热点。

5. 肿瘤干细胞

肿瘤干细胞是一种特殊类型的干细胞，具备高度增殖能力与自我更新能力，可以多向分化为包括肿瘤细胞在内的各种细胞，其结果是维持肿瘤干细胞数目稳定并产生肿瘤。干细胞和肿瘤细胞之间有很多相似的特征，都具有自我更新和增殖的能力，都存在相似的调节自我更新的信号转导途径（包括 wnt，notch，bmi-1 和 sonic hedgehog 通路等），都可以分化形成各种不同类型的组织。干细胞和肿瘤细胞都有着相似的表面标志物，都具有组织器官的迁移能力，有着相似的组织器官定位等。研究也证实肿瘤中确实存在肿瘤干细胞。肿瘤干细胞数目极少，却对肿瘤发生、转移有至关重要地影响。因此肿瘤干细胞的分离与分子机理的研究可能是发现肿瘤细胞恶变的根源，并为药物治疗明确了靶细胞，对临床肿瘤诊断和治疗有重要意义。但是肿瘤干细胞的研究处于起始阶段，现有的发现也没有得到人们的一致认可。

1.4.2 人造细胞

活细胞的构造机理非常复杂，它的新陈代谢由进化过程中形成的错综复杂的自控机制所决定。而人造细胞（artificial cell）可以在非常短的时间内在实验室里生产，因此成为生物学研究、药物筛选、医学治疗的新技术。目前人造细胞还只是最小限度的细胞（minimal cell），由人工制造的各种细胞成分组成。大多数现有的人工细胞已经具有了许多活细胞的功能，例如基因转录、蛋白质翻译、ATP 合成等，但是离真细胞的复杂功能差距还是相当明显的。宾夕法尼亚大学生物工程系 Daniel Hammer 博士与匹兹堡卡耐基-梅隆大学的 Philip LeDuc 博士都成功地制作了人工细胞微囊可以携带治疗药物到靶组织而释放。

20 世纪 90 年代加拿大麦吉尔(McGill)大学医学博士 Thomas Ming Swi Chang 首先制造了人工红细胞,2005 年纽约洛克菲勒大学 Albert Libchaber 及其同事利用了一种大肠杆菌的提取物,其含有细菌的分子生物合成成分,例如核糖核酸分子和某些酶,在这种液体中生产出直径为几微米的小滴,并给它们包上了人工细胞膜成为具有一定基因转录与蛋白质翻译能力的人造细胞。

2010 年 5 月 20 日美国《科学》杂志报道了世界首例人造单细胞生命体——蕈状支原体(Mycoplasma mycoides)新种株。蕈状支原体是一种简单的原核生物,J. Craig Venter 博士和他的同事按照已知的基因组序列信息(GenBank:CP001668),在实验室里利用化学合成技术得到了长度为 1.08Mbp 的人造蕈状支原体基因组,命名为 JCVI-syn1.0。

JCVI-syn1.0 比野生型基因组长度稍短,19 个无害突变在合成过程中得以保存,并设计插入了 4 个特殊的水印序列(watermark)作为鉴别的标记。然后将人工合成的基因组导入彻底清除了内源基因组的山羊支原体(Mycoplasma capricolum),制造出完全由外源性基因组控制的蕈状支原体新种株,这个人造基因组控制的细胞不但具有设计的生命特点,而且具有自我复制的能力。尽管世界上第一个完整意义上的人造单细胞没有能够包裹上人造的细胞膜,但是它开创了前所未有的制造与操控生命的方式。

回顾从 1665 年英国科学家 Robert Hooke 第一次观察到细胞至 Venter 制造出由人工合成基因组控制的蕈状支原体细胞经历了漫长的 345 年,而人工制造出一个包裹着人造细胞膜的完整的原核细胞可能不会令我们等太久。然而高等植物和包括人类在内的哺乳动物细胞的基因组跟蕈状支原体细胞的基因组完全不在一个数量级上,细胞结构的复杂程度也远远高于蕈状支原体细胞,因此我们可以期待人工制造的高等生物与人体细胞的出现,但是可能需要等待很长的时间。

实际上,区别于人造细胞的是,人工生命是研究那些具有生命特征的人工系统,从化学结构的细胞到计算机模拟的数字细胞等许多系统可以符合这种要求,这些系统可以进行旨在表现生命系统原理以及组织的实验。同时,人工生命的许多研究重点还是集中在理解我们目前已经知道的生命形式,但又不会局限于已知的生命形式。从这种意义上讲,地球上的生命进化也仅仅代表一种特定的进化途径,应该还可以用别的物质来构造另外一些生命形式,赋予它们生命的特征,使其具有进化、遗传、变异等生命现象。

1.4.3　电子细胞

19 世纪以来,人们对细胞的研究重视程度一直很高,近几十年来,随着计算机仿真计算和可视化能力的提高,以及在数学、信号与信息处理科学领域的发展,20 世纪 90 年代中期以后诞生了电子细胞(electronic cell,E cell),亦称虚拟细胞(virtual cell)。它综合了生物学、生理学、生物化学、数学、物理学、化学和信息科学等多学科的理论知识,应用信息科学的原理和技术,通过数学的计算和分析,对细胞的结构和功能进行分析、整合和应用,使细胞和生命的现象得以模拟和再现。因此,电子细胞是人工生命的重要基础部分,又是系统生物学的重要部分,也是新兴的生物信息学和生命信息学研究的最重要内容之一。

E cell 计划发起于 1996 年，主要的发起单位是日本 Labratory for Bioinformatics at KeioUniversity SFC 和 RIKEN 研究所。1997 年 Keio 大学 Masaru Tomita 领导的研究组与 TIGR（The Institute for Genomic Research）合作，以原核细胞生物生殖支原体（M. genitalium）为对象率先建立了含有 127 个基因的原核细胞能量代谢的数学模型。1999 年美国学者 J. Schaff 和 LM. Loew 建立了真核细胞钙转运的模型。此外，美国国立卫生研究院（NIH）和能源部（DOE），正在筹建关于细胞信息传递和生物利用能量的虚拟细胞，提出了世界上第一个电子细胞模型，并开发出整个电子细胞仿真的软件环境，类似系统得以成功地被组织开发出来。

虚拟细胞是生命科学技术的重大突破，既往的细胞生物学发现和重大进展主要依靠单一的实验观察来实现，现在以虚拟细胞为平台和工具在强大信息处理能力的计算机辅助下帮助人脑来完成相关工作。应用虚拟细胞进行复杂体系的研究，不仅可以有效地利用几百年来人类所积累的丰富的生物科学成果，创造人工生命，加速生命科学和信息科学的发展，更好地为社会和经济建设服务，而且对我们的生活和生存环境也造成了一定的影响，其意义是难以估量的。有人预计虚拟细胞在十到十五年左右的时间将会成为医学、生物学、药学、营养学、生态、环境、农业等学科研究产业领域不可替代的工具。

1.4.4　细胞组学

细胞组学（cellomics）是近年来发展起来的一种致力于确定单细胞分子表型，进而研究细胞结构及分子功能的科学。细胞组学在探索细胞的生命活动中，从基因表达与蛋白质生成的时空的动态变化，深入了解生命的本质。理解这些蛋白质的改变对生物体生命活动的意义的前提条件是，必须整合从基因和蛋白质的研究与对细胞的研究。把基因到蛋白质在生命过程中发生变化的信息集成到细胞的结构与功能及细胞间相互关系上，对细胞生命活动的方方面面进行研究。由此可见细胞组学的本质是以细胞为模型，从基因组学（genomics）、转录组学（transcriptome）、蛋白质组学（proteomics）、代谢组学（metanomics）等方面对细胞进行系统的探索。细胞代谢、分化、增殖和死亡等最重要的生命过程都是细胞组学的研究范畴。

随着科学技术的发展，不久的将来在单个细胞的水平上描绘出基因、蛋白质、代谢物质等在细胞中的综合变化谱图的可能性非常大。可能以往单纯纵向地对单个分子及其通路（如蛋白质，或更常见的酶）的细致研究仅仅是认识生命本质所可行的、必要的起步，但是分子水平研究不可避免地带来了单纯微观研究的局限性。对分子研究所积累的巨大信息，使得我们可能从微观返回到宏观，实现认识上的飞跃，从系统的角度再次深入地认识生命本质，从这点来说，细胞组学可以说是系统生物学研究的最基本模型。

第2章 细胞生物学研究方法

2.1 细胞显微技术

2.1.1 光学显微镜技术

光学显微镜(optical microscope)是利用光学原理把人眼所不能分辨的微小物体放大成像,以供人们获取微细结构信息的光学仪器。

一个典型的哺乳动物细胞的直径是 $10\sim20~\mu m$,这个大小相当于肉眼可见的最小颗粒的 1/10。借助光学显微镜这种利用光线照明使微小物体放大成像的仪器,人们才有可能看到细胞的镜像,且在此基础上建立了细胞学说。整个细胞生物学可以说是建立在显微镜技术的基础上发展起来的。可以说,显微镜技术是整个细胞生物学研究的核心。随着与多种现代生物技术的结合,人们也看到了光学显微镜新的活力。相差显微镜、暗视野显微镜、荧光显微镜等即为常见的光学显微镜,不同的显微镜的用途也不相同。

1. 普通光学显微镜技术

(1)普通光学显微镜的结构

普通光学显微镜是复合式显微镜,是我们观察细胞形态的常用工具之一。

普通光学显微镜一般由三部分组成(图 2-1)。

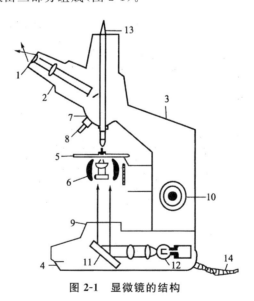

图 2-1　显微镜的结构

1—目镜;2—镜筒;3—镜臂;4—底座;5—载物台;6—聚光器;7—物镜转换器;
8—物镜;9—光阑;10—粗、细调节器螺旋;11—反光镜;12—灯;13—摄影目镜;14—电线

①照明系统:包括光源、折射镜、聚光镜和滤光片。

②光学放大系统:包括物镜和目镜这两组玻璃透镜。

③机械装置:准确配制的和灵活调控的支架。

(2)光学显微镜的主要技术参数

显微镜物象是否清楚不仅由放大率(magnification,M)决定,还涉及显微镜的分辨率(resolution)。显微镜的分辨率是显微镜最重要的性质,指显微镜能辨别两点之间的最小距离的能力,代表分辨微细结构的能力。分辨距离越小,分辨率就越高。

①分辨率。

分辨率计算公式: $R = 0.61 \dfrac{\lambda}{NA}$

式中,λ 为光源的波长(wave length),NA 为物镜的数值孔径(numerical aperture,NA)。

光学显微镜的分辨率由于光的衍射现象,物镜性能受光源波长的限制。光学显微镜的光源处于可见光的波长范围(0.4~0.7 μm)之内,而数值孔径值又称为物镜口率,取决于物镜的镜口角和玻片与镜头间介质的折射率,因此显微镜分辨力数值大于等于 0.2 μm,人眼的分辨力是 0.2 mm,所以一般显微镜设计的最大放大倍数通常为 1000 倍。之后的科学家不仅从理论上论证了,而且用实验对使用光学显微镜能达到纳米级分辨率进行了论证。表 2-1 是几种介质的折射率。

表 2-1　几种介质的折射率

介质	空气	水	香柏油	α 溴萘
折射率	1	1.33	1.515	1.66

一般人眼的分辨率是 200 μm,典型的动物细胞直径为 10~20 μm,而细菌和线粒体为 0.5 μm,是光学显微镜能够清晰可见的最小物体。光的衍射导致比这更小的细微结构无法被分辨出来。

②放大率。

最终成像的大小与原物体大小的比值称为放大率。

放大率计算公式:

$$总放大率\ M = 物镜放大率 \times 目镜放大率$$

最大放大率:

$$\frac{人眼的分辨率(\sim 200\ \mu m)}{光镜的分辨率(\sim 0.2\ \mu m)} \cong 1000\ 倍$$

放大率同样受分辨极限的限制,所以最好的显微镜的最高有效放大倍数,只能达到一千倍左右。

2. 新型光学显微镜技术

当我们使用普通光学显微镜观察活着的细胞时会发现很难看清楚其细胞结构,这是因为活细胞往往是无色透明的而普通光学显微镜要对样品的反差具有较高的要求。针对该问题,科学家们尝试对显微镜的光路进行改良。随着光物理学研究的进步,一批利用光学原理改变细胞反差的特殊光学显微镜,如相差、暗视野、干涉差显微镜等相继诞生。从广义上讲,这些显微镜都属于光学显微镜的范畴。通过改变光路的物理学特征,达到增强细胞内外结构的反差的目的,是它们的共同特征。简单了解一下各种显微镜的原理、特点和使用方法,了解它们之间的联系和差别,会给学习和科研带来许多方便。

(1)相差显微镜

相差显微镜(phase-contrast microscopy)是 1935 年荷兰科学家 Zermike 发明的,他为此在 1953 年获得了诺贝尔物理学奖。其原理是利用光波的衍射和干涉特性使相位差转变成振幅差,以便明暗的不同得以表现出来,使得肉眼可以观察未经染色的样品。其优点是无色、透明的活细胞中的结构也可被观察到。

光线通过不同密度的物质时其滞留程度也会有一定的差异,密度大的滞留时间长。相差显微镜的原理是把透过标本的可见光的光程差变成振幅差,从而提高了各种结构间的对比度,使各种结构变得清晰可见。由于反差是因样品的密度差异造成的,其样品不需要染色,就可观察活细胞、甚至研究细胞核、线粒体等细胞器的动态。

以下两点体现了相差显微镜与普通光学显微镜不同之处:

①环形光阑(annular diaphragm):位于光源与聚光器之间。

②相位板(annular phaseplate):物镜中加了涂有氟化镁的相位板,可将直射光或衍射光的相位推迟 $1/4\lambda$,从而在一定程度上放大了由于密度不同而引起的相位差,最后这两组光线经过透镜汇聚,发生干涉现象,表现出肉眼可见的明暗区别。

(2)微分干涉显微镜

1952 年,Nomarski 在相差显微镜原理的基础上发明了微分干涉差显微镜(differential-interference microcopy,DIC),所以 DIC 显微镜又称 Nomarski 相差显微镜(Nomarski contrast microscope),能显示结构的三维立体投影影像体现了其优点。与相差显微镜相比,其标本可略厚一点,折射率差别更大,故影像的立体感更强。

DIC 显微镜的物理原理和相差显微镜完全不同,技术设计的复杂程度更高。DIC 利用的是偏振光,其聚光器中安装有一个 DIC 棱镜,此棱镜可将一束光分解成偏振方向不同的两束有一小夹角的光。通过聚光器将两束光调整成与显微镜光轴平行的方向,在穿过厚度和折射率不同的标本相邻区域后,引起了两束光产生了光程差。DIC 显微镜的物镜的后焦面处安装有第二个棱镜,也称为 DIC 滑行器,它能够把两束光波合并成一束。但此时两束光的偏振面仍然存在。当光束最后穿过第二个偏振装置检偏器时,检偏器将两束光波组合成具有相同偏振面的两束光,从而使二者发生干涉。两束波的光程差决定于透过光的多少。光程差值为 0 时,没有光穿过检偏器;光程差值等于波长一半时,穿过的光达到最大值。于是在灰色的背景上,标本结构呈现出亮暗的差别。调节 DIC 滑行器可使标本的细微结构呈现出正或负的投影,通常是一侧亮,一侧暗,这便认为造成了标本三维立体感,基本上能够达到浮雕的效果。

微分干涉差显微镜的特点是相干光束可分开的距离相当小,仅为 1 μm 甚至是更小,因此两束相干光都通过样品,加之两者之间微小的相位差别,使得观察到的图像为立体的三维像,若以白光照明彩色影像也可得以产生,称为光染色。此外这种显微镜操作也很方便,所以其应用范围非常广。DIC 显微镜使细胞的结构,特别是一些较大的细胞器,如核、线粒体等,立体感特别强,适合于显微操作。目前像基因注入、核移植、转基因等的显微操作常在这种显微镜下进行。

(3)倒置显微镜

倒置显微镜(inverted microscope)是一种为适应近一二十年来生物学中大量发展的组织细胞离体培养工作的显微观察需要而发展起来的一种光学显微装置。它的特点是能直接对培养皿、培养瓶中的标本进行显微观察,它的物镜、物体和光环的位置刚好与经典的显微镜颠倒,因此称为"倒置"。使聚光器与载物台之间的工作距离提高,方便了培养皿、培养瓶等容器的放置。高档的倒置显微镜,由于为了观察较厚瓶底的培养瓶(皿)中的细胞,常配备有长工作距离的物镜和聚光器;附设 40 倍相差或微分干涉反差的物镜、恒温装置供细胞培养和作环境条件实验用。

(4)暗视野显微镜

暗视野显微镜(dark field microscope)类似于普通显微镜,只不过是利用暗视野照明法进行镜检,主要根据丁达尔现象的原理设计而成的。即利用特殊装置使照射光斜照到样品上,照射光无法进入物镜,故呈暗视野。只有从样品发出的散射光才能进入物镜被放大,在暗的背景中呈现明亮的像。这种照明方式,使反差增大,分辨率提高,分辨率范围为 $0.004 \sim 0.2$ μm($4 \sim 200$ nm)。主要应用于观察未经染色活细胞内的细胞核、线粒体以及液体介质中的细菌等微粒的运动。但只能观察物体轮廓,其内部的微细结构(图 2-2)是无法观察到的。暗视野显微镜的检测能力是由入射光的强度和视场的反差所决定的,后者随微粒及其背景的折射率差别的加大而增加。

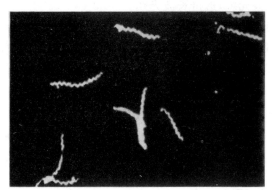

图 2-2　暗视野显微镜下的苍白密螺旋体

在暗视野显微镜下,在白密螺旋体为直的密螺纹螺旋体

(5)荧光显微镜(fluorescence microscope)

荧光分子在受到光照射后,可吸收特定波长的短波光线,并发射出比原来吸收波长更长的光。荧光显微镜就是利用较短波长的紫外光照射标本,使样品受到激发,产生较长波长的荧光,可用于观察和分析样品中产生荧光的成分和结构、位置。其中,自发荧光、染色荧光、诱发荧光、免疫荧光和酶诱发荧光等均为主要观察的荧光。自发荧光或称一次荧光,是标本不经任何处理,在紫外线照射下发出的荧光(某些天然物质本身能发出荧光,如叶绿素);染色荧光或称二次荧光是指非荧光性物质用荧光色素染色后,可产生的荧光(二次荧光),方便观察。免疫

15

荧光又称抗体荧光,原理是利用带荧光标记的抗体与标本中的抗原结合,这样就能通过抗体结合的荧光观察到抗原(图2-3)。

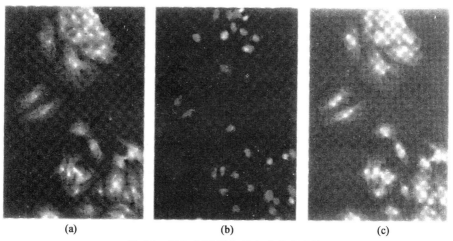

(a)　　　　　　　　(b)　　　　　　　　(c)

图2-3　Hela细胞骨架的免疫荧光照片

(a)β微管蛋白抗体染细胞质(红色荧光);(b)DAPI染核(蓝色荧光);(c)两种荧光合并

荧光显微镜是由以下几个部分构成的:

①光源:高压汞灯或氙灯是常用的荧光激发光源,它们除产生紫外线外,很大的热量和各种波长的可见光也会得以产生。

②二向色镜:反射短波光线,透过长波光线。

③一组滤光片:得到纯的激发光和发射光。

荧光显微镜区别于普通光学显微镜,它的光源不是起直接照明的作用,而是作为一种激发标本内的荧光物质的能源,荧光经物镜和目镜的放大后;在黑暗的背景下呈现彩色的荧光图像。荧光显微镜的光路如图2-4所示。

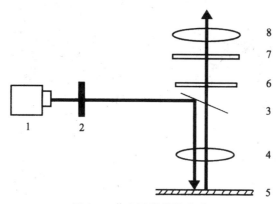

图2-4　荧光显微镜的光路

1—光源;2—激发滤片;3—双色反射镜;4—物镜;5—标本;6—内插阻断滤片;7—阻断滤片;8—目镜

(6)激光共聚焦显微镜

激光共聚焦显微镜(laser confocal scanning microscope,LCSM)是一套近年来发展起来

的高科技荧光显微成像设备。当用光学显微镜和荧光显微镜观察细胞或组织时,会发现:选用物镜的放大倍数越高,观察到的显微细节越丰富,但同时可清晰观察到的样品纵向范围也变得越来越小。激光共聚焦显微镜很好地解决了这个难题(图 2-5)。它利用的是共焦成像的原理,用一组透镜同时充当聚光器和物镜,光束自上而下经第一口径和透镜后聚焦在"物镜"后焦平面的标本上,从标本发出的光(可以是反射光也可以是荧光)再返经透镜聚焦在第二口径处,第二口径的大小直接决定所收集发散光的多少。通过增大物镜的数值孔径,减小共焦孔径的大小,共聚焦的效果得以增强,使得观察视野中仅聚焦部位的物体像清晰,其余部位呈现黑色。

激光共聚焦显微镜具以下优点:①用激光作光源,逐点、逐行、逐面快速扫描;②分辨力是普通光学显微镜的 3 倍;③能显示细胞样品的立体结构;④用途类似荧光显微镜,不同层次均可得以扫描,形成立体图像。其成像原理如下所示:

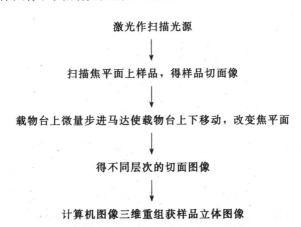

相差、微分干涉差和暗视野显微镜等特殊的光学显微镜能让人观察到细胞迁移、有丝分裂

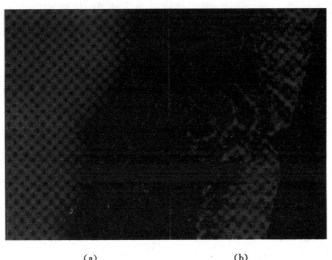

(a)　　　　　　　　　　　　(b)

图 2-5　荧光显微镜和激光共聚焦显微镜的比较

常规荧光显微镜和共聚焦激光扫描显微镜的比较。两幅照片都用荧光素标记肌动蛋白丝来显示果蝇属胚胎原肠胚期的形态。
(a)焦平面上下的干扰使图像变得模糊;(b)仅焦平面成像,因此肌动蛋白丝形态清晰可见等变化过程。但实时观察仍然难以实现,目前常常采用拍摄间隔动作图像或录像记录的方法。

近年来各种电子成像系统和图像处理软件的问世,使光学显微镜的应用范围进一步得以拓宽。它们克服了因光学系统缺陷而造成的显微镜的一些应用限制,同时也弥补了人眼的弱点。例如,摄像机捕获图像,数字化传输到计算机,经过各种方法处理,可能补偿显微镜的各种光学缺陷,使分辨率达到理论极限。同时,相差能够增强,克服了肉眼在辨别光亮度轻微差异方面的局限性。

2.1.2　电子显微镜技术

光学显微镜的分辨率受到照明光源波长的限制,小于 $0.2~\mu m$ 的细微结构是无法被分辨出来的,而电子的波长要比普通光的波长短得多,所以用电子代替普通光可以使显微镜的分辨率在很大程度上得以提高。电子显微镜的实际分辨率可达到 0.1 nm。1932 年德国学者 Knolls 和 Ruska 发明了第一台电子显微镜,可以用肉眼观察到许多光学显微镜下看不到的结构,如细胞膜、细胞核、核孔复合体、线粒体、高尔基体、中心体等细胞器的超微结构。因此,电子显微镜的发明开启了细胞生物学研究的新时代,使细胞生物学的研究从显微水平飞跃到超微水平。

1. 透射电子显微镜技术

电子显微镜的成像原理与光学显微镜的成像原理基本一致,差别主要是前者用电子束作光源,用电磁场作透镜。由电子枪发射出来的电子束,在真空通道中沿着镜体光轴穿越聚光镜,通过聚光镜将之汇聚成一束尖细、明亮而又均匀的光斑,照射在样品室内的样品上;样品内致密处透过的电子量少,稀疏处透过的电子量多;经过物镜的汇聚调焦和初级放大后,电子束进入下级的中间透镜和第 1、第 2 投影镜进行综合放大成像,最终被放大了的电子影像投射在观察室内的荧光屏上。由电子束照明系统、成像系统、真空系统和记录系统四部分共同构成了透射电子显微镜(图 2-6)。电子束照明系统包括电子枪和聚光镜。由高频电流加热钨丝发出电子,通过高电压的阳极使电子加速,射出的电子经聚光镜汇聚成电子束。成像系统也即电磁透镜组,包括物镜、中间镜和投影镜等。物镜使经过样品的电子射线发生折射而产生物像,中间镜和投射镜则把物像再放大,最后投射到荧光屏或照片胶片上。真空系统是用两级真空泵不断抽气,保持电子枪、镜筒及记录系统内的高度真空,以利于电子的运动。电子成像可用荧光屏观察,或用感光胶片或 CCD(charge couple device)记录成像。超薄切片技术、负染色技术和冷冻蚀刻技术等都是电镜样品的主要制备技术。

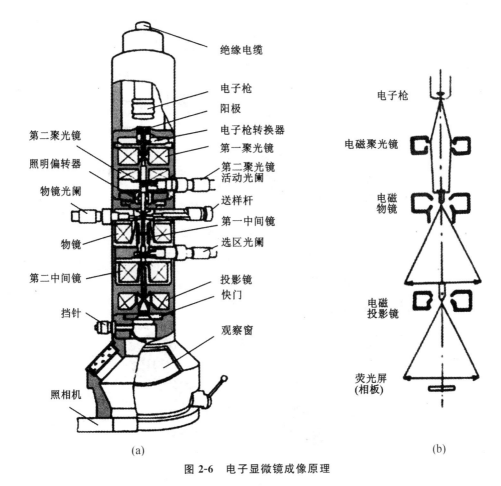

图 2-6　电子显微镜成像原理

(a)投射电子显微镜剖面图；(b)投射电子显微镜成像原理图

（1）超薄切片技术

由于电子穿透能力有限，要求透射电镜样本的厚度为 40~50 nm，这需要样品既要有一定的刚性，同时一定的韧性也是需要具备的，为此样品往往要包埋在特殊的介质中。超薄切片的制作过程包括取材、固定、脱水、浸透、包埋聚合、切片及染色等步骤(图 2-7)。包埋剂常用环氧树脂，要用戊二醛和锇酸进行固定，用专门的超薄切片机玻璃刀或钻石刀切成薄片，然后用重金属盐类醋酸，双氧铀及柠檬酸铅等进行染色，使细胞结构间的反差得以增强。

（2）负染色技术

负染色又称阴性染色，首先由 Hall 在 1955 年提出。Hall 在病毒研究中用磷钨酸染色后，发现图像的背景很暗，而病毒像一个亮晶的"空洞"被清楚地显示出来。在超薄切片的染色中，染色后的样品电子密度因染色而被加强，在图像中呈现黑色。而背景因未被染色而呈光亮，这种染色称为正染色。而负染色刚好相反，由于染液中某些电子密度高的物质(如重金属盐等)"包埋"低电子密度的样品，结果在图像中背景是黑暗的，而样品像"透明"地光亮。两者之间的反差正好相反，故称为负染色。生物大分子、细菌、病毒、分离的细胞器以及蛋白质晶体等样品的形状、结构、大小以及表面结构的特征可通过负染色技术显示出来。

19

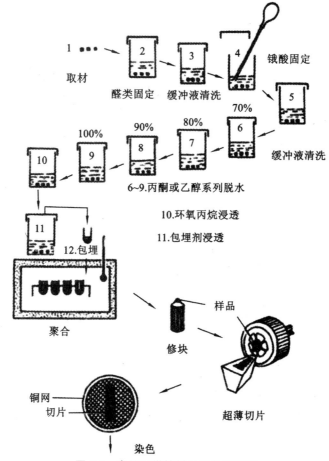

图 2-7　电子显微镜样品制备流程图

（3）冰冻蚀刻技术

冰冻蚀刻技术是从 20 世纪 50 年代开始为配合透射电镜观察而设计的一种标本制作技术，它是研究生物膜内部结构的一种有用的技术。

在样品的制备过程中包括冰冻断裂与蚀刻复型两步（图 2-8）。样本的制作过程是：首先将标本固定在标本台上，于－100℃的干冰或－196℃的液氮中，进行超低温冰冻，然后用冷刀骤然将标本断开，升温后，冰在真空条件下迅速升华，断面结构得以暴露出来，称为蚀刻（etching）。蚀刻后，向断面以 45°角喷涂一层蒸汽铂，再以 90°角喷涂一层碳，使反差和强度得以加强，然后用次氯酸钠溶液消化样品，把碳和铂的膜剥下来，此膜即为复膜（replica）。复膜显示出了标本蚀刻面的形态，在电镜下得到的影像即代表标本中细胞断裂面处的结构（图 2-9）。

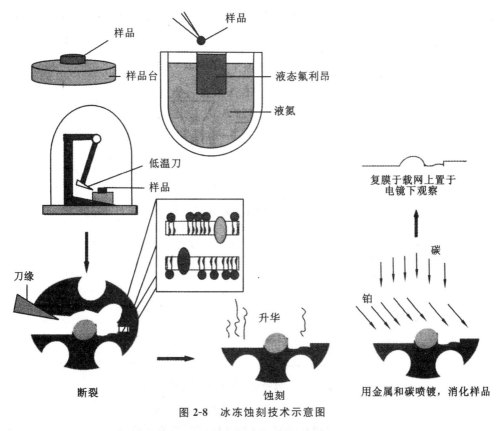

图 2-8　冰冻蚀刻技术示意图

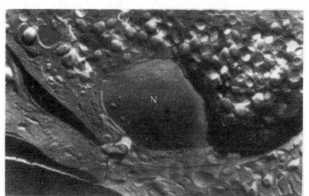

图 2-9　用冰冻蚀刻技术制备胃壁分泌细胞断面电子显微镜照片

2. 扫描电子显微镜技术

扫描电子显微镜(scanning electron microscope,SEM)是 1965 年发明的较现代的细胞生物学研究工具,主要是利用二次电子信号成像来对样品的表面形态进行观察。SEM 的工作原理是用一束极细的电子束扫描样品,在样品表面激发出次级电子,次级电子的多少与电子束入射角有关,也就是说与样品的表面结构有关,次级电子由探测体收集,并在那里被闪烁器转变为光信号,再经光电倍增管和放大器转变为电信号来控制荧光屏上电子束的强度,与电子束同步的扫描图像(图 2-10)得以显示出来。

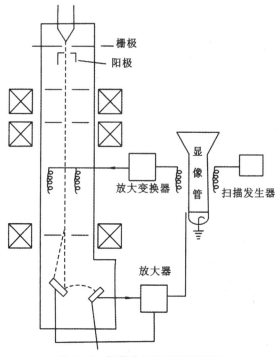

图 2-10 扫描电子显微镜原理图

样品在扫描观察前会发生表面变形,针对这个问题,通常需要利用 CO_2 临界点干燥法对样品进行干燥处理。此外,为了使样品的导电性得以增强,提高二次电子发射率,标本经固定、脱水后,必须对样品进行导电处理,通常在样品表面喷涂一层薄而均匀的金属膜,重金属在电子束的轰击下可发出较多的次级电子信号。扫描电子显微镜的独特优点是能够得到有真实感的立体图像(图 2-11),其次是样品可以在样品室内进行各向水平移动和转动,对其的观察也可从各个角度来进行。目前,扫描电镜的分辨率为 6~10 nm。

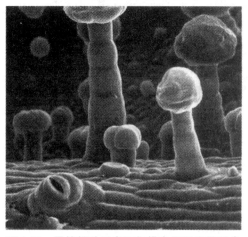

图 2-11 黑核桃叶下表面扫描电子显微镜图像

3. 扫描隧道显微镜技术

扫描隧道显微镜(scanning tunneling microscope,STM)是一种利用量子理论中的隧道效应探测物质表面结构的仪器。它于 1981 年由 Binning 和 Röhrer 在 IBM 位于瑞士苏黎世的苏黎世实验室发明。STM 使人类第一次能够实时地观察单个原子在物质表面的排列状态和与表面电子行为有关的物化性质,在表面材料科学、生命科学等领域的研究中有着重大的意义和广泛的应用前景,因此,两位发明者与恩斯特·鲁斯卡分享了 1986 年诺贝尔物理学奖。

其基本原理是基于量子力学的隧道效应和三维扫描。它是用一个极细的尖针,针尖头部为单个原子去接近样品表面,当针尖与样品表面小于 1 nm 时,针尖头部的原子和样品表面原子的电子云发生重叠。此时若在针尖和样品之间加上一个偏压,电子便会穿过针尖和样品之间的势垒而形成纳安级 IOA 的隧道电流。通过控制针尖与样品表面间距的恒定,并使针尖沿表面进行精确的三维移动,就可将表面形貌和表面电子态等有关表面信息记录下来(图 2-12)。

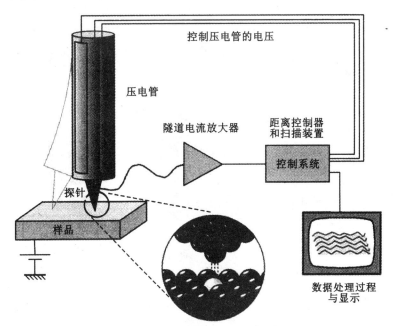

图 2-12　扫描隧道显微镜装置示意图

扫描隧道显微镜主要构成有:顶部直径为 $50\sim100$ nm 的极细金属针尖(通常由金属钨制成),用于扫描和电流反馈的控制器,三个相互垂直的压电陶瓷(Px,Py,Pz),主要应用压电陶瓷良好的压电性能进行三维扫描。

STM 在生物学中的主要优点体现在以下两个方面:①具有原子级高分辨率,在平行于样品表面方向上的分辨率可达 0.1 nm;②可在真空、大气、常温等不同环境下工作,样品甚至可浸在水和其他溶液中,无需特别的制样技术并且探测过程也不会影响到样品。

目前,STM 作为一种新技术,在生命科学等各研究领域均有广泛应用。人们已用 STM 直接观察到 DNA、RNA 和蛋白质等生物大分子及生物膜、病毒等结构。

4. 原子力显微镜技术

扫描隧道显微镜所观察的样品必须具有一定程度的导电性,对于半导体观测的效果就没有导体的效果好,更何况绝缘体。如果在样品表面覆盖导电层,则由于导电层的粒度和均匀性等问题又限制了图像对真实表面的分辨率。Binning 等人 1986 年研制成功的原子力显微镜(atomic force microscope,AFM)使扫描隧道显微镜在这方面的不足得到有效克服。

原子力显微镜利用微悬臂感受和放大悬臂上尖细探针与受测样品原子之间的作用力,即范德华力,从而达到检测的目的,具有原子级的分辨率。在原子力显微镜的系统中,可分成三个部分:力检测部分、位置检测部分、反馈系统(图 2-13)。原子力显微镜的基本原理是:将一个对微弱力极敏感的微悬臂一端固定,另一端有一微小的针尖,针尖与样品表面轻轻接触,由于针尖尖端原子与样品表面原子间存在极微弱的排斥力,通过在扫描时使这种力保持恒定,带有针尖的微悬臂将对应于针尖与样品表面原子间作用力的等位面而在垂直于样品的表面方向起伏运动。利用光学检测法或隧道电流检测法,微悬臂对应于扫描各点的位置变化可被测出来,这样既可得到样品表面形貌的信息。

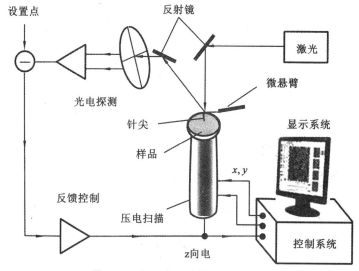

图 2-13　原子力显微镜工作原理图

原子力显微镜的工作模式是以针尖与样品之间的作用力的形式来分类的,主要有以下三种操作模式:接触模式(contact mode)、非接触模式(non-contact mode)和敲击模式(tapping mode)。随着科学技术的发展,生命科学开始向定量科学方向发展。生物大分子已经成为大多数实验的研究重点,特别是核酸和蛋白质的结构及其相关功能的关系。因为 AFM 的工作范围很宽,可以在自然状态(空气或者液体)下对生物医学样品直接进行成像,分辨率也很高。因此,AFM 已成为研究生物医学样品和生物大分子的重要工具之一。AFM 的应用主要包括三个方面:生物细胞的表面形态观测,生物大分子的结构及其他性质的观测研究,生物分子之间力谱曲线的观测。

2.2　细胞化学技术

细胞化学技术(cytochemistry)是在保持细胞结构完整的基础上,利用某些化学物质可与细胞内某种成分发生化学反应,而在局部形成有色沉淀的原理,对细胞的化学成分进行定性、定位和定量的研究,目的是研究细胞乃至细胞器的结构与代谢变化的一种技术。

2.2.1　酶化学技术

酶(enzyme)是一种生物体内高效催化各种化学反应的特异性的生物催化剂,主要由蛋白质构成。生命活动离不开酶的催化作用,通过酶的催化作用调节机体内物质代谢有条不紊地进行。酶促反应具有高效性、高度特异性及可调节性。研究酶的定性、定位、定量就可阐明组织细胞功能,而把它应用于医学生物学各学科中。

酶组织化学就是用组织化学的分析方法证明组织细胞超微结构中酶的存在,酶的定性、定位和定量等问题。自 Klebs 于 1868 年首次采用这一方法显示组织中的过氧化物酶以来,已近130 年的历史,至今能用此技术显示的酶有 200 多种,已广泛应用于组织细胞代谢研究、细胞类型判定、细胞定位等研究。

细胞内有很多酶,它们在细胞内分布的位置都是一定的。酶细胞化学技术(enzyme cytochemistry)就是通过组织细胞超微结构中酶的存在,研究酶的定性、定位和定量的一种技术。自 Klebs 于 1868 年首次采用这一方法显示组织中的过氧化物酶以来,已近 130 年的历史,至今能用此技术显示的酶有 200 多种,在组织细胞代谢研究、细胞类型判定、细胞定位等研究中都得到了广泛的应用。早期的酶细胞化学工作是在光学显微镜上进行的,称为组织化学(histochemistry)。自 20 世纪 60 年代开始用电镜观察酶的分布,称为电镜酶细胞化学(electron microscopic enzyme cytochemistry)。

酶组织化学反应主要经过酶促反应和显色反应两步。操作时将具有酶活性的组织切片或细胞涂片放入含有相应酶作用底物和辅助剂并具有所需 pH 值的孵育液中,在适宜温度下进行孵育反应。根据酶催化反应的性质,可将酶细胞化学反应分为水解酶、氧化还原酶、裂解酶、转移酶、合成酶和异构酶六大类,其中水解酶和氧化还原酶等是电镜酶细胞化学中应用较多。

2.2.2　免疫细胞化学技术

免疫细胞化学(immunocytochemistry)又称免疫组织化学(immunohistochemistry),是用标记的抗体(或抗原)追踪抗原(或抗体),经过组织化学的呈色反应后,通过显微镜或电子显微镜进行观察,在原位上确定细胞或组织结构的化学成分或化学性质。凡能作抗原或半抗原的物质,如蛋白质、多肽、核酸、酶、激素、磷脂、多糖、受体及病原体等都可用特异性抗体在组织或细胞内用免疫组织化学手段检出或研究。免疫组织化学抗体与抗原特异性结合的信号有荧光素、酶标或金属颗粒标记等。根据这些显示手段,大致可分为免疫荧光技术、免疫酶标技术及免疫金属标记技术,其中,最常用的是免疫酶标技术。

光镜水平的免疫标记工作开始于 20 世纪 40 年代,电镜水平上进行细胞内抗原定位工作始于 20 世纪 70 年代,随着新一代包埋介质和标记物的问世及冷冻切片技术的应用,使电镜的免疫细胞化学技术在细胞生物学、组织学和病理学等多方面的研究工作中都得到了广泛应用。

2.2.3　放射自显影技术

放射自显影技术(radioautography;autoradiography)是利用放射性同位素(如 ^{3}H、^{14}C、^{32}P、^{125}I)所发射的带电粒子,来标记生物分子,并引入机体或细胞中,从而显示出标本中放射性物质所在的位置和所含的数量,这种方法称为放射自显影。该技术创立于20世纪20年代,最初是应用于临床的人体放射自显影。当时采用X光片作为感光材料。于1946年由Belanger和Leblond采用核子乳胶作为感光材料,用光镜对含放射性同位素的组织切片进行放射性同位素示踪研究,即光镜放射自显影技术。随后于1956年Liquer和Milward将放射自显影技术与电镜技术相结合,创立了电镜放射自显影技术,该技术由细胞水平向亚细胞水平发展,开拓了新的应用范例。

由于有机大分子均含有碳、氢原子,故^{14}C和^{3}H在实验室中比较常用。^{14}C和^{3}H均为弱放射性同位素,半衰期长,^{14}C半衰期为5730年,^{3}H为12.5年。一般常用^{3}H胸腺嘧啶脱氧核苷(^{3}H-TDR)来显示DNA,用^{3}H尿嘧啶脱氧核苷(^{3}H-UDR)显示RNA;用^{3}H氨基酸研究蛋白质,研究多糖则用^{3}H甘露糖、^{3}H岩藻糖;用^{125}I标记示踪,以了解甲状腺素的合成和运送过程等。

放射自显影技术能揭示细胞分子水平的动态变化,使之成为显微镜下可见的形态,并可以进行定位和定量分析。它是研究机体,细胞代谢状态和动态变化过程的重要手段,是生物学和医学科学研究中广泛应用的一项技术。

2.2.4 其他细胞化学技术

除了上面介绍的细胞化学分析技术外,还有许多细胞化学的定量和定性分析技术。

1. 显微荧光光度术

利用显微荧光光度计对细胞内原有能发光的物质或对细胞内各种化学成分用荧光探针标记后进行定位、定性和定量地测定,称为显微荧光光度术(microfluorometry),也称为细胞荧光光度术(cytofluorometry)。它是一种微观而灵敏的方法,在对细胞的结构、功能及其变化的研究中有着重要意义。

2. 核磁共振技术

核磁共振(nuclear magnetic resonance,NMR)技术可以直接研究溶液和活细胞中小分子质量(20 kDa以下)的蛋白质、核酸以及其他分子的结构,而细胞不会受到任何影响。其基本原理是:原子核有自旋运动,在恒定的磁场中,自旋的原子核将绕外加磁场作旋转运动,叫做进动(precession)。进动有一定的频率,它与所加磁场的强度成正比。如在此基础上再加一个固定频率的电磁波,并调节外加磁场的强度,使进动频率与电磁波频率相同。这时原子核进动与电磁波产生共振,叫做核磁共振。核磁共振时,原子核吸收电磁波的能量,记录下的吸收曲线就是核磁共振谱(NMR-spectrum)。由于不同分子中原子核的化学环境不同,将会有不同的共振频率,进而产生了不同的共振谱。记录这种波谱即可判断该原子在分子中所处的位置及相对数目,用以进行定量分析及分子质量的测定,并对有机化合物进行结构分析。

2.3　细胞组分的分析方法

2.3.1　细胞的分离与纯化

高等动植物组织中含有不同类型的细胞,故需要对其进行分离纯化然后才能进行生化分析。要从组织中获得单细胞悬液,首先要破坏细胞外基质及细胞连接。胚胎或新生动物的组织用蛋白水解酶(胰蛋白酶和胶原酶)和钙螯合剂乙二胺四乙酸(EDTA)处理后再轻度机械破坏,可以得到大量分散得很好的单细胞悬液。植物组织可以用酶解的方法使其解离。

上述细胞悬液内往往含有不同类型的细胞,需要使用不同的方法,将不同类型的细胞从混合的细胞群体中分离出来。利用细胞的不同物理性质,通过沉降和离心,可使大个细胞和小个细胞、重的细胞和轻的细胞分开。也可利用一些细胞具有较强的与玻璃或塑料的黏附能力,使它们与其他细胞分开。利用抗原和抗体特异性结合的特性也可以进行细胞的分离和纯化。方法是利用仅与一种类型细胞表面抗原相结合的抗体,先使它与各种材料偶联(例如胶原多糖小珠或塑料)形成亲和表面。在混合的细胞群体流经该表面时,只有被抗体识别的细胞才能黏附在亲和表面。可用轻微振荡使结合的细胞回收,或用酶破坏可溶性基质(如胶原)进行细胞的回收。

最先进的细胞分离技术是用荧光染料偶联的抗体标记细胞,再用流式分选计将标记或未被标记的细胞一一分选出来。如图 2-14 所示,当排成单列的细胞通过激光束时,仪器可测定出标记细胞上的荧光强度。通过振荡流动室可使细胞流束成为小水滴。每个小水滴只含有一个细胞。仪器使带有荧光细胞的小水滴充电,当带电的小水滴通过高压偏转板时,充电的小水滴偏离原来的流动方向,而不带电的小水滴(其中含有未标记细胞或不含细胞)不偏向。收集偏向的小水滴就可得到标记的特殊细胞。这种类型的仪器不仅可以分选出不同类型的细胞,即使是不同的细胞器也可以被分选出来,如不同类型的染色体。

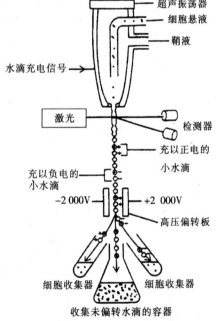

图 2-14　流式细胞分选细胞的示意图

2.3.2　细胞组分的分离技术

分离技术包括细胞组分的分离和生物大分子的分离。

1. 离心分离技术

离心分离技术是利用物体高速旋转时产生强大的离心力,使置于旋转体中的悬浮颗粒发生沉降或漂浮,从而使某些颗粒达到浓缩或与其他颗粒分离的目的。制成悬浮状态的细胞、细胞器、病毒和生物大分子等这些都是悬浮颗粒。因此,离心分离技术是蛋白质、酶、核酸及细胞亚组分分离的最常用的方法之一,也是生化实验室中常用的分离、纯化或沉淀的方法,尤其是超速冷冻离心已经成为研究生物大分子实验室中的常用技术方法。常用的离心机有多种类型,一般低速离心机的最高转速不超过 6000 rpm,高速离心机在 25000 rpm 以下,超速离心机的最高速度达 30000 rpm 以上。

差速离心是在密度均一的介质中由低速到高速逐级离心,使不同大小的细胞核、细胞器(图 2-15)得以分离。匀浆后的样本先用低速,使较大的颗粒沉淀,再用较高的转速,将负载上清液中的颗粒沉淀下来,从而使各种细胞结构得以分离。由于各种细胞器在大小和密度上相互重叠,而且某些慢沉降颗粒常常被快沉降颗粒裹到沉淀块中,一般重复 2～3 次的效果会好一些。差速离心只用于分离大小悬殊的细胞,更多用于分离细胞器。在差速离心中细胞器沉降的顺序依次为:细胞核、线粒体、溶酶体与过氧化物酶体、内质网与高尔基体、核蛋白体。

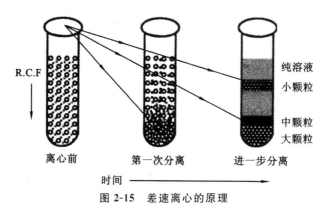

图 2-15　差速离心的原理

密度梯度离心是样品在密度梯度介质中进行离心,使密度不同的组分得以分离的一种区带分离方法。通常用一定的介质在离心管内形成连续或不连续的密度梯度,将细胞混悬液或匀浆置于介质的顶部,通过重力或离心力场的作用使细胞分层、分离(图 2-16)。密度梯度离心常用的介质为氯化铯、蔗糖。蔗糖的最大密度是 1.3g/cm³,常可用于分离如高尔基体、内质网、溶酶体和线粒体等膜结合的细胞器。而离心分离密度大于 1.3g/cm³ 的样品,如 DNA、RNA,需要使用密度比蔗糖大的介质,氯化铯(CsCl)是目前使用的最好的离心介质。

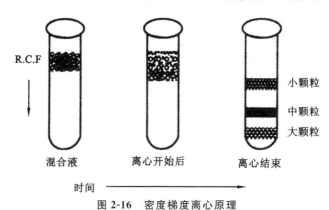

图 2-16　密度梯度离心原理

2. 层析分离技术

层析分离技术(chromatography)是应用于蛋白质分离的常用方法,是根据蛋白质的形态、大小和电荷的不同而设计的物理分离方法。各种不同的层析方法都具有以下特点:有一个固定相和流动相。当蛋白质混合溶液(流动相)通过装有珠状或基质材料的管或柱(固定相)时,由于混合物中各组分在物理、化学性质(如吸引力、溶解度、分子的形状与大小、分子的电荷性与亲和力)等方面的差异使各组分在两相间进行反复多次的分配而得以分开。流动相的流动是由引力和压力决定的,跟电流没有关系。用层析法可以纯化得到非变性的、天然状态的蛋白质。层析的方法很多,其中凝胶过滤层析、亲和层析、离子交换层析等是目前最常用的层析方法。

(1)凝胶过滤层析

凝胶过滤层析(gel filtration chromatography)又称排阻层析或分子筛方法,是利用具有网状结构的凝胶的分子筛作用,分离和纯化是根据被分离物质的分子大小不同来进行的。层析柱中的填料是某些惰性的多孔网状结构物质,多是交联的聚糖(如葡聚糖或琼脂糖)类物质,小分子物质能进入其内部,流下时路程较长,而大分子物质却被排除在外部,其下来的路程短。当混合溶液通过凝胶过滤层析柱时,溶液中的物质就按不同分子量筛分开了。

此法的突出优点是层析所用的凝胶属于惰性载体,不带电荷,吸附力弱,操作条件比较温和,即使在相当广的温度范围下也可以进行,不需要有机溶剂,并且对分离成分的理化性质保持独到之处,对于高分子物质有很好的分离效果。

(2)亲和层析

亲和层析(affinity chromatography)是一种吸附层析,抗原(或抗体)和相应的抗体(或抗原)发生特异性结合,且在一定的条件下该结合又是可逆的。在生物分子中有些分子的特定结构部位能够同其他分子相互识别并结合,如酶与底物的识别结合、受体与配体的识别结合、抗体与抗原的识别结合,这种结合既是特异的,又是可逆的,这种结合会因为条件的改变而得以解除。亲和层析就是根据此原理设计的蛋白质分离纯化方法。

将具有特殊结构的亲和分子制成固相吸附剂放置在层析柱中,当要被分离的蛋白质混合液通过层析柱时,与吸附剂具有亲和能力的蛋白质就会被吸附而滞留在层析柱中。由于没有被吸附那些没有亲和力的蛋白质会直接流出,与被分离的蛋白质分开,然后选用适当的洗脱液,改变结合条件将被结合的蛋白质洗脱下来,从而达到分离的目的。

亲和层析法具有高效、快速、简便等优点。以下基本条件是理想的载体需要具备的:①不溶于水,但高度亲水;②惰性物质,非特异性吸附少;③具有相当量的化学基团可供活化;④理化性质稳定;⑤机械性能好,具有一定的颗粒形式以保持一定的流速;⑥通透性好,最好为多孔的网状结构,这样的话就不会影响到大分子的通过;⑦能抵抗微生物和醇的作用。

(3)离子交换层析

离子交换层析(ion exchange chromatography)是以离子交换剂为固定相,依据流动相中的组分离子与交换剂上的平衡离子进行可逆交换时的结合力大小的差别而进行分离的一种层析方法。

1848 年,Thompson 等人在对土壤碱性物质交换过程进行研究的过程中发现了离子交换现象。20 世纪 50 年代,离子交换层析进入生物化学领域,在对氨基酸进行分析中得以应用。

目前离子交换层析仍是生物化学领域中常用的一种层析方法,广泛应用于各种生化物质如氨基酸、蛋白质、糖类、核苷酸等的分离纯化。离子交换层析中,基质是由带有电荷的树脂或纤维素组成。带有正电荷的称为阳离子交换树脂,而带有负电荷的称为阴离子交换树脂。离子交换层析同样在蛋白质的分离纯化中得以应用。由于蛋白质也有等电点,当蛋白质处于不同的pH 值条件下时,其带电状况也会有一定的差异。阴离子交换基质结合带有负电荷的蛋白质,所以这类蛋白质被留在柱子上,然后通过提高洗脱液中的盐浓度等措施,将吸附在柱子上的蛋白质洗脱下来。结合能力较弱的蛋白质首先被洗脱下来。反之阳离子交换基质结合带有正电荷的蛋白质,结合的蛋白质可以通过逐步增加洗脱液中的盐浓度或是提高洗脱液的 pH 值洗脱下来。

2.3.3 细胞内核酸、蛋白质、酶、糖与脂类等的显示方法

细胞的各种结构是由各种分子所构成,细胞的生命活动是在细胞的各个结构组分中进行的,因此对细胞中各种生物大分子进行定性和定位对于了解细胞的结构和功能是至关重要的。

为了对细胞内蛋白质、核酸、多糖和脂类等细胞组分进行定性和定位研究,通常细胞化学方法被使用的比较多,利用一些显示剂与所检测物质中一些特殊基团进行特异性结合的特性,通过显色剂在细胞中的部位和颜色的深浅来判断某种物质在细胞中的分布和含量。

采用孚尔根(Feulgen)染色法可以观察 DNA 在细胞中的分布,其原理是用稀盐酸水解,将 DNA 上的嘌呤碱和脱氧核糖之间的键打开,使脱氧核糖一端形成游离的醛基,这些醛基在原位与 Schiff 试剂反应,形成紫红色的化合物,使细胞内含有 DNA 的部位呈紫红色阳性反应。可以用 Brachet 反应对 RNA 分子进行检测。在该反应中,RNA 分子可被派洛宁染成红色。

应用 PAS 反应可以显示糖原和其他多糖物质,采用过碘酸处理可将多糖氧化成高分子醛化合物,这种高分子醛化物可被 Schiff 试剂染色,形成紫红色的化合物。

蛋白质是组成生物有机体的重要的大分子物质,目前在光学显微镜水平上是利用某些蛋白质特殊的显色反应来对其进行定性或半定量的分析。如采用 Millon 反应可使含有酪氨酸的蛋白质呈现粉红色或砖红色。用 Danielli 双偶氮结合法可使含有酪氨酸、色氨酸和组氨酸的蛋白质呈紫红色或红褐色反应等。

酶的细胞化学定位主要是通过给予底物或其他方式,最终在反应部位形成电子致密的沉淀物,在光学显微镜和电子显微镜下得以显示出来。如细胞内的碱性磷酸酶可用 Gomori 方法进行检测,碱性磷酸酶在碱性条件下水解磷酸单脂游离出无机磷酸,其与氯化钙反应,生成磷酸钙沉淀,沉淀在酶的存在部位,其后使磷酸钙转变成铅、钴或银盐沉淀,就可以看到钙盐的存在部位。

在光学显微镜水平上,可用如苏丹Ⅲ、苏丹黑、尼罗蓝等脂溶性的着色剂使细胞中的脂滴着色,这些染料不同脂类发生化学的结合,只是机械地溶于含有脂类的结构中。锇酸与不饱和脂肪酸反应,在电子显微镜下可观察到黑色、电子密度高的脂滴。

2.3.4 特异蛋白抗原的定位与定性

20 世纪 70 年代以来,免疫学的迅速发展为细胞生物学的研究提供了有力支撑,特别是在

细胞内特异蛋白定位与定性方面,单克隆抗体与其他一些检测手段相结合发挥了重要作用。应用抗原与抗体特异性结合的原理,通过化学反应使标记抗体的显色剂(荧光素、酶、金属离子、同位素)显色来确定组织细胞内抗原(多肽和蛋白质),对其进行定位、定性及定量的研究,称为免疫组织化学技术(immunohistochemistry)或免疫细胞化学技术(immunocytochemistry)。免疫细胞化学技术主要由免疫荧光技术和免疫电镜技术两类组成。

1. 免疫荧光技术

所谓免疫荧光技术(immunofluorescence),是指将免疫学方法(抗原抗体特异结合)与荧光标记技术结合起来研究特异蛋白抗原在细胞内分布的方法。由于可以在荧光显微镜下检出荧光素所发出的荧光,从而可对抗原进行细胞定位。常用的荧光素有 FITC、Rhodamine、TRITC 等。

免疫荧光技术方法包括直接和间接免疫荧光技术两种。直接法是将标记的特异性荧光抗体直接加在抗原标本上,经一定的温度和时间的染色,用缓冲液将未参加反应的多余荧光抗体洗去,室温下干燥后封片、镜检。在运用直接免疫荧光技术时有以下三个问题需要注意:①对荧光标记的抗体的稀释,要保证抗体的蛋白质有一定的浓度,一般稀释度要控制在 1∶20 之内;②染色的温度和时间需要根据各种不同的标本及抗原进行一定地调整;③为了保证荧光染色的正确性,首次试验时需设置下述对照,以排除某些非特异性荧光染色的干扰。间接法则先用已知未标记的特异抗体(第一抗体)与抗原标本进行反应,用缓冲液洗去未反应的抗体,再用标记的抗体(第二抗体)与抗原标本反应,使之形成抗原—抗体—抗体复合物,再用缓冲液洗去未反应的标记抗体,干燥、封片后镜检。如果检查未知抗体,也就意味着抗原标本是已知的,待检血清为第一抗体,其他步骤的抗原检查相同。间接免疫荧光技术应注意:①荧光染色后一般在 1 h 内完成观察,或于 4℃保存 4 h,时间过长,会使荧光减弱;②每次试验时,需设置阴性对照、阳性对照、荧光标记物对照这三种对照;③已知抗原标本片需在操作的各个步骤中,始终保持湿润,避免干燥。

免疫荧光技术的主要优点是特异性强、敏感性高、速度快。主要缺点是无法完全解决非特异性染色问题,结果判定的客观性有一定的欠缺,技术程序也还比较复杂。

2. 免疫电镜技术

免疫电镜技术是免疫化学技术与电镜技术结合的产物,是在超微结构水平上对抗原、抗体结合定位进行研究和观察的一种方法。根据标记方法的不同,可分为免疫铁蛋白技术、免疫酶标技术和免疫胶体金技术,其中免疫胶体金技术是用得最多的技术(图 2-17),胶体金本身具有如制备容易、对组织细胞的非特异性吸附作用小等许多优点,且几乎不出现非特异性吸附,金颗粒大小可以控制,颗粒均匀,可进行双重和多重标记等。

免疫荧光和免疫电镜技术,两者都是应用免疫组织化学的原理,标记并检查组织中的目的蛋白(抗原)。不同点是:免疫荧光技术是用带有荧光的抗体对目的蛋白(抗原)进行标记和检测,标记后用荧光显微镜观察,属于光镜、细胞水平的观测;免疫电镜技术是使用带有过氧化物酶或金颗粒的抗体去标记组织中的目的蛋白,进而制成电镜标本,最终用电子显微镜观察,属电镜亚细胞水平上的检测。

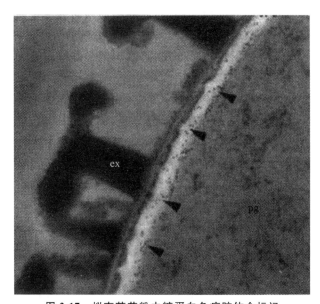

图 2-17 拟南芥花粉中糖蛋白免疫胶体金标记

图中箭头所指金颗粒所示为糖蛋白在花粉粒中的位置;ex 表示花粉外壁;pg 表示花粉粒

2.3.5 细胞内特异核酸的定位与定性

细胞内特异核酸序列的定位通常采用原位杂交技术,想要对特异 DNA 序列的性质进行分析的话可以使用 Southern 杂交技术。

1. 核酸分子杂交的基本原理

核酸的分子杂交技术创始于 1970 年前后,是分子生物学中广泛应用的一种技术。其原理是根据 DNA 分子的变性、复性以及核酸分子之间碱基互补(A = T;G ≡ C 或 A = U)配对的原理进行的。在核酸分子杂交中,采用一个带有放射性同位素标记的已知序列的核酸单链(如某个目的基因片断或其转录产物 RNA)作为探针,与未知的核酸分子杂交。根据两条单链间能否形成杂交分子,即可探知到未知核酸分子中的同源部分。在 DNA 与 DNA 之间或者是 DNA 与 RNA 之间均可以发生分子杂交。不同来源的两个单链核酸之间,随着互补碱基顺序的增多产生杂交分子的速度也就越来越快。

核酸分子杂交技术提供了一个检测特殊核苷酸序列的灵敏方法,该技术可用于基因的检测(有无该基因)以及特定基因在染色体上的定位,检查 DNA 重组的结果等。

2. 原位杂交技术

特殊核苷酸顺序在染色体上或在细胞中位置的确定是原位杂交技术的目的所在。即用放射性同位素标记或荧光素标记的已知的 DNA 或互补 RNA 作为探针,直接与组织切片样品中的 DNA 或 RNA 杂交。用显微放射自显影的方法或用荧光显微镜直接显示与探针杂交的核酸的存在部位。原位杂交技术首先是在光学显微镜水平上发展起来,近年来随着免疫胶体金技术的成熟,也促进了电子显微镜原位技术的进一步发展。电子显微镜原位技术是以生物素等一些生物小分子来标记探针,通过与抗生物素的抗体相连的胶体金颗粒显示杂交位置。

3. Southern 印迹技术

这是 1975 年英国的 E. M. Southern 创造的一种分子杂交的方法,可从细胞的总 DNA 分子中将目的基因及其所在位置找出来。首先提取细胞的总 DNA,用限制性内切酶进行消化,将总 DNA 切成大小不一的片断。将消化后的 DNA 进行琼脂糖凝胶电泳,用 NaOH 处理凝胶片,使凝胶中的双链 DNA 变性为单链 DNA。然后把凝胶电泳上分离开的 DNA 片段,通过扩散或电泳转移到一张硝酸纤维素膜上(NC 膜,Nitrocellulose filter)做成一个凝胶的复制品,这个过程称为印迹。用放射性同位素标记的探针与 NC 膜上的目的基因杂交,形成杂种分子。取出 NC 膜,将未杂交上的探针洗去,干燥。将 X 光胶片放在 NC 膜上,外面用黑纸包住进行曝光,这样杂交后的 NC 膜与 X 光片重叠。具有放射性的杂交分子使 X 光片感光,经显影、定影后,相应的黑色条带就会呈现在透明底片上,从而可以得到目的基因在凝胶片上的位置及被该限制性内切酶切成多少片段(图 2-18)。

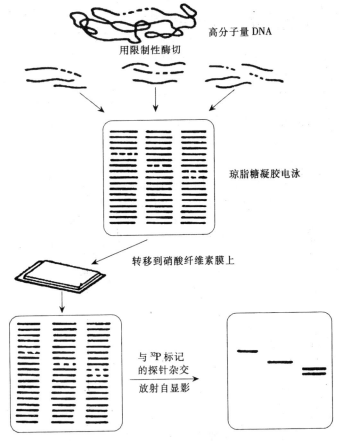

图 2-18　用 Southern 印迹法检测目标 DNA 存在情况示意图

2.3.6　利用同位素技术研究生物大分子在细胞内的合成动态

每个活细胞中的有机大分子都是处于不断的代谢变化中,研究生物大分子在细胞中的动态变化的有效方法是采用放射性同位素示踪技术。

自然界中的大多数元素是不同同位素的混合物,放射性同位素的核是不稳定的,进行随机的衰变变成不同的原子。在衰变过程中,释放出带有能量的粒子和放射线。在生命科学研究中,常用的放射性同位素有^{32}P、^{14}C、^{3}H、^{35}S、^{125}I和^{135}I等,它们在衰变时都发射β射线,其本质是带负电荷的电子流。在细胞的代谢过程中,对放射性同位素与稳定性同位素的吸收与利用是没有差别的。放射性同位素的存在可用盖革计数管、液体闪烁计数器等仪器或放射自显影方法加以检测。

放射性同位素示踪技术包括两个主要步骤,即同位素标记的生物大分子的引入和细胞内同位素的检测和所在位置的显示。

第一步,根据研究目的来选择合适的同位素来标记的生物大分子的前体分子。如研究DNA合成时,一般采用^{3}H标记的胸腺嘧啶脱氧核苷^{3}H-TdR,^{3}H-TdR仅能作为DNA合成的前体,因此其掺入的部位与量体现出了DNA合成的部位与速率。而在研究RNA合成时采用^{3}H标记的尿嘧啶核苷(^{3}H-U);在研究含硫蛋白分子的代谢时,可用^{35}S标记的氨基酸,^{3}H或^{14}C标记的蛋氨酸也常用于蛋白分子合成的前体。

可以通过脉冲标记的方法来对某同位素标记的前体在细胞中的作用及其去向进行研究,即先用带同位素标记的前体分子掺入细胞,标记一段短时间后立刻将其洗掉,再用不带同位素标记的同样的前体分子代替,然后在不同时期取样分析同位素的量或所在位置。

第二步,可用液体闪烁计数法确定样品中放射性前体的掺入量,如果要确定这些前体物质代谢产物在细胞中的位置则放射自显影就会被用到。

放射自显影技术(autoradiography)是利用放射性同位素所产生的放射性,使感光乳胶感光,通过感光乳胶片上感光颗粒的所在部位和黑度来判断标本或样品中的放射性物质的分布、定位和数量的一种方法。可分为光学显微镜放射自显影和电子显微镜放射自显影。放射自显影的主要步骤是:将带有放射性同位素标记的前体分子引入机体或细胞,标记后不同时间取样,将组织与细胞按常规方法制成切片或超薄切片,将一层乳胶均匀地涂上玻片上,乳胶的主要成分是银盐(AgBr或AgCl)。放射性同位素放射出来的电子和带正电荷的Ag^+相遇,Ag^+即被还原成金属银颗粒,在该处形成潜在的影像,再经过显影液的作用,使潜在的颗粒还原为黑色的金属银颗粒。定影后根据Ag^+粒子所在部位和黑度样品中同位素所处位置和大体数量即可被判断出来。放射自显影技术的特点在于可以追踪细胞内代谢的动态变化过程,并将代谢与细胞结构紧密结合在一起(图2-19)。

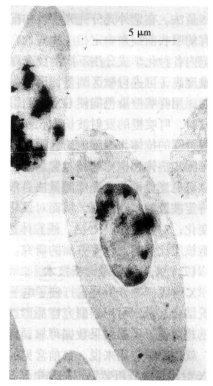

5 μm

图2-19 ^{3}H-鸟嘧啶核苷酸标记的鸟类红细胞的电子显微镜放射自显影(银颗粒位于细胞核中)

2.3.7　定量细胞化学分析技术

1. 显微分光光度测量技术

细胞显微分光光度测量技术(microspectrometry)是通过测量细胞内某些物质对光谱吸收的光谱特性、吸收峰的位置以及吸收光值等指标,以确定这些物质的性质、种类以及含量的方法。每一个细胞或细胞某一部分结构内特定化学成分的含量可通过使用该方法来测出。细胞中 DNA、RNA 以及蛋白质等生物大分子的含量都可以用这种技术检测,是目前细胞化学定量研究的一种重要手段。

显微分光光度测量在显微分光光度计上进行,该仪器主要由显微镜、光度测量装置、电子系统和计算机组成。测量的基本原理依据 Beer-Lambert 基本定律。当入射光强为 I_0 ,经过吸光物质(被测物质或结构)后,光强度为 I_s ,则透射率 $T = \dfrac{I_s}{I_0}$,消光值 $R = \log \dfrac{1}{T}$,从消光值就可推导出吸光物质的相对质量。

根据所用光源的不同,显微分光光度测量法还可以进一步分为紫外显微分光光度测量法和可见光分光光度测量法。在紫外光分光光度计中配备了高分辨率的荧光显微镜,依据荧光物质对紫外光某波段特有的吸收曲线来确定相应物质的含量。应用该仪器可以对细胞内能发出自发荧光的物质,或对细胞内各种化学成分用不同的荧光探针标记后,进行定性、定位和定量的测定。其优点是仪器的灵敏度高,可进行微区测量,因而做定量测量时过大的分布误差不是因物质分布不均匀而造成的。例如,用吖啶橙染色能使 DNA 发出绿色荧光,RNA 发出红色荧光。以 450~490 nm 波长的蓝光激发时,吖啶橙的发射波长为 520 nm,根据测得的荧光强度就可确定核酸的含量。用带有荧光素或罗丹明的抗体与细胞内的抗原作用,然后用紫外分光光度法测量荧光强度,根据荧光的强弱程度抗体和抗原的相对含量也可以被测出来。

可见光显微分光光度测量法是根据细胞内不同化学成分特异的染色反应,然后测定其对可见光特定波段的吸收能力,从而对该化学成分进行定量。采用该方法,可以测量细胞内 DNA 的含量变化;对蛋白质、RNA、线粒体进行定量测定;对各种酶进行定量分析;还可进行细胞大小、细胞核质比例的比较等方面的研究。

2. X 射线显微分析技术

X 射线显微分析技术打破了电子显微镜纯形态观察的局限性,使形态观察与样品的化学成分分析得以综合起来,可用于研究样品形态结构、组成元素和细胞生理功能之间的关系。同时,分析操作迅速简便,实验结果数据可靠,且可用计算机进行处理。

就生物学应用来说,目前常见的 X 射线显微分析系统有分析电子显微镜、透射电子显微镜加 X 射线显微分析装置、扫描电子显微镜加 X 射线显微分析装置等。在进行高精度定量分析时,分析电子显微镜使用的比较多。分析电子显微镜主要由电子光学系统(电子显微镜)和检测系统(X 射线能谱仪)所组成。电子光学系统的功能是产生一个被聚焦得很细的电子束以提供样品的图像。同时高能的入射电子束投射到分析样品上使特征 X 射线得以激发出来。一个待测元素的特征 X 射线,总是与同时被激发产生的连续 X 射线以及样品内存在的其他元素的特征 X 射线一起,从被入射电子轰击的样品区域内发射出来。X 射线显微分析仪从这些具有各种不同波长或能量的 X 射线中,把待测元素的特征谱线辨认出来并加以收集,分析其波长(或能量)及强度,从而将样品中所含的化学成分及其含量计算出来。

在 X 射线显微分析生物样品制备过程中,样品完整性的保持可以是说至关重要的。首先要考虑到保持待测元素的完整性,在固定时不发生移位和流失,也不要使外来元素污染样品或渗入到样品中;其次要保持样品结构的完整性,以便知道被测元素的超微结构所在。

2.4 细胞培养与细胞工程技术

细胞工程技术(cell engineering)是细胞生物学与遗传学的交叉领域,是利用细胞生物学的原理和方法,结合工程学的技术手段,按照人们预先的设计,使细胞遗传性得以有计划地改变或创造的技术。包括体外大量培养和繁殖细胞,或获得细胞产品,或利用细胞体本身。主要内容包括:细胞融合、细胞生物反应器、染色体转移、细胞器移植、基因转移、细胞及组织培养。本节主要介绍动植物细胞培养技术以及与细胞培养直接相关的一些技术。

2.4.1 细胞培养

细胞培养是指在无菌条件下,使体内的生理环境在体外模拟出来,把动植物细胞从有机体分离出来进行培养,并使之生存、生长和增殖的技术。细胞培养是细胞生物学研究的一个重要方面,通过细胞培养可以获得大量的细胞,对细胞的全能性、细胞周期及其调控、细胞信号转导以及细胞癌变机制与细胞衰老等的研究也可以通过细胞培养来实现。细胞培养包括原核生物细胞、真核单细胞、植物细胞与动物细胞培养以及与此密切相关的病毒的培养。

1. 动物细胞培养

体外培养的动物细胞可分为原代培养(primary culture)与传代培养(subculture)。不难理解,原代培养是指直接从有机体取下细胞、组织或器官后立即进行培养。原代培养的细胞一般传至 10 代,细胞就会出现大部分细胞衰老死亡的情况。因此,有人把传至 10 代以内的细胞统称为原代细胞培养。传代细胞是指在适应体外条件下继续继代培养的细胞。从培养瓶中将原代培养的细胞取出,以 1∶2 以上的比例扩大培养,为传代培养。在原代细胞培养中,也有少数细胞可以继续传下去,一般可以顺利传 40～50 代次,且染色体二倍性和接触抑制性行为仍能够得以保持下去,这种类型的细胞称为细胞株(cell strain)。因此,细胞株是通过选择法或克隆法从原代培养物中获得的具有特殊性质或标志的培养细胞。在传代培养过程中,细胞发生遗传突变的可能性是有的,就会带有癌细胞的特点,可以在体外培养条件下无限制地传下去,这种传代细胞称为细胞系(cell line)。细胞系细胞的特点是染色体数目明显改变,失去接触抑制的特点,易继代培养。如 HeLa 细胞系、CHO 细胞系(中国仓鼠卵巢细胞)与 BHK-21 细胞系(来自叙利亚仓鼠肾成纤维细胞)等。

动物细胞培养分为贴壁培养和悬浮培养。体外培养的细胞,一般不能保持体内原有的细胞形态,这跟是原代细胞还是继代细胞没有关系。大体可分为两种基本形态:成纤维样细胞(fibroblast like cell)与上皮样细胞(epithelial like cell)。分散的细胞悬浮在培养瓶中很快(在几十分钟至数小时内)就贴附在瓶壁上,称为细胞贴壁。原来是分散呈圆形的细胞一经贴壁就迅速铺展呈多形态,此后细胞开始有丝分裂,逐渐形成致密的细胞单层,称为单层细胞(single layer cell)。当贴壁生长的细胞分裂生长到表面相互接触时,分裂增殖就会停止,相互紧密接触的细胞不再进入 S 期,这种现象称为接触抑制(contact inhibition)。长成单层的细胞经过一段时间后必须重新分散后分瓶继续培养,其分裂增殖才能够继续下去。悬浮培养的细胞在培养中不贴壁,一直悬浮在培养液中生长,如 T 淋巴细胞。悬浮培养的条件较为复杂,难度相对较大,但大量的培养细胞的获得相对要容易一些。

体外培养细胞时,营养和环境条件非常重要。营养物质必须与体内相同,体外培养细胞所需的营养是由培养基提供的。培养基通常含有细胞生长所需的氨基酸、维生素、糖和微量元素。培养基可分为天然培养基和合成培养基。一般合成培养基在培养细胞中使用得比较多,但在使用合成培养基时需要添加一些天然成分,其中最重要的是血清,这是因为血清中含有多种促细胞生长因子和一些生物活性物质。环境因素主要是指无菌环境、合适的温度($35℃ \sim 37℃$)、一定的渗透压、气体环境(O_2 和 CO_2)和 pH 值($7.2 \sim 7.4$)。

2. 植物细胞培养

植物细胞培养是指离体的植物器官、组织或细胞,在对其培养一段时间之后,会通过细胞分裂,形成愈伤组织。由高度分化的植物器官、组织或细胞产生愈伤组织的过程,称为植物细胞的脱分化,或者称为去分化。脱分化产生的愈伤组织继续进行培养,又可以重新分化成根或芽等器官,这个过程称为再分化。再分化形成的试管苗,移栽到地里,可以发育成完整的植物体。

植物细胞培养主要有如下几种技术。

①组织培养先诱发产生愈伤组织,如果条件适宜,可分化培养出再生植株。用于研究植物的生长发育、分化和遗传变异,或进行无性繁殖。

②悬浮细胞培养在愈伤组织培养技术基础上发展起来的一种培养技术。植物细胞悬浮体系由于分散性好、细胞性状及细胞团大小一致,而且生长迅速、重复性好、易于控制等有利因素,因此,适合于进行产业化大规模细胞培养,获得植物次生代谢产物。

③原生质体培养脱壁后的植物细胞称为原生质体(protoplast),其特点是:比较容易摄取外来遗传物质,如 DNA;便于进行细胞融合,形成杂交细胞;与完整细胞一样具有全能性,仍可产生细胞壁,经诱导分化成完整植株。

④单倍体培养利用植物的单倍体细胞进行体外培养获得单倍体植株。通常用花药或花粉培养可获得单倍体植株,再经人为加倍后可得到完全纯合的个体。

2.4.2　细胞工程

细胞工程(cell engineering)是指以细胞为对象,应用生命科学理论,在工程学原理与技术的基础上,有目的地利用或改造生物遗传特性,以获得特定的细胞、组织产品或新型物种的一门综合性科学技术。

细胞工程与基因工程可以说是先进生物技术的代表,伴随着试管植物、试管动物、转基因生物反应器等相继问世,细胞工程在生命科学、农业、医药、食品、环境保护等领域发挥着越来越重要的作用。

1. 细胞融合

细胞融合(cell fusion)是在自发或人工诱导下,两个相同或不同基因型的细胞或原生质体融合形成一个杂种细胞。基本过程包括细胞融合形成同核体(homokaryon)或异核体(hetero-karyon)、再通过细胞有丝分裂进行核融合、最终形成单核的杂种细胞。

自发的细胞融合概率非常有限,动物细胞融合一般需灭活的病毒(如仙台病毒)或化学物质(如聚乙二醇)的介导;植物细胞融合需用纤维素酶去细胞壁。杂交细胞在培养过程中会发生染色体丢失的现象,如人-鼠杂交细胞中,人的染色体丢失很快。

2. 单克隆抗体技术

1975 年英国科学家 Milstein 和 Kohler 将可以产生抗体的 B 淋巴细胞同肿瘤细胞融合,发明了单克隆抗体(monoclonal antibody)技术,并因此获得了 1984 年的诺贝尔医学和生理奖。其原理是:B 淋巴细胞受到抗原刺激可以产生相应的抗体,但是在体外不能无限传代,肿瘤细胞虽然可以无限传代,但想要产生抗体是不可能的。两种细胞融合后得到的杂交瘤细胞在具有两亲本特性的同时,既可以产生抗体也可以在体外无限传代(图 2-20)。其最大的优势就是可以用不纯的抗原分子制备高纯度的单克隆抗体。

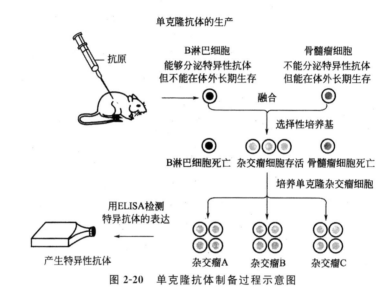

图 2-20 单克隆抗体制备过程示意图

2.5 蛋白质组学技术

1994 年,澳大利亚科学家 M. Wilkins 提出蛋白质组(proteome)的概念,是指一个基因组所表达的全部蛋白质。蛋白质组学(proteomies)是应用各种技术手段来研究蛋白质组的一门新兴科学,是指从整体的角度对细胞内动态变化的蛋白质组成成分、表达水平与修饰状态进行分析,了解蛋白质之间的相互作用与联系,揭示蛋白质功能与细胞生命活动规律。

蛋白质组学技术主要包括蛋白质分离技术和蛋白质鉴定技术,同时生物信息技术也是蛋白质组学研究技术中重要组成部分。

2.5.1 双向凝胶电泳

最早是由 Smithies 和 Poulik 提出双向凝胶电泳思路的。1975 年由意大利生化学家 O'Farrell 等建立了双向凝胶电泳技术,它是一种高分辨率的蛋白质分离技术。双向凝胶电泳的原理是第一向基于蛋白质的等电点不同,用等电聚焦分离,第二向则按分子量的不同,用 SDS-PAGE 分离,把复杂蛋白质混合物中的蛋白质在二维平面上分开(图 2-21)。蛋白质是两性分子,在不同的 pH 环境中可以带正电荷、负电荷或不带电荷。对每个蛋白质来说都有一个特定的 pH,将蛋白质样品加载至 pH 梯度介质上进行电泳时,它会向与其所带电荷相反的电极方向移动。在移动过程中,蛋白质分子得到或者是失去质子的可能性都是有的,并且随着移动的进行,该蛋白质所带的电荷数和迁移速度下降。当蛋白质迁移至其等电点 pH 位置时,其净电荷数为零,在电场中不再移动。蛋白质与十二烷基硫酸钠(SDS)结合形成带负电荷的蛋白质。所带的负电荷远远超过蛋白质分子原有的电荷量,这样的话,不同分子之间原有的电荷差异得以消除,从而使得凝胶中电泳迁移率不再受蛋白质原有电荷的影响,而是由蛋白质分子质量的大小所决定的。

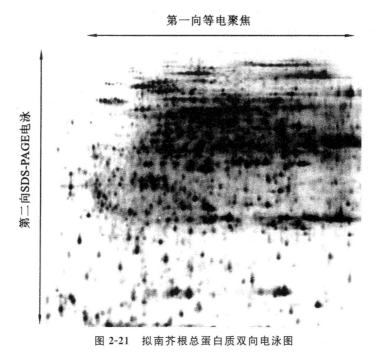

图 2-21　拟南芥根总蛋白质双向电泳图

2.5.2　色谱技术

色谱技术是利用不同物质在由固定相和流动相构成的体系中具有不同的分配系数,当两相做相对运动时,这些物质随流动相一起运动,并在两相间进行反复多次的分配,从而使各物质达到分离的目的。在当今的蛋白质组学研究中,大多数生物样品的复杂性都比较高,传统的一维分离技术因其解决能力和峰容量的缺陷而受到限制,多维液相色谱是采用两种或两种以上不同的分离机制组合,利用样品的不同特点将复杂的混合物分离成单一组分。毛细管电泳(capillary electrophoresis,CE)是以弹性石英毛细管为分离通道,以高压直流电场为驱动力,依据样品中各组分之间淌度(单位电场下的电泳速度)和分配行为上的差异而实现分离的电泳分离分析方法。毛细管电泳的高效分离性和 HPLC 的高选择性均在该技术中得以体现。毛细管电泳技术和高效液相色谱技术由于分辨率高,所需样品量少,易于和电喷雾离子化质谱联用而成为蛋白质组分析的重要手段。

2.5.3　质谱技术

质谱(mass spectrometry)是带点原子、分子或分子碎片按荷质比的大小顺序排列的图谱。质谱技术能鉴定蛋白质并准确测量肽段和蛋白质的相对分子质量、氨基酸序列及翻译后的修饰。质谱学方法被认为是一种同时具备高特异性和高灵敏度且得到了广泛应用的普适性方法,其基本原理是使试样中各组分在离子源中发生电离,使不同荷质比的带正电荷的离子得以生成,经加速电场的作用,形成离子束,进入质量分析器。在质量分析器中,再利用电场和磁场使发生相反的速度色散,将它们分别聚焦而得到质谱图,从而确定其质量。

根据蛋白质样品分子离子化的方式不同可分为电喷雾离子化质谱(electrospray ionisation mass spectrometry,ESI-MS)和基质辅助激光解吸离子化质谱(matrix-assisted laser desorption ionization mass spectrometry,MALDI-MS)。电喷雾离子化质谱技术的优势就是它可以方便地与多种分离技术联合使用,如液-质联用(LC-MS)是将液相色谱与质谱联合而达到检测大分子物质的目的。MALDI-MS是近年来发展起来的一种软电离新型有机质谱,具有灵敏度高、准确度高、分辨率高、图谱简明、质量范围广及速度快等特点,在操作上制样简便、可微量化、大规模、并行化和高度自动化处理待检生物样品,而且在测定生物大分子和合成高聚物应用方面上拥有特殊的优越性,已成为检测和鉴定多肽、蛋白质、多糖、核苷酸、糖蛋白、高聚物以及多种合成聚合物的强有力工具。当用一定强度的激光照射样品与基质形成的共结晶薄膜时,基质从激光中吸收能量,基质-样品之间发生电荷转移使得样品分子电离,电离的样品在电场作用下加速飞过飞行管道,根据到达检测器的飞行时间不同而被检测,即测定离子的质量电荷之比与离子的飞行时间成正比来检测离子。时至今日,MALDI-MS已成为生命科学领域蛋白质组研究中必不可缺的重要关键技术之一。

2.5.4　生物信息学

生物信息学(bioinformatics)是在生命科学的研究中,以计算机为工具对生物信息进行存储、检索和分析的科学。其研究重点是把基因组DNA序列信息分析作为源头,在获得蛋白质编码区的信息后进行蛋白质空间结构模拟和预测,然后依据特定蛋白质的功能进行必要的药物设计。基因组信息学、蛋白质空间结构模拟以及药物设计构成了生物信息学的三个重要组成部分。

当今生物学各学科之间的交叉性越来越强,特别是在研究方法上可以互相借鉴,除了本章介绍的一些方法外,如基因操作技术、各种生理学技术、微生物学技术和遗传学技术等常应用于细胞生物学。毋庸置疑,实验技术的改进和发展,对推动细胞生物学的发展起着重要作用。

2.5.5　蛋白质芯片

顾名思义,蛋白质芯片(protein chip,protein microarray)技术是以蛋白质切入点进行研究的,其原理是对固相载体进行特殊的化学处理,再将已知的蛋白质分子产物固定其上,根据这些生物分子的特性,捕获能与之特异性结合的待测蛋白,从而对待测蛋白进行分离和鉴定。蛋白质芯片是一种高通量的蛋白质功能分析技术,可用于蛋白质表达谱分析,研究蛋白质与蛋白质的相互作用,甚至DNA-蛋白质、RNA-蛋白质的相互作用,筛选药物作用的蛋白靶点等。目前,蛋白质芯片主要有蛋白质微阵列、微孔板蛋白质芯片、三维凝胶块芯片这三类。

2.6 分子生物学方法

分子生物学方法是在分子水平上研究生物大分子的结构和功能的一系列方法,包括基因重组技术、基因转移、分子杂交、PCR 反应、序列分析等等。

2.6.1 基因工程技术

基因工程技术又称基因操作(gene manipulation),重组 DNA(recombinant DNA)技术。基因工程(gene engineering)是建立在分子遗传学上,以分子生物学和微生物学的现代方法为手段。将不同来源的基因(DNA 分子),按预先设计的蓝图,在体外构建杂种 DNA 分子,然后导入活细胞,以改变生物原有的遗传特性、获得新品种、生产新产品。基因工程技术为对基因的结构和功能的研究因基因工程技术使人们进入了一个全新的局面。

基因克隆(gene cloning)技术是 20 世纪 70 年代发展起来的一项具有革命性的研究技术。生物学家因为基因克隆技术的出现能够在体外进行基因操作、基因转移、基因定点突变等研究。这项技术可概括为:分、切、连、转、选。"分"是指分离制备合格的待操作 DNA,包括作为载体的、DNA 和欲克隆的目的 DNA;"切"是指用序列特异的限制性内切核酸酶切开载体DNA,或者切出目的基因;"连"是指用 DNA 连接酶将目的 DNA 同载体 DNA 连接起来,形成重组的 DNA 分子;"转"是指通过特殊的方法将重组的 DNA 分子送入宿主细胞中进行复制和扩增;"选"则是从宿主群体中将携带有重组 DNA 分子的个体挑选出来。基因工程技术的两个最基本的特点是分子水平上的操作和细胞水平上的表达,而分子水平上的操作即是体外重组的过程,实际上是利用工具酶对 DNA 分子进行"外科手术"(图 2-22)。

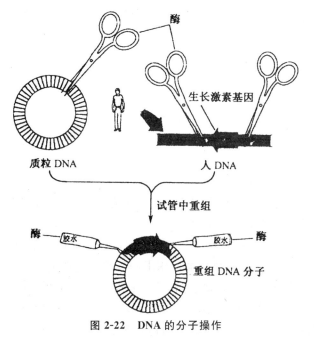

图 2-22 DNA 的分子操作

2.6.2　基因作图与人类基因组计划

20 世纪 80 年代后期由美国能源部提出,并于 1988 年得到美国国会批准的人类基因组计划(Human Genome Project,HGP)是当今国际生物学与医学领域内一项最引人注目的跨世纪重大研究项目。其目标是用 15 年时间测出 24 条染色体 DNA 的全部核苷酸序列,拟阐明人类遗传信息的组成及其约 3～5 万个基因的结构和定位。

有几个基因组制图和测序计划,包括线虫、酵母、小鼠和人。基因组计划的主要目的是将备生物的基因组 DNA 的全序列测出来。

这项计划的任务之大、问题之复杂是史上少见的。例如第一个完成的酵母染色体全序列(酵母染色体),全长为 315 kb 的 DNA、182 个可读框(每个长度超过 100 个氨基酸),共涉及 35 个实验室的 100 多位研究人员。

人基因组含 22 对常染色体和 1 对性染色体,总长度为 $3×10^9$ bp(3000 Mb),一条人的染色体含有 100 Mb 以上的 DNA,约是酵母染色体的 300 倍,可想而知,人类基因组计划的基因作图是相当繁重的任务。为了完成这项复杂的任务,采取了分级完成的策略,即从不同水平进行:RFLP 图谱、限制酶图谱、克隆图谱、DNA 序列图谱,逐级提高分辨率(图 2-23)。

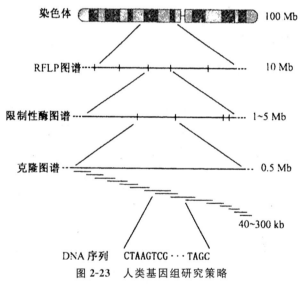

图 2-23　人类基因组研究策略

基因组制图的第一步是建立 RFLP 图谱,主要是在 5～10 Mb 长度的片段上找出分子标记,这个水平的分辨率最低。第二个水平是限制酶作图,范围缩小到 1～5 Mb;第三个水平是建立小片段的克隆群,每个克隆间一定程度的重复是无法避免的。第四个水平的精确度最高,就是测出染色体中 DNA 的精确碱基组成。

RFLP 图谱有两方面的应用,首先 RFLP 图谱可为引起疾病的基因座两侧找出分子标记,第二是为二级制图(限制酶图谱)提供框架。用限制酶在染色体的特异位点切割 DNA 获得一定长度的 DNA 片段是该项计划的基础,在该阶段有许多技术问题是不得不解决的,如哺乳动物的 DNA 中广泛存在甲基化,这样就使限制酶对 DNA 的降解难免会受到一定的影响。构建了限制酶图谱,就可建立与 RFLP 分子标记的物理关系,并确定克隆的方向。

　　人类基因组计划的实施和完成意义重大：①用于致病基因及疾病相关基因的分离。已发现的人类遗传性疾病已有五千多种,分离引起遗传病的异常基因,对了解其发病机制和遗传病的治疗是至关重要的;②加快肿瘤发病机制的研究;③促进对心血管疾病分子机制研究;④基因诊断与基因治疗;⑤研究空间结构对基因调控的作用。

　　2000 年初,人基因组草图已经完成,各国科学家正在筹划如何利用人基因组计划的成果解决人口、粮食、能源、健康等问题。

2.6.3　PCR 技术

　　PCR 是英文聚合酶链式反应(polymerase chain reaction)的简称,是 Mullis 在 1983 年发明的一项具有重大意义的分子生物学技术(图 2-24)。

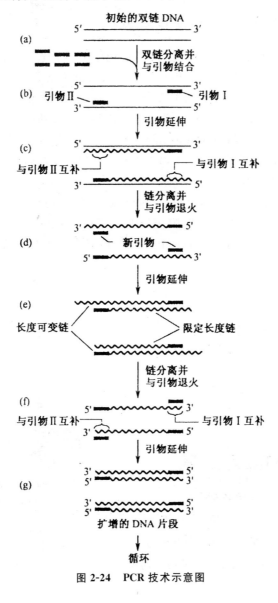

图 2-24　PCR 技术示意图

PCR 技术的基本原理是 DNA 的半保留复制。由于 DNA 复制是半保留的,两条链都可以作为模板。在 DNA 复制时,需要一个 RNA 引物,同时需要 DNA 聚合酶、4 种单核苷酸和一些辅助因子。在体内,DNA 的复制是周期性的,所以基因扩增的数量也是一定的。

PCR 技术在体外利用人工合成的引物,再加上 DNA 聚合酶和一些合适的底物和因子,通过对温度的控制,使 DNA 不断处于变性、复性和合成的循环之中,使扩增目的 DNA 的目的得以完成。

PCR 方法可以简单地分为引物设计和合成、DNA 模板的制备、PCR 反应、产物的分离和纯化。

PCR 不仅用于扩增目的 DNA,现在有着十分广泛的用途,如合成基因、基因的定点突变、考古研究、法医学、疾病诊断等。

2.6.4 选择性基因剔除与转基因鼠

基因工程技术的建立使人们能够先进行 DNA 克隆,然后采用特殊的方法从克隆的群体中将鉴定特定功能的基因筛选出来,基因剔除是最有效的方法之一。基因剔除(gene knockout)是指一个有功能的基因通过基因工程方法完全被剔除的人工突变技术。这项技术是 Capecchi 于 20 世纪 80 年代末在 Utah 大学发展起来的。实验的动物通常是小鼠,被剔除了功能基因的小鼠就称为剔除小鼠(knockout mice)。基因剔除技术已成功地应用于几种遗传病的研究,还可用于研究特定基因的细胞生物学活性以及研究发育调控的基因作用等,因此是研究基因功能的一项非常有用的技术。

基因剔除不是一种单一的技术,而是一套包括基因重组、细胞分离、转基因等的组合技术。图 2-25 显示了获得剔除囊性纤维化跨膜传导调节蛋白(cystic fibrosis transmembrane conductance regulator,CFTR)基因小鼠的两个关键技术:体外重组与转基因鼠。

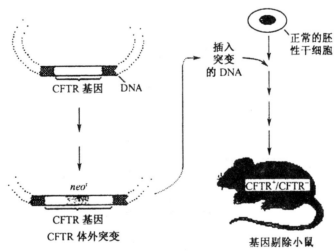

图 2-25 转基因剔除小鼠的获得

在这个例子中,要剔除的基因 CFTR 编码一种与囊性纤维有关的蛋白质。为了获得 CFTR 剔除的小鼠,要分两步走:第一步是如何将分离的 CFTR 基因进行体外突变,并且将之改造以适合插入到小鼠的基因组中;第二步是如何获得剔除小鼠(CFTR⁻纯合体)。

1.CFTR 突变 DNA 的体外构建

要获得 CFTR 基因剔除的小鼠,就分子水平上的工作来说,以下两个问题是需要注意的:一是通过一般的分子生物学方法,将 DNA 片段定向插入到目的染色体特定部位的效率非常之低,并且会随机地插入到非靶向染色体中,因此必须解决使外源突变的 DNA 插入到正确的染色体中的方法。另一个问题是如何有效地将插入有特定 DNA 片段的细胞选择出来。针对这两个问题,可采取以下两种措施来将其解决掉。

第一,在克隆的 CFTR 基因中插入一个正选择标记(positive select marker),即将 neoʳ 基因插入到 CFTR 基因中,这样在 CFTR 基因突变的同时,获得 neoʳ 的抗性表型(图 2-26)。用这种重组的 DNA 转化细胞,受体细胞会产生两种表型效应:靶基因(CFTR)失活了,但同时获得正选择标记,因为获得 neoʳ 抗性基因的细胞可以在加有新霉素的培养基中生长,而没有得到突变 CFTR 基因的细胞仍然对新霉素敏感,这样靶细胞就可以被分离和鉴定了。

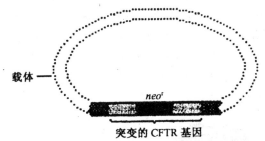

图 2-26　在 CETR 基因中插入正选择标记,同时使 CFTR 基因失活

第二,在 CFTR 基因旁引入一个负选择标记(negative select marker),保证筛选到的细胞都是在正确的位置发生同源重组后的突变体。就这个例子而言,就是要让突变的 CFTR 基因通过同源重组,即通过双交换取代相应染色体的正常 CFTR 基因,使细胞发生突变(既是 CFTR⁻,又具有新霉素抗性)。但是,插入片段越大,携带有新霉素抗性基因和 CFTR⁻突变体进入细胞后同其他染色体随机发生非同源区重组的可能性也就越高。为了获得通过正确的同源重组形成的 CFTR⁻突变体细胞,在克隆 CFTR 基因的载体上添加了细胞毒性序列(tkᴴˢⱽ)。这样,若是 DNA 插入片段较大,不仅含有 CFTR,同时还带有 CFTR 两侧的部分,由于细胞毒性 tkᴴˢⱽ 序列的存在,这种靶细胞在合适的培养基中会被杀死。单纯疱疹病毒胸腺激酶(tkᴴˢⱽ)与正常小鼠的胸腺激酶不同,正常小鼠的胸腺激酶将 9-[1,3-二羟-2-丙氧甲基]鸟嘌呤(ganciclovir,一种核苷的类似物)转变成单核苷酸类似物,而单纯疱疹病毒胸腺激酶在小鼠中则是将其转变成三磷酸的形式。因此,小鼠的 ES 细胞只要表达该基因的一个拷贝,便不能增殖,如果生长在含有 9-[1,3-二羟-2-丙氧甲基]鸟嘌呤的培养基上,最终会死亡。这样只有那些通过同源重组接受了突变的 CFTR(含有 neoʳ 基因)基因,但又不包括侧翼的 tkᴴˢⱽ DNA 序列的细胞能够在加有新霉素的培养基上生长和增殖(图 2-27)。

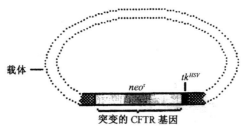

图 2-27　在 CFTR 基因旁引入负选择标记

2. 剔除小鼠的获得

成功获得突变的 CFTR 基因后,下一步就是要考虑如何得到完全丧失 CFTR 合成能力的剔除小鼠,转基因即为其关键技术,最好的受体是小鼠的胚胎干细胞(embryonic stem cell,ES)。

实验的第一步是从小鼠中分离具有无限分化能力的细胞,这些细胞通常称为胚性干细胞,存在于哺乳动物的囊泡中(图 2-28)。囊泡是胚胎发育早期阶段出现的,由两个不同部分构成,一个是很薄的细胞外层,另一部分是细胞内层。外层是细胞的滋养层,它具有哺乳动物胚外膜的特性。滋养层的内表面同细胞基质接触的部分称为内细胞团(inner cell mass)。内细胞团是囊泡的一部分,可发育成为哺乳动物的胚胎。内细胞团中含有胚性干细胞,它能够分化成哺乳动物各种不同的组织。

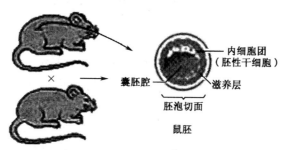

图 2-28　胚性干细胞的分离

将 ES 分离后置于合适的培养基中培养,让其生长和增殖,然后用电激(electroporation)法将构建的 CFTR DNA 转染胚性干细胞。电激转移的效率一般都不是特别高,而且通过电激进入细胞的重组 DNA 并非都是通过同源重组将突变的 CFTR 基因置换到相应染色体的正确位置上。一般而言,在全部转染的细胞中,大约在 10^4 个细胞中有一个经历了同源重组,这种经过同源重组的细胞,它的正常基因就会被突变基因所取代,同时带有 neo^r 选择标记。因此在电激处理后将 ES 细胞转移到加有新霉素的抗性培养基上进行培养,会将那些没有被转化的 ES 细胞淘汰掉,因为未转化的细胞没有新霉素抗性基因。但是在生长的细胞中有两种类型的转化细胞,一种是通过同源重组将突变的 CFTR 正确地取代相应染色体上的正常CFTR,这是研究所需要的。还有一类转化细胞,进入的重组 DNA 分子随机地或是通过不正确的交换将新霉素抗性基因插入到染色体上,这可通过负选择标记将它们排除,即将在新霉素抗性平板上生长的 ES 细胞转移到加有抑制剂的培养基上,由于非同源重组的染色体上有 tk^{HSV}基因,就会抑制到这类细胞在这种培养基上的生长,这样可将正确的 CFTR 突变体选择出来。

但是,此时获得的具有 CFTR 基因突变细胞的染色体通常是杂合体,因为在一对同源染色体中,往往重组的仅有一条。

下一步是将这种 ES 细胞大量注入到新鲜的鼠胚中,使它们同胚胎中正常的 ES 细胞混合在一起,然后将这种混合的 ES 细胞的胚胎植入妊娠鼠的子宫。在妊娠鼠胚胎发育过程中,注射进来的 ES 细胞同孕母的囊胚细胞本身的内细胞团连成一体,形成胚性组织,这种鼠的子代就所研究的基因来说是杂合的,所以是嵌合的子代。如果注入的 ES 细胞进入子代鼠的生殖系统(能够形成配子),突变的 CFTR 基因就能够遗传给下一代。将这种具有遗传性的转基因杂合鼠与另一只同样是该基因杂合的小鼠交配,得到纯合突变基因小鼠的可能性也是有的,这时的鼠就是完全剔除了一个正常基因的突变鼠。这样就可以利用这只纯合的 CFTR 基因突变鼠来研究 CFTR 突变给小鼠带来的影响(图 2-29)。

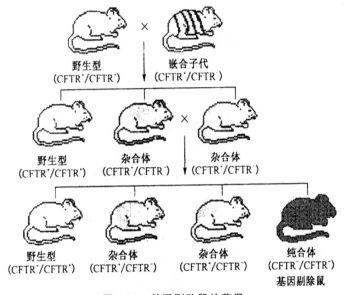

图 2-29　基因剔除鼠的获得

2.6.5　乳腺生物反应器技术

乳腺生物反应器是根据细胞生物学中蛋白质合成与分选的机理,结合基因工程技术、动物转基因技术等,利用动物的乳腺将某些具有重要价值的基因产物分泌出来(图 2-30)。

乳腺生物反应器技术是一项利用细胞生物学和分子生物学的研究成果,结合基因工程技术发展起来的一项应用技术,跟细胞生物学的研究密切相关。

动物生产奶蛋白并不需要什么昂贵原料,也不需要复杂的设备,不会消耗大量的能源。它们吃的是草料,是人类不直接消费的自然资源,生产的是高营养价值的动物蛋白,是大自然赋予人类的宝贵财富。

由于基因工程技术的出现,人类已可以大量取得过去只能从组织中提取的珍稀蛋白质,用于研究或治疗疾病。可以完成这项工作的系统有细菌发酵、真核细胞培养和乳腺生物反应器等 3 种主要生产方式。在这 3 种生产方式中,乳腺生物反应器有特殊优点。乳腺生物反应器生产药品,基本上是一个畜牧业过程。

图 2-30　用转基因绵羊生产重要的医用蛋白

　　YFG 基因编码一种具有医疗价值的蛋白质。首先将该基因置于哺乳动物启动子的控制之下,使该基因只能在哺乳动物的组织中表达。用微注射法将体外构建的含有该基因的表达载体注入绵羊卵细胞核中。然后将携带有外源基因的卵植入代孕母羊的子宫,通过 PCR 检查外源基因在孕母组织中是否进行了复制和表达。一旦表达,即可将该基因表达的蛋白质分泌到羊奶,通过收集羊奶即可分部纯化该蛋白。

　　乳腺生物反应器是一项综合技术,发展乳腺生物反应器需要基因工程技术、动物胚胎技术、转基因技术、蛋白质提纯技术和常规畜牧技术的共同支持。到目前为止,世界各国科学家已经制造出乳腺分泌各种医用蛋白质的牛、山羊、绵羊、猪和家兔,乳腺分泌的蛋白质达到可商业开发水平的转基因动物达十多种。

第3章 细胞膜与跨膜运输

细胞的外围边界有细胞膜(cell membrane),也称作质膜(plasma membrane),在真核细胞中膜结构也存在于细胞器的外围。细胞膜与细胞内的膜结构统称为生物膜(biomembrane),它是由脂质和蛋白质通过非共价相互作用组成的疏水性薄层结构[图 3-1(a)]。

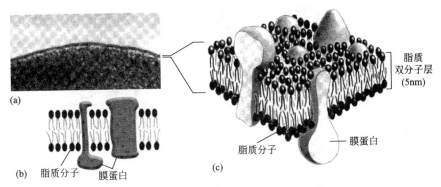

图 3-1 细胞膜主要由脂质和膜蛋白组成

(a)电镜下观察到的细胞膜;(b)生物膜的基本成分;(c)细胞膜的流动镶嵌模型

3.1 细胞膜概述

3.1.1 细胞膜的组成

1. 脂类

生物膜的基本结构是由脂质分子形成的双分子层(bilayer),大多数动物细胞膜干重的一半都是脂质分子。脂质分子具有双亲性(amphiphilic),它既有一个极性的、亲水的头部基团,也有一个非极性的、疏水的尾部基团,这个结构特征使得它们可以自发地形成双分子层。磷脂(phospholipid)、糖脂(glycolipid)和胆固醇(sterol)这些都是生物膜中常见的脂质。

(1)磷脂

磷脂是膜上含量最丰富的脂质,它的疏水性尾部通常是两条含 14~24 个碳原子的碳氢链;通常其中一条链是饱和的,而另一条链含有多个非饱和的、顺式双键,每个顺式双键使得碳氢链产生弯折(图 3-2)。磷脂分子的堆积方式会因碳氢链不同的长度及饱和程度而受到一定的影响,进而会影响到膜上分子的运动,即膜的流动性。

根据醇成分的不同,磷脂可分为甘油磷脂(phosphoglyceride)和鞘磷脂(sphingolipid)。大多数动物细胞膜上主要的磷脂是甘油磷脂,甘油骨架上相邻的两个碳原子通过酯键连接两条长链脂肪酸,第三个碳原子通过磷酸基团连接一个极性的头部基团(图 3-2)。许多不同的甘油磷酯存在于细胞膜中,其中,磷脂酰乙醇胺(phophatidylethanolamine)、磷脂酰丝氨酸(phosphatidylserine)和磷脂酰胆碱(phophatidylcholine)在哺乳动物细胞膜上含量都很丰富,占细胞膜磷脂干重的一半以上。鞘磷脂的醇是由鞘氨醇(sphingosine)而不是甘油构成的(图3-3),鞘氨醇是一个长的酰基链,一端有一个氨基和两个羟基。鞘磷脂的一条脂肪酸链连接在氨基上,一个磷酸胆碱基团连接在一个末端羟基上,剩下一个自由羟基。自由羟基使得头部基团带有极性,能和相邻脂质的头部基团、水分子或者是膜蛋白形成氢键。

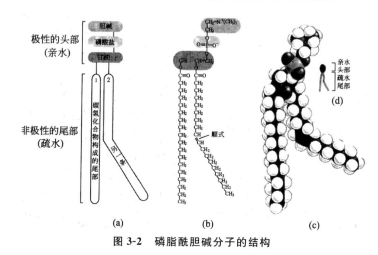

图 3-2　磷脂酰胆碱分子的结构

(a)分子组成示意图;(b)分子式;(c)空间填充模型;(d)形状示意图

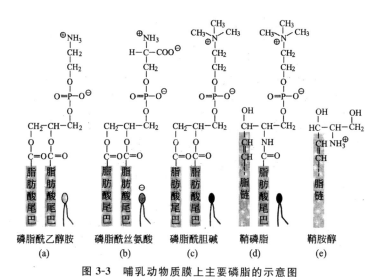

图 3-3　哺乳动物质膜上主要磷脂的示意图

(2)糖脂

含有糖的脂质分子叫做糖脂,糖脂存在于所有的细胞膜表面,它在脂双层的外层上广泛存在,通常占膜外层脂质分子的 5%。糖脂的不对称分布是由于在高尔基器腔中给脂质分子添加糖基,当它们被转运到细胞膜上时,糖基就暴露在细胞表面。类似于磷脂,糖脂也可以分为甘油糖脂(glyceroglycolipid)和鞘糖脂(glycosphingolipid),动物细胞中主要是鞘糖脂。

　　神经节苷脂(ganglioside)是最复杂的糖脂,有一个或者多个唾液酸存在于其寡糖链上,使得神经节苷脂带负电(图 3-4)。相关研究结果表明,在神经细胞中,含量最丰富的 40 多种不同的神经节苷脂占脂质总重量的 5％～10％。处于脂双层外层的糖脂在保护细胞膜、作为受体识别周围环境中的外来分子等方面扮演着重要的角色。

　　(3)胆固醇

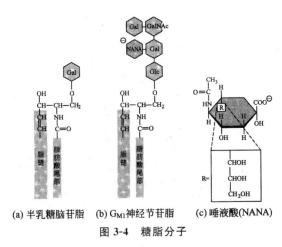

(a) 半乳糖脑苷脂　　(b) G$_{M1}$神经节苷脂　　(c) 唾液酸(NANA)

图 3-4　糖脂分子

　　细胞膜在含有磷脂和糖脂之外,还含有胆固醇,动物细胞质膜上含量特别多。胆固醇有一个结构固定的环,一个极性羟基和一条短的非极性碳氢链。当胆固醇与脂双层中的磷脂混合时,羟基与磷脂的极性头部基团靠在一起,刚性的、平面的类固醇环与极性头部基团附近的碳氢链相互作用,起着固定的作用(图 3-5)。胆固醇限制了磷脂分子起始部分碳氢链亚甲基的运动,使脂双层中该区域的可变形性得以降低,进而减弱了对小的水溶性分子的可通透性,增强了脂双层的通透屏障性质。

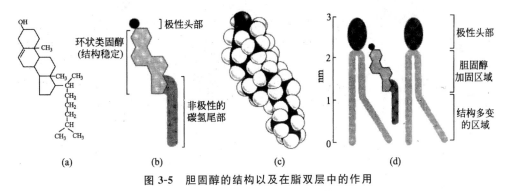

图 3-5　胆固醇的结构以及在脂双层中的作用

胆固醇分子式(a)、形状(b)和空气填充模型(c)以及胆固醇在脂双层中作用(d)的示意图

　　细菌的膜常常是由一种磷脂组成而且不含胆固醇,由包裹的细胞壁使得它们的机械稳定性得以增强。在古细菌中,脂质通常是由含 20～25 个碳的戊烯链组成,它们与脂肪酸具有相似的疏水性和柔韧性。大部分真核细胞膜的组成要比原核生物和古细菌更多样化,在包含有大量胆固醇的同时还有不同的磷脂分子也包括在内。通过质谱研究显示膜上含有 500～1000 种不同的脂质,对应着头部基团、碳氢链长度、碳氢链饱和程度等组合的多样性。膜上还含有

许多结构特别的微量脂质,其中有一些有着重要的功能。比如磷脂酰肌醇,在膜上含量很少,但在膜的流动和细胞信号传递中起着关键作用。

2. 膜蛋白

脂双层是生物膜的基本结构,主要由膜蛋白来完成膜的特定功能。脂质分子要比蛋白分子小,但膜上脂质分子的数量比蛋白分子要多得多,大约比例是每个蛋白分子有 50 个脂质分子。在神经细胞轴突上主要起着绝缘作用的髓磷脂膜,蛋白质量不超过 25%,而在与 ATP 生成有关的膜上(比如线粒体和叶绿体的内膜上)蛋白质量占约 75%,在质膜上蛋白的含量通常约为膜质量的一半。膜蛋白的数量和种类都高度多样化,本身的结构以及与脂双层的结合方式也存在一定的差异。

(1)膜蛋白与脂质的结合

能够与膜上脂双层直接或者间接结合的蛋白质都统称为膜蛋白。其中跨膜蛋白是穿越脂双层、向胞外和胞内伸展的典型膜蛋白,它也是双亲性的,含有疏水性和亲水性区域。跨膜蛋白的疏水区穿过膜,在脂双层内与脂质的疏水性尾部相互作用,它们的亲水区在膜两边暴露在溶液中。有穿越脂双层的膜蛋白非常少,它们只是部分疏水区插入脂双层,或者通过共价作用与膜上的脂质结合在一起(图 3-6),通过脂质基团或者疏水多肽链插入脂双层疏水中心的膜蛋白统称为整合膜蛋白。另外有些膜蛋白不直接与脂双层作用,而是在膜两侧通过非共价相互作用结合在整合膜蛋白上,它们叫做周围膜蛋白。许多周围膜蛋白可以通过温和的抽提方式从膜上解离,比如暴露在高离子强度、低离子强度、极限 pH 溶液中,蛋白与蛋白的相互作用会因这些条件而发生改变而脂双层的完整性不会受到任何影响。

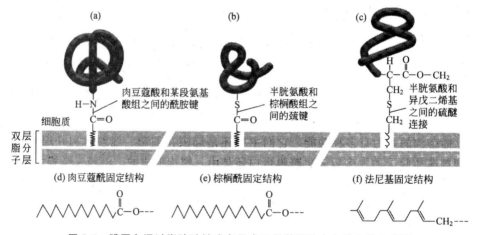

图 3-6　膜蛋白通过脂肪酸链或者异戊二烯基团结合在膜上的示意图

(a)膜上的肉豆蔻酸通过酰胺键与蛋白 N 端的甘氨酸相连;(b)棕榈酸通过硫键与蛋白中的半胱氨酸相连;
(c)膜上的一个异戊二烯基团通过硫醚键与蛋白中的半胱氨酸相连

(2)跨膜蛋白的结构基础

跨膜蛋白穿越脂双层的跨膜段主要由非极性残基组成,它们与脂双层内的疏水基团相互作用。根据多肽链跨膜的次数,跨膜蛋白还可以进一步分为单次跨膜蛋白或者多次跨膜蛋白。在疏水的跨膜区,极性的肽键趋向于相互形成氢键。大多数跨膜蛋白跨膜区的多肽链会形成

一个或者多个 α 螺旋,这样肽键之间就可以形成最多的氢键。跨膜 α 螺旋不仅仅是将蛋白锚定在脂双层上,它们之间还可以有特异性的强相互作用。含有 20~30 个氨基酸并且具有较高疏水性的肽段就能以螺旋的方式跨膜,膜蛋白中哪些氨基酸组成了跨膜 α 螺旋的预测可通过对氨基酸序列片端的疏水性的计算来进行。在多次跨膜的蛋白中,许多跨膜 α 螺旋与脂质并不直接作用,但它们通常也主要是由疏水性氨基酸组成的。

对于多次跨膜蛋白,还可以通过将跨膜的 β 折叠排列成一个封闭的 β 桶来满足对氢键形成的要求。10 个或者更少的氨基酸就能以 β 折叠的方式穿过脂双层,β 桶结构中 β 折叠的数目可以少至 8 条多至 22 条(图 3-7)。使用氨基酸疏水性分析是无法找到这些跨膜 β 折叠的,只能通过 X-射线晶体学测定膜蛋白的三维结构才能发现这些 β 桶结构。以 β 桶而不是 α 螺旋跨膜的蛋白,结构上相对更刚性一些,结晶的难度也更低,所以它们的结构较早地通过 X-射线晶体解析。

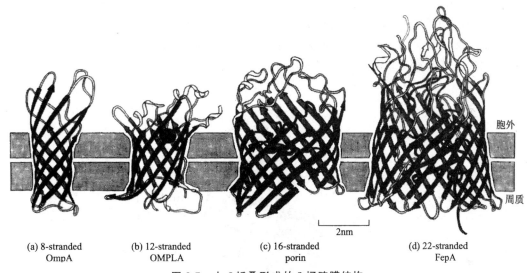

(a) 8-stranded OmpA　(b) 12-stranded OMPLA　(c) 16-stranded porin　(d) 22-stranded FepA

图 3-7　由 β 折叠形成的 β 桶跨膜结构

(a)大肠杆菌中一种细菌病毒受体蛋白 OmpA;(b)大肠杆菌中的 OMPLA 蛋白,它是一个水解脂质分子的脂酶(lipase),活性位点突出在 β 桶外;(c)莱膜红细菌(Rhodobacter capsulatus)外膜上的孔蛋白(porin),β 桶中一些环限制着跨膜水孔道的直径大小;(d)大肠杆菌中转运铁离子的 FepA 蛋白,桶内由一个含铁离子结合位点的球蛋白区域填充,该区域被认为在转运结合的铁离子时能发生构象变化

尽管 β 桶结构的蛋白功能比较多,然而这些功能主要还是局限在细菌、线粒体和叶绿体的外膜上。真核细胞和细菌质膜上的大多数多次跨膜蛋白还是由 α 螺旋形成的。跨膜 α 螺旋之间可以相对滑动,引起的构象变化可以开关通道,运输物质或者将胞外信号传导到胞内。相反,β 桶结构蛋白中 β 折叠之间的氢键固定了相邻的结构,使得在桶内发生构象变化的难度比较大。

(3)膜蛋白的糖基化及膜蛋白复合体

富含碳水化合物的区域存在于真核细胞表面,也被称作胞衣(cell coat)或者糖被(glyco-calyx)。这些多糖层的功能之一就是保护细胞免于机械或者化学的损伤,也使得细胞间保持距离防止不必要的蛋白相互作用。多糖层的碳氢链的查看可以借助于多种方法染色来实现,它们以寡糖的形式共价结合在膜蛋白、脂质和分泌到胞外的蛋白上,也以长多聚糖链的形式共价结合在膜蛋白上形成蛋白多糖(proteoglycan)分子。蛋白多糖是胞外基质的一部分,它也是一种整合膜蛋白:有些蛋白多糖是跨膜蛋白,有的蛋白多糖通过一个糖基化磷脂酰肌醇(glycosylphosphatidylinositol,GPI)锚点结合在脂双层上。

糖蛋白和糖脂寡糖链上的糖基虽然通常都不到 15 个,但支链是比较常见的,而且糖基之间能以各种共价键连接,这使得它们的组合多种多样,本身的多样性和在细胞表面所处的暴露位置使得这些寡糖特别适合于特定的细胞识别过程。例如在精卵细胞的结合、血液的凝集、淋巴细胞的循环和炎症反应中,质膜上的凝集素(lectin)蛋白能识别细胞表面糖脂或者糖蛋白上特定的寡糖,介导各种细胞瞬时粘连的过程。

许多膜蛋白在形成多组分的复合体时才发挥功能,细菌光合反应中心是第一个被结晶和使用 X-射线衍射方法解析出结构的跨膜蛋白复合体。它是由 L、M 和 H 三个亚基与一个细胞色素组成的复合体,其中 L 和 M 亚基各含 5 个跨膜 α 螺旋组成了反应中心(图 3-8)。许多参与光合作用,质子泵和电子传递过程的膜蛋白复合体比光合反应中心还大,例如蓝细菌巨大的光系统 II 复合物,就有 19 个蛋白亚基和 60 多个跨膜螺旋包含在内。膜蛋白通常会组合成大的复合体,用来捕获能量和向膜内传递信号。

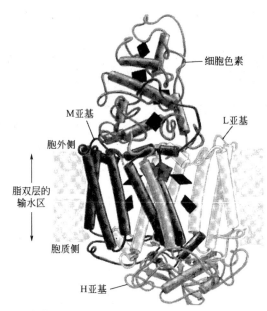

图 3-8　红假单胞菌(Rhodopseudomonas viridis)中光合反应中心的三维结构

3.1.2　细胞质膜的结构模型

1. 脂质双分子层

脂质分子的形状和双亲性使得它们在水溶液环境中能自发地形成双分子层。脂质分子的疏水性尾部和亲水性头部在水溶液中都趋向于能量最低的排列方式,这样它就自发地聚集在一起使得疏水性的碳氢链包埋在内部而亲水性的头部暴露于水分子中。脂质在水中可以形成多种形状(图 3-9),这是由于其形状的不同导致的。圆锥形(楔形)的脂质分子在水溶液中自发形成球状的微团;圆柱状的脂质分子就会由亲水性头部基团把疏水性区域像三明治那样包夹起来形成双分子层;混合的脂质分子还可以形成内部有一个水溶性空腔的、直径为 25 nm 到 1 μm 的脂质体(liposome)。

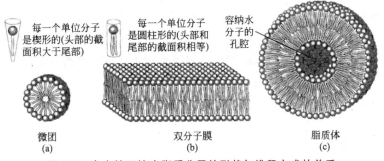

图 3-9　亲水性环境中脂质分子的形状与堆积方式的关系

生物膜中各种脂质分子自发形成双分子层,这样的话,它就具有了自我修复的能力。因为在双分子层上产生一个裂缝会增大疏水性区域与水溶液的接触,这在能量上是不利的,会促使脂质自发地重新排列以减小与水分子的接触面。

2. 流动镶嵌模型

生物学家最初在研究细胞的渗透压时就证明了质膜的存在,之后通过对细胞膜成分的研究发现了质膜是由脂质分子和蛋白质构成的。对于膜的结构曾先后有过多达 50 种的假说,随着电镜冷冻蚀刻技术以及多种生物新技术的应用,生物学家对膜结构的认识不断加深。1972 年 Singer 和 Nicolson 提出了生物膜的"流动镶嵌模型"(fluid mosaic model)[图 3-9(c)],这是一个沿用至今的生物膜模型,它的要点是:膜上脂质分子排成双层构成生物膜的骨架,蛋白质分子以不同方式镶嵌或连接于脂双层上;膜的两侧结构是不对称的,膜脂和膜蛋白具有一定的流动性。

3. 脂筏模型

近几十年基于生物膜研究的最新结果,对于流动镶嵌模型有一些重要的补充和修正。研究显示,膜上一些特殊的脂质能形成稍厚的微区(microdomain),这种大小约 70 nm 的动态结构类似于筏子的结构,集中着大量的膜蛋白以完成各种复杂功能,这就是生物膜的脂筏模型(lipid rafts model)(图 3-10)。

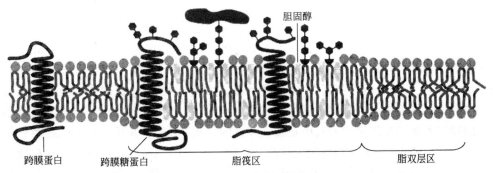

图 3-10　生物膜的脂筏模型

脂双层是二维的流体,大部分脂质分子在它们自己的单层中随机分布,相邻碳氢链间的范德华力并不足以将磷脂分子结合在一起。但在一些脂质混合物中,不同的脂质能自发地结合在一起,使不同的动态微区得以产生,动物细胞质膜局部的脂质分子可以自发组合以形成脂筏。脂筏中富含鞘磷脂、鞘糖脂和胆固醇,由于鞘磷脂比其他膜脂质的碳氢链要长而且直,所以脂筏区和其他区域比起来更厚,更适于富集特定的膜蛋白。质膜上的特定区域,比如参与细胞内吞作用的小凹区,有一些特定的蛋白聚集在这儿以使脂筏的结构更加稳定。蛋白和脂质聚集在脂筏区是互相稳定的一个过程,通过这种方式脂筏可以帮助组织膜蛋白,把它们聚集起来以膜囊泡的形式运输,或者是以蛋白复合体的方式发挥作用。

3.1.3 细胞膜的特征

1. 细胞膜的流动性

在质膜的结构成分中,无论是脂类分子还是蛋白质分子都是处在运动之中。膜的流动性是生物膜的基本特征之一,也是细胞进行生命活动的必要条件。

(1)膜脂的运动

膜脂的运动方式主要有以下几种:①沿着膜平面的侧向扩散(lateral shift),即膜脂分子在二维流体平面中的侧向移动,使同一层中邻近的脂分子交换位置,这种运动发生频率为 10^{-6} ～10^{-7} s,是膜脂分子最基本的运动方式;②旋转运动(rotation),即膜脂分子围绕与膜平面相垂直的轴进行快速旋转;③摆动运动(flex),即膜脂分子围绕与膜平面垂直的轴进行的尾部的左右摆动;④翻转运动(transverse diffusion),指膜脂分子从脂双层的一层翻转到另一层的运动,该过程中需要消耗能量,是在翻转酶(flippase)的催化下完成的,这对于维持膜脂分子的不对称性十分关键。一般情况下,这种运动发生的概率非常低,但在某些膜结构中发生频率很高。例如,在内质网膜上新合成的磷脂分子,只需几分钟就有半数通过翻转运动转向内质网膜的另一侧。

现在已经知道,影响膜脂流动的因素很多,主要来自膜本身的组分及环境因子,包括以下几种:①胆固醇:胆固醇含量的增加会导致膜的流动性的降低;②脂肪酸链的饱和度:脂肪酸链所含双键越多越不饱和,使膜流动性增加;③脂肪酸链的链长:长链脂肪酸相变温度高,膜流动性降低;④卵磷脂/鞘磷脂:该比例高则膜流动性增加,因为鞘磷脂黏度高于卵磷脂;⑤其他因素:膜蛋白和膜脂的结合方式、温度、酸碱度、离子强度等,如周围温度越高,膜的流动性就越大。

(2)膜蛋白的运动性

膜蛋白的运动性已经通过一些经典的实验得到了证明。1970 年,Frye 和 Eddidin 采用免疫荧光技术,利用细胞融合实验使膜蛋白的运动性得到了证明。他们采用荧光标记的抗体,分别与小鼠细胞、人细胞的特异膜蛋白结合,在荧光显微镜下观察,小鼠细胞和人细胞分别呈现绿色和红色。经细胞融合产生的杂种细胞在刚形成时,一半呈绿色,一半呈红色,说明小鼠和人细胞的膜抗原在杂种细胞的质膜中是独立存在的,但在 37℃下保温 40 min 后,两种颜色的荧光点就呈均匀分布(图 3-11),这说明抗原蛋白质在质膜中不是静止不动的而是移动的。这一过程基本上不需要能量,因为它并不因为缺乏 ATP 而受到抑制。但如果在低温下(15℃以下),抗原蛋白质的移动过程基本停止,说明膜蛋白的运动会受到温度的影响。

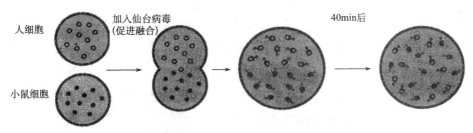

图 3-11　通过细胞融合实验证明膜蛋白的运动

　　在某些细胞中,当荧光抗体标记时间继续延长,已均匀分布在细胞表面的标记荧光会重新排布,在细胞表面的某些部位聚集起来,即所谓成斑现象(patching);或聚集在细胞的一端,即成帽现象(capping)(图 3-12)。

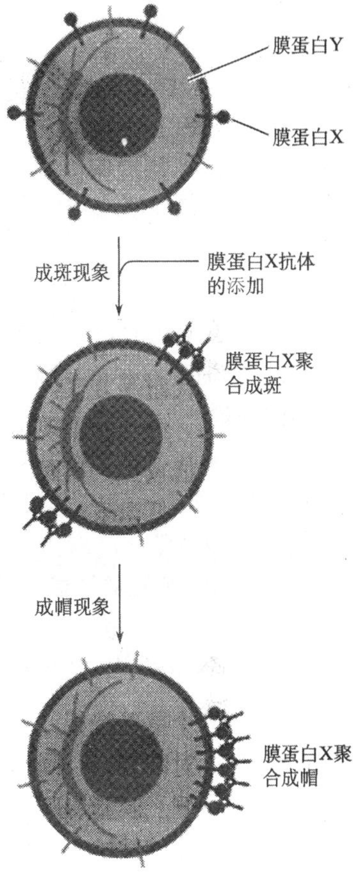

　　成斑现象和成帽现象进一步显示了膜蛋白的流动性。对这两种现象的解释是二价的抗体分子交联相邻的膜蛋白分子,同时也与膜蛋白和膜下骨架系统的相互作用及质膜与细胞内膜系统之间膜泡运输相关。

　　膜蛋白在脂双层二维溶液中的运动是自发的热运动。在多数研究中,大部分种类的蛋白质在膜中以自由扩散的速率随机运动,移动距离仅十分之几微米。实际上,膜蛋白因结构和类型的不同,也就导致了在整个膜中运动特性的差异,有些膜蛋白可以在整个膜中随机运动,有些则不能运动。膜蛋白并非完全自由地随机漂浮在脂"海"上,对整合膜蛋白最强的影响来自膜下细胞骨架的限制。此外,一种蛋白质的运动还可能对其他蛋白质的运动造成影响,这是因为它们是以一定的方式互相联系着。例如,红细胞膜中有一种糖蛋白,它横跨脂质双分子层,多糖部分伸出膜的外表面;红细胞还有一种分子质量为 8.7×10^3 Da 的蛋白质也横跨类脂层。这两种蛋白质都与分布在红细胞膜内侧的膜收缩蛋白互相连接,这三种蛋白质只要一种移动,其他两种也会随之移动。

膜蛋白Y

膜蛋白X

成斑现象

膜蛋白X抗体的添加

膜蛋白X聚合成斑

成帽现象

膜蛋白X聚合成帽

图 3-12　成斑现象、成帽现象证明膜蛋白的侧向运动

　　(3)膜脂和膜蛋白运动速率的检测

　　荧光漂白恢复(fluorescence photobleaching recovery,FPR)技术是一种研究膜蛋白及膜脂运动性的重要方法,其原理是首先用荧光物质标记某种膜蛋白或者膜脂,然后用激光束照射细胞表面某一区域,使被照射区域的荧光淬灭形成一个漂白斑。由于膜的流动性,漂白斑周围的荧光物质随着膜蛋白或膜脂的流动逐渐向漂白区移动,使淬灭区域的亮度逐渐增加,最后恢复到与周围的荧光强度相等的状态(图 3-13)。因此,根据荧光恢复的速率,这种被标记的膜蛋白或者膜脂的扩散速率即可被准确地推算出来。

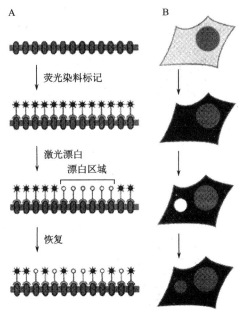

图 3-13　FPR 技术证明膜蛋白运动的示意图

生物膜的流动性是细胞生理活动必需的,是维持膜的刚性、有序结构和造成膜成分特定取向、组织结构二者之间的很好适应。质膜的流动性是保证其正常功能的必要条件。例如,膜的流动性允许膜蛋白在膜的特定位点聚集,并形成特定的结构;或者相互作用的分子聚集在一起,进行必要的反应。诸如物质运输、细胞融合、细胞识别及膜受体与代谢调控等,都与膜的流动性有直接关系。

一般说来,细胞通过代谢等方式,使控制膜的流动性得到调节,使其维持正常的相对恒定水平;如果超出调节范围,细胞将会出现如动脉硬化、衰老等不正常现象。这些可能都与细胞膜内卵磷脂与鞘磷脂的比值减少,从而降低了膜的流动性有关。有些作物的抗寒性可能也与膜的流动性有关,在一定的低温下,作物的不耐寒品种由于细胞膜的流动性降低而导致细胞功能异常;而耐寒作物的品种由于膜组分不同的关系,在低温下,膜的流动性仍然能够维持,使其功能得以正常表现。

2. 细胞膜的不对称性

不对称性是膜的另一个重要特征,是指细胞膜中的成分不均匀分布的特点,不仅是膜脂和膜蛋白在生物膜上呈不对称分布,同一种膜脂在脂双层中的分布也有一定的差异,糖蛋白和糖脂的糖链都分布在细胞膜的外侧。膜脂、膜蛋白和膜糖的不对称分布,导致膜功能的不对称性和方向性,是完成其生理功能的结构基础。

样品经冰冻断裂蚀刻复型技术处理后,以细胞膜脂双层中央断开处为界限,两个断裂面(图 3-14)即可得以显示出来。其中,近细胞膜外侧的断裂面称为质膜的细胞外小叶断裂面(extrocytopasmic face,EF);近细胞原生质体的断裂面称为原生质小叶断裂面(protoplasmic face,PF);细胞外侧的膜表面称为质膜的细胞外表面(extrocytopasmic surface,ES);细胞内侧的膜表面称为质膜的原生质表面(protoplasmic surface,PS)。

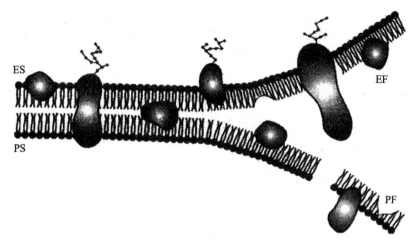

图 3-14　冰冻断裂蚀刻复型技术显示质膜各个断面

(1)膜脂的不对称性

膜脂的不对称性是指同一种膜脂分子在膜的脂双层中呈不均匀分布(图 3-15)。质膜的内外两侧分布的磷脂含量各不相同。磷脂酰胆碱(phosphatidyl choline,PC,旧称卵磷脂)和鞘磷脂(sphingomyelin,SM)主要分布在外小叶,而磷脂酰乙醇胺(phosphatidyl ethanolamine,PE,旧称脑磷脂)和磷脂酰丝氨酸(phosphatidyl serine,PS)主要分布在质膜内小叶。用磷脂酶处理完整的人类红细胞,80％的 PC 降解,而 PE 和 PS 分别只有 20％和 10％被降解。磷脂分子不对称分布的生物学意义还有待研究,有人推测可能与膜蛋白的不对称分布有关。

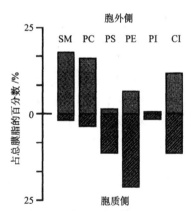

图 3-15　磷脂在人类红细胞膜上分布的不对称性

SM,鞘磷脂;PC,卵磷脂;PS,磷脂酰丝氨酸;PE,磷脂酰乙醇胺;PI,磷脂酰肌醇;CI,胆固醇

膜脂的不对称性还表现在膜表面富含胆固醇和鞘磷脂等形成的微结构域——脂筏。其大小约 70 nm,是一种动态结构,位于质膜的外小叶。脂筏就像一个蛋白质停泊的平台,与膜的信号转导、蛋白质分选密切相关。据估计,脂筏的面积可能占膜表面积的一半以上。可以对脂筏的大小进行调节,小的独立脂筏可能在保持信号蛋白呈关闭状态方面具有重要作用。必要时,这些小的脂筏聚集成一个大的平台,在这里,信号分子(如受体)将和它们的配体相遇,启动信号传递过程。

(2)膜蛋白的不对称性

膜蛋白的不对称性是指每种膜蛋白分子在细胞膜上都具有明确的方向性和分布的区域性。各种膜蛋白在膜上的分布区域都是特定的。区别于膜脂,膜蛋白的不对称性是指每种膜蛋白分子在细胞膜上都具有明确的方向性。例如,细胞表面的受体、膜上载体蛋白等都是按一定的方向传递信号和转运物质,与细胞膜相关的酶促反应也都发生在膜的某一侧面。某些膜蛋白只有在特定膜脂存在时其功能才得以发挥出来。例如,蛋白激酶C结合于膜的内侧,需要在磷脂酰丝氨酸的存在下才能发挥作用;线粒体内膜的细胞色素氧化酶,需要心磷脂的存在才具活性。

3.1.4 细胞膜的功能

细胞膜将细胞与外界环境隔开,因此细胞和周围环境发生的一切联系和反应,都必须通过细胞膜来完成。细胞膜的主要功能体现在以下几个方面。

①保护和屏障作用:它是活细胞的边界,为细胞的生命活动提供相对稳定的内环境。

②信息的传递与代谢的调控:质膜在信息传递与代谢的调节控制方面起重要作用,某些细胞的这些作用是通过细胞膜受体来进行的。

③物质交换:质膜对物质进出细胞有高度选择性,细胞膜两侧物质的浓度可通过它得以调节,使渗透的平衡得以维持下去。

④介导细胞与细胞及细胞与基质之间的识别、黏着、连接和通讯。

⑤为多种酶提供结合位点,使酶促反应高效而有序地进行。

⑥参与形成具有不同功能的细胞表面特化结构。

3.1.5 细胞外被

1. 化学组成

细胞外被(cell coat)又称糖萼(glycocalyx),也称为细胞表面(cell surface),是由构成细胞膜的糖蛋白和糖脂伸出的寡糖链组成的,存在于动物细胞表面的一层富含糖类物质的结构,因此它本质上来说就是细胞膜结构的一部分(图3-16)。用重金属染料(如钌红)染色后,在电子显微镜下可将这层结构显示出来,厚10~20 nm,但边界较模糊。

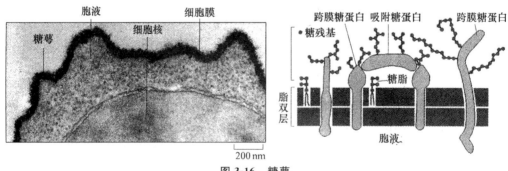

图 3-16　糖萼

自然界存在的单糖及其衍生物有200余种,其中存在于膜的糖类仅有 D-葡萄糖(D-glucose)、D-半乳糖(D-galactose)、L-阿拉伯糖(L-arabinose)、D 甘露糖(D-mannose)、L-岩藻糖(L-fucose)、D-木糖(D-xylose)、N-乙酰-D-半乳糖胺(N-acetyl-D-galactosamine)、N-乙酰葡萄糖胺(Nacetyl-glucosamine)、N-乙酰神经氨酸(又称唾液酸 sialic acid)这九种(图 3-17)。唾液酸通常位于糖支链的末端,使糖链具有负电荷。

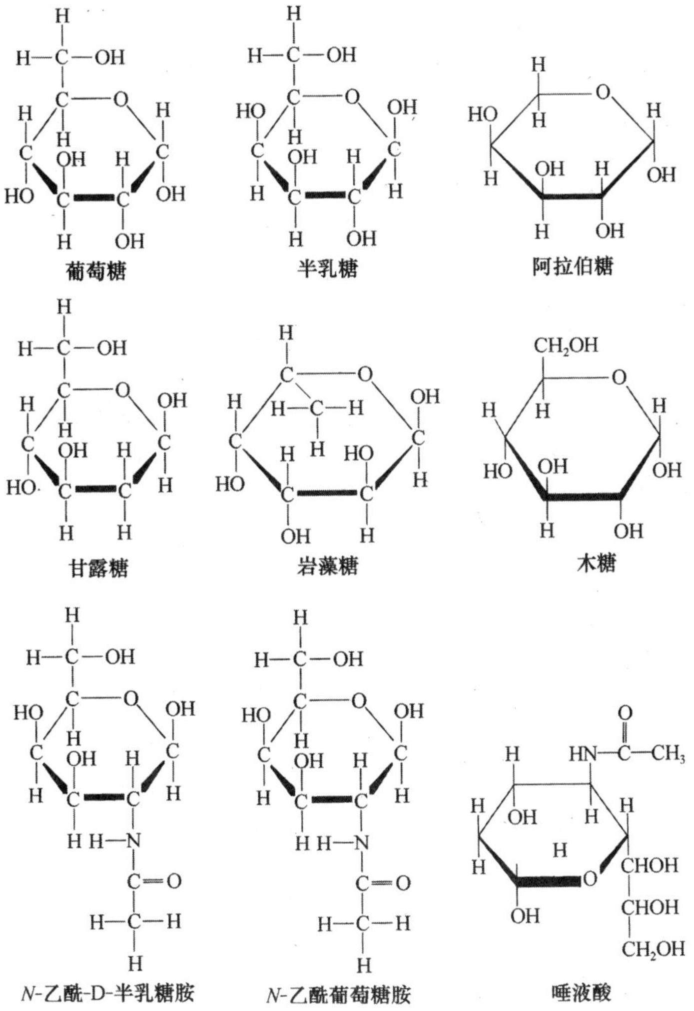

图 3-17　存在于细胞膜中的 9 种单糖

细胞外被中糖脂的含量一般不超过膜脂总量的 5%,最近端的糖基多为葡萄糖。

在糖蛋白中,寡糖链以其还原端与蛋白质部分的氨基酸共价结合,糖以短分支的寡聚糖形式存在。糖蛋白中糖含量变化的区间很大,少的在 1% 以下,多的则可超过 60%。糖同氨基酸的连接主要有两种形式,即糖链与肽链中的丝氨酸或苏氨酸残基相连的。一连接和糖、链与肽链中天冬酰胺残基连接的 N-连接(图 3-18)。

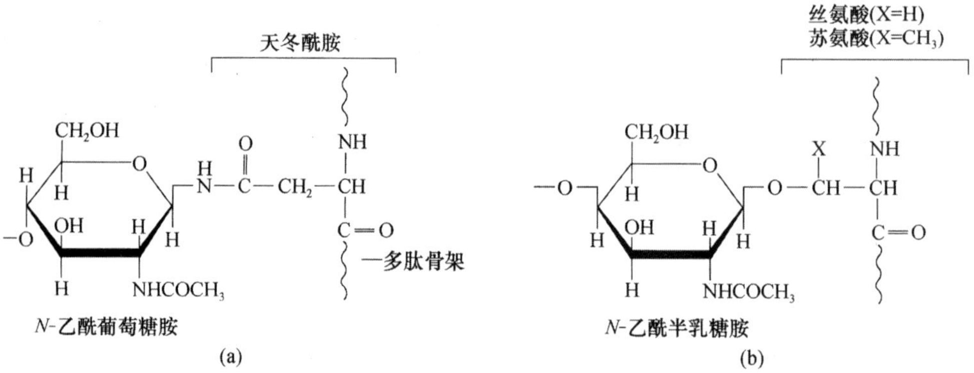

图中标注：

天冬酰胺

丝氨酸(X=H)
苏氨酸(X=CH₃)

CH₂OH
NH
—C—CH₂—CH
O
C=O
一多肽骨架
NHCOCH₃
N-乙酰葡萄糖胺
(a)

CH₂OH
X   NH
—O—CH—CH
OH
C=O
NHCOCH₃
N-乙酰半乳糖胺
(b)

图 3-18　糖与多肽连接的两种方式

(a)N-连接；(b)O-连接

ABO 血型是由红细胞膜或膜蛋白中的糖基决定的。A 血型红细胞膜的糖脂寡糖链末端是 N-乙酰半乳糖胺（GalNAc），B 血型红细胞膜的糖脂寡糖链末端是半乳糖（Gal），这两种糖基都不存在于 O 血型的糖脂中，而 AB 血型的糖脂末端同时具有这两种糖基。

目前，对糖脂功能的了解还非常有限，知道最清楚的就是红细胞质膜中糖脂对 ABO 血型的决定作用。ABO 血型决定子（determinant），即 ABO 血型抗原，是一种糖脂，其寡糖部分具有抗原决定簇的作用（图 3-19）。

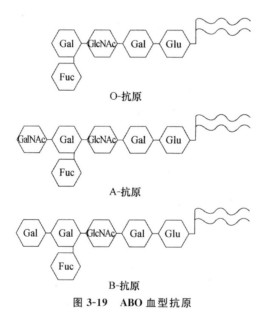

图 3-19　ABO 血型抗原

凝集素（lectin）是一类能与糖类特异性结合的蛋白质，能使细胞发生凝集。有些凝集素存在于细胞表面，参与细胞间的识别。由于凝集素能与细胞表面的糖蛋白、蛋白多糖和糖脂结合，而且不同凝集素识别糖基的特异序列也会有差异，发生特异性的结合。因此，在细胞生物学中被广泛地用于定位和分离各种含糖的细胞膜分子。

2. 生物学功能

细胞膜的许多重要功能与细胞外被脱不了干系。

(1)保护作用

细胞外被具有一定的保护作用,去掉细胞外被,质膜并不会受到任何损伤。在消化管、呼吸道上皮游离面的细胞外被可以防止消化酶、细菌等对上皮的损害。

(2)酶

细胞外被中有的糖蛋白具有酶活性,例如,小肠上皮细胞的游离端,表面上的糖基与消化有关,有一些糖蛋白是消化酶。糖萼中含有消化碳水化合物和蛋白质的各种酶,还有的酶作为受体蛋白,在细胞信号转导中起重要作用。

(3)细胞识别

细胞识别与构成细胞外被的寡糖链密切相关。每种细胞的寡糖链的单糖残基具有一定的排列顺序,编成了细胞表面的密码,为细胞的识别形成了分子基础,是细胞的"指纹"。同时细胞表面尚有寡糖链的专一受体,对具有一定序列的寡糖链具有识别作用。因此,细胞识别实质上等同于分子识别。

3.1.6　细胞膜特化结构

细胞膜表面往往会形成一些如微绒毛、褶皱、内褶、圆泡、纤毛和鞭毛等特化结构,这些结构与细胞形态、细胞运动以及物质交换等功能有关。

1. 微绒毛

微绒毛(microvilli)在动物细胞(如小肠上皮细胞)的游离表面(图 3-20)广泛存在着。它是细胞表面伸出的细长、圆筒形的突起,直径约为 $0.1~\mu m$,长度则因不同细胞类型及不同生理状况而特别明显的有差别。微绒毛的表面覆盖质膜,内芯由肌动蛋白的丝束(微丝束)组成。微丝束之间由许多微绒毛蛋白(villin)和丝束蛋白(fimbrin)组成横桥相连。微绒毛侧面质膜有侧臂与微丝束相连,从而将微丝束固定。

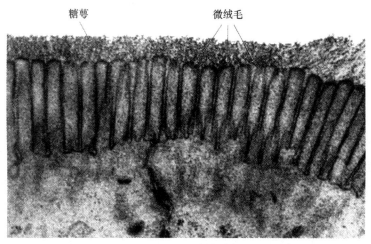

糖萼　　　　　　　　微绒毛

图 3-20　微绒毛

微绒毛的存在使细胞的表面积得以扩大，利于物质的吸收和交换，因此微绒毛的长度与数量与细胞代谢强度有关。例如肿瘤细胞对葡萄糖和氨基酸的需求量很大，因而大都带有大量的微绒毛。

2. 褶皱

褶皱（ruffle）也称为片足（lamellipodia），是细胞表面的一种扁状突起。褶皱与细胞的吞噬运动有关。在活动细胞（如巨噬细胞）的边缘更加明显，几秒钟之内即可长到最大高度。在细胞边缘长成的褶皱可以互相靠拢，包围保外液体，形成吞饮泡。

3. 内褶

内褶（infolding）是细胞表面内陷形成的结构。在液体与离子交换活动比较旺盛的细胞中比较常见，也具有扩大细胞表面积的作用。如在肾脏近曲小管和远曲小管上皮细胞的基部，质膜向内深陷，形成内褶，褶间细胞质中含有较大的线粒体，而线粒体为毛细血管运送液体活动提供能量（图 3-21）。

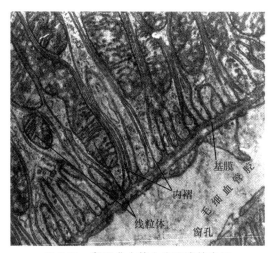

图 3-21　肾近曲小管上皮细胞的内褶

4. 圆泡

圆泡（bleb）是细胞表面突出的泡状物。圆泡直径一至十几微米，大小不等。它在活细胞表面总是处于动态的发生与消退变化中，小圆泡逐渐长大，长到最大又逐渐缩小。圆泡在有丝分裂的晚期和 G1 期出现得比较多，其功能还有待进一步探讨。

5. 纤毛和鞭毛

纤毛（cilia）和鞭毛（flagella）是细胞表面伸出的条状运动装置。二者在发生和结构上基本相同。有的细胞依靠纤毛（如草履虫）或鞭毛（如精子和眼虫）在液体中穿行；有的细胞（如动物的某些上皮细胞）虽具有纤毛，但细胞本体不动，而是通过纤毛摆动推动物质越过细胞表面，进行物质运送，如气管和输卵管上皮细胞的表面纤毛。

3.2　细胞连接

　　细胞间或者细胞与基质间的连接在结构上多种多样,不仅传递物理的力,不同的功能也得以承担。根据连接的方式与功能,细胞连接可以分成封闭连接(occluding junctions)、锚定连接(anchoring junctions)和通讯连接(communicating junctions)这三大类(图 3-22)。

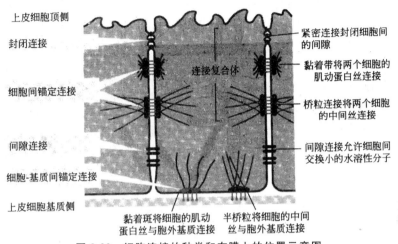

图 3-22　细胞连接的种类和在膜上的位置示意图

3.2.1　封闭连接

　　紧密连接(tight junction)可以说是封闭连接的典型代表,还可以称之为不通透连接(impermeable junction),主要存在于腔道上皮细胞靠近管腔端的相邻细胞膜间。紧密连接由封闭蛋白(claudin)、密封蛋白(occludin)、胞质紧密黏连蛋白 1/2(zonula occludens-1/2)和连接黏附分子 1(junctional adhesion molecule-1,JAM-1)等组成(图 3-23)。

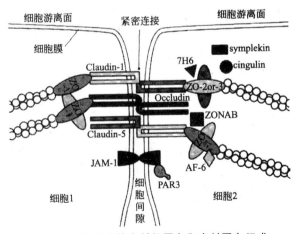

图 3-23　紧密连接由封闭蛋白和密封蛋白组成

紧密连接将两个细胞连接在一起,并且封闭细胞间的空隙,阻止或者选择性阻止可溶性物质在细胞间隙中扩散。上皮细胞顶侧与基底侧细胞膜上的膜蛋白还因它隔离开来,以行使各自不同的膜功能,因此能帮助维持细胞的极性,并具有隔离和一定的支持功能。

3.2.2 锚定连接

在上皮细胞紧密连接深部或上皮细胞与基底层接触处,及在非上皮组织细胞连接处心肌和子宫等组织的细胞之间,均可以发现锚定连接的身影。

锚定连接是一个细胞中的骨架系统成分与另一个细胞中的骨架系统成分相连接,或与细胞外基质相连接。根据参与连接的细胞骨架成分不同,锚定连接可以分为两类:一类为肌动蛋白丝形成的构造,有黏着带和黏着斑,统称为黏着连接;另一类为中间丝形成的构造,有桥粒和半桥粒,统称为桥粒连接。在锚定连接中以下两类蛋白质包括在内:①细胞内附着蛋白,这些蛋白分子位于细胞内,其作用是让某种特定的细胞骨架成分(肌动蛋白丝或中间丝)附着在连接位点上;②跨膜连接糖蛋白,位于相邻质膜上。这些分子的膜内结构域与一种或数种附着蛋白结合,分子的膜外结构域则与另一细胞的跨膜连接糖蛋白分子的膜外结构域结合或与细胞外基质结合(图 3-24)。

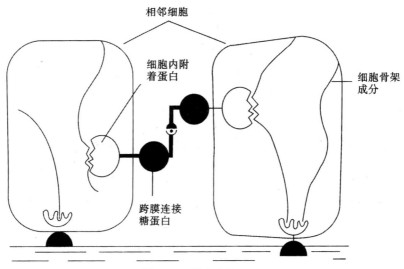

图 3-24　锚定连接结构

1. 黏着连接

黏着连接还可以进一步分为黏着带(adhesion belt)和黏着斑(focal contact)。

(1)黏着带

在上皮细胞中(也存在于心肌细胞中),黏着连接常形成一条连续的带,称为黏着带,常位于上皮细胞近顶部侧面,跟下方紧密相连。此处的相邻细胞质膜互相黏合,但并不融合,而是隔有 15~20 nm 的间隙。膜的胞质面有张力微丝束平行环绕细胞膜,通过黏着斑连接蛋白(vinculin)与一种称为黏连素(cadherin)的跨膜蛋白相连,延伸形成跨膜网架,使组织成为一个坚固的整体。

由于微丝中的肌动蛋白有收缩功能,黏着带在脊椎动物形态发生,如神经管形成时有重要作用。

（2）黏着斑

细胞借助肌动蛋白纤维与细胞外基质相连,是以点状接触的形式完成的,这种点状接触称为黏着斑。其跨膜糖蛋白把细胞内肌动蛋白丝与细胞外基质纤黏连蛋白(FN)连接起来(图 3-25),介导细胞与细胞外基质黏着。体外培养的成纤维细胞通过黏着斑附着在瓶壁上,并且铺展开来。由此可见,黏着斑与细胞的贴附铺展和迁移运动密切相关。

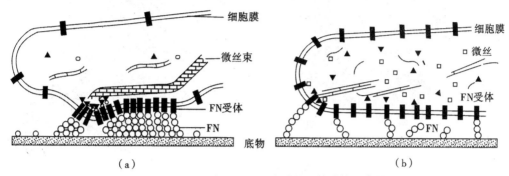

图 3-25　静态细胞和迁移细胞黏着斑的结构示意图

(a)静止的细胞与底物形成黏着斑;(b)迁移的细胞黏着斑结构解离

2. 桥粒连接

桥粒连接在皮肤、心肌、消化道上皮、子宫和阴道上皮等处随处可见,形成细胞间一种坚实的连接结构,有较强的抗张、抗压作用。

（1）桥粒

桥粒主要存在于上皮组织中,在心肌和脑表面一些细胞中也可看到它的身影。在上皮细胞黏着带连接的下方,相邻细胞间有 30 nm 的间隙,形成一种纽扣状的结构,将两个细胞牢固地扣接在一起。

电镜下可见桥粒区细胞膜胞质面有盘状致密的胞质斑(cytoplasmic plaque),直径约 0.5 μm,细胞膜内的附着蛋白是其化学构成部分,充当中间丝(角蛋白纤维)附着的部位。角蛋白纤维伸向胞质斑,然而又折回,形成袢状结构,交联成连续网架,起加固和支持作用,并提供张力。跨膜连接糖蛋白附着于胞质斑上,将两个细胞结合在一起(图 3-26),而 Ca^{2+} 的存在使桥粒的完整性得以保持。桥粒对上皮结构的维持非常重要。

胰蛋白酶(trypsin)、胶原酶(collagenase)、透明质酸酶(hyaluronidase)、乙二胺四乙酸二钠(EDTA)能破坏桥粒的结构,使细胞分散开来。乙二胺四乙酸二钠是一种 Ca^{2+} 的螯合剂,导致 Ca^{2+} 的浓度得以降低,使相邻桥粒解开。人类某些皮肤疾病或上皮癌变时,上皮细胞间的桥粒明显减少,甚至消失。天疱疮是一种桥粒结构缺陷的疾病,患者对自身的一种或多种桥粒蛋白产生了抗体,与桥粒跨膜连接蛋白结合,破坏桥粒的结构,使上皮细胞松开,组织液通过细胞间隙,漏入表皮,最终导致水疱的形成。

（2）半桥粒

是上皮细胞与基膜的连接装置,因其结构仅为桥粒的一半而得名半桥粒。仅细胞基底面细胞膜内侧有胞质斑,角蛋白纤维与跨膜连接糖蛋白相连,将上皮细胞铆接在基膜上,防止机械力造成上皮细胞层与基膜脱离(图 3-27)。

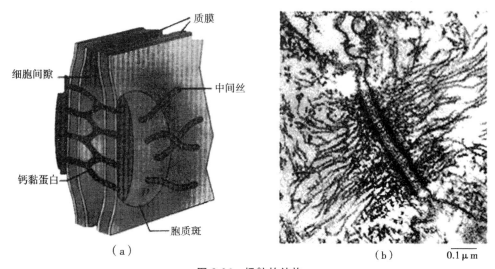

图 3-26　桥粒的结构

(a)结构模式;(b)电镜下桥粒照片

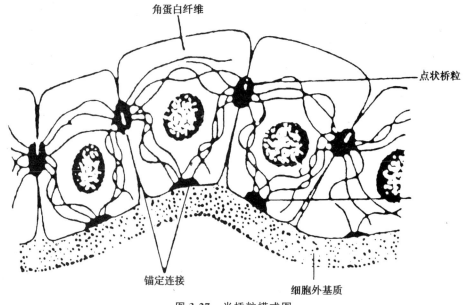

图 3-27　半桥粒模式图

3.2.3　通讯连接

通讯连接主要介导相邻细胞之间的物质运输和信号传递,主要类型有动物细胞间的间隙连接、植物细胞间的胞间连丝,以及可兴奋细胞之间的化学突触。通讯连接除了有机械的细胞连接作用之外,主要作用是在细胞间形成电偶联或代谢偶联,以便信息得以传递下去。

（1）间隙连接

间隙连接（gap junction）在所有类型的动物细胞之间都存在着，是在相互接触的细胞之间建立亲水性跨膜通道，该通道没有选择性，允许分子质量小于 1×10^3 Da 的分子从一个细胞经过间隙连接进入另一个细胞，使细胞在代谢与功能上的统一得以实现。

间隙连接处相邻细胞膜间的间隙为 2～3 nm，构成间隙连接的基本单位称为连接子（connexon）。每个连接子由 6 个相同或相似的跨膜蛋白亚单位——连接蛋白（connexin）环绕，一个直径约 1.5 nm 的孔道（图 3-28）在中心得以形成。

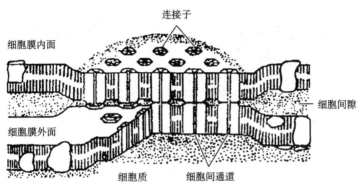

图 3-28　间隙连接立体结构示意图

通道直径通常受一些因素，如膜电位、胞内 pH、胞外化学信号及 Ca^{2+} 浓度等因素的影响而处于动态变化中。相邻细胞膜上的两个连接子对接便形成一个间隙连接单位，因此，间隙连接也称缝隙连接或缝管连接；许多间隙连接单位往往集结在一起，其区域不定，最大直径可达 0.3 μm。

通过间隙连接建立的通讯在细胞生长、细胞增殖与分化、组织稳态、肿瘤发生、伤口愈合等生理和病理生理过程中意义重大。

①参与代谢偶联：使细胞内小分子，如氨基酸、葡萄糖、核苷酸、维生素、无机离子及第二信使（cAMP、Ca^{2+} 等）直接在细胞之间流通。间隙连接允许小分子代谢物和信号分子通过，是细胞间代谢偶联的基础。

②参与早期胚胎发育和细胞分化：胚胎发育中细胞间的偶联提供信号物质的通路，从而为某一特定细胞提供它的"位置信息"，并根据其位置使其分化受到一定影响。而在肿瘤细胞之间，间隙连接减少或消失的比较明显，因此，间隙连接类似于"肿瘤抑制因子"。

③参与神经冲动信息传递：在由具有电兴奋性的细胞构成的组织中，通过间隙连接建立的电偶联对其功能的协调一致具有重要作用。例如，神经细胞之间的电偶联使动作电位迅速在细胞之间传播。

④控制细胞增殖：如将转化细胞与正常细胞共培养，通常几乎不能在两种细胞间建立间隙连接，转化细胞的增殖不受抑制；当用一定诱导剂使转化细胞与正常细胞之间建立间隙连接后转化细胞的生长即受到抑制；当封闭正常细胞与转化细胞之间的通道后转化细胞的生长失控复现。越来越多的研究表明，构成间隙连接的连接蛋白基因的突变与人类的遗传性疾病相关，如外周神经病、耳聋、皮肤病、白内障等。

（2）胞间连丝

高等植物细胞之间通过胞间连丝（plasmodesma）相互连接，使细胞间的通讯联络得以顺利完成。胞间连丝是植物细胞特有的通讯连接，是由穿过细胞壁的质膜围成的直径为 20～40 nm 的管状细胞质通道，中央是光面内质网延伸形成的链样管（desmotubule）（图 3-29）。

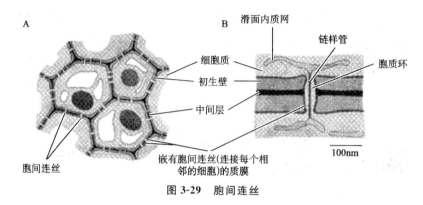

图 3-29　胞间连丝

胞间连丝在植物细胞的物质运输和信号传递中起非常重要的作用，这种物质运输是有选择性的，并且是可以调节的。在发育过程中，胞间连丝结构的变化能够调节植物细胞间的物质运输。区别于间隙连接的是，胞间连丝允许如某些蛋白质和核酸进入相邻的细胞等大分子，因此在协调基因表达和生理功能上可能起重要作用。

（3）化学突触

化学突触（synapse）是存在于可兴奋细胞间的一种连接方式，其作用是通过释放神经递质来传导兴奋，结构上由突触前膜（presynaptic membrane）、突触后膜（postsynaptic membrane）和突触间隙（synaptic cleft）三部分组成。在信息传递过程中，来自突触前膜的电信号首先转换为突触间隙的化学信号，进而转变为突触后膜的电信号，通过这样一系列的变换信息在可兴奋细胞之间的传递得以顺利完成。其作用机制是通过突触前膜膜电位变化引发 Ca^{2+} 内流，促进神经递质释放到突触间隙中，神经递质通过与突触后膜上受体的结合，引发突触后膜离子通透性改变，使突触后膜电位得以顺利产生。

3.2.4　细胞表面的黏着因子

每个细胞都有许多分子分布于膜的外表面，它们可以与相邻细胞的膜表面分子特异性地相互识别和作用，以达到功能上的相互协调。细胞黏附分子（cell adhesion molecules，CAMs）是众多介导细胞间或细胞与细胞外基质间相互接触的分子的统称，它们都是整合膜蛋白，以受体—配体结合的形式发挥作用，使细胞和细胞间、细胞和基质间或细胞—基质—细胞间发生黏附。同种类型细胞间的彼此黏附是许多组织结构的基本特征，细胞就是通过这些黏附分子选择性地作用来相互识别，并最终产生应答反应。

同样的细胞黏附分子的相互连接称为同种连接（homolinking），例如神经细胞黏附分子（NCAM）和钙依赖性黏附素（adhenin）采用这种连接方式的比较多。两种细胞黏附分子的连接称为异种连接（heterolinking），多数黏附分子的连接方式是异种连接。细胞黏附分子除了维持细胞的形态结构，还参与细胞的识别、活化和信号传导，以及细胞的增殖、分化和运动，例

70

如它们可以通过细胞间的机械性连接来识别周围环境,或是将环境的信息传达到细胞内。根据分子结构特点可将细胞黏附分子分为钙黏素蛋白家族(cadherins)、选择蛋白家族(selectins)、免疫球蛋白超级家族(immunoglobulin superfamily,IgSF)、整联蛋白家族(integrins)和黏蛋白(mucins)等。

1. 钙黏素蛋白家族

钙黏素蛋白是 Ca^{2+} 依赖的、能介导细胞黏附的一类跨膜糖蛋白家族,在各类上皮细胞中都可看到它的身影。钙黏素蛋白均为单链糖蛋白,约含 $720\sim750$ 个氨基酸,它往往形成二聚体或多聚体发挥作用,主要以同种连接的方式参与同型细胞间的黏附作用。

目前已知钙黏素蛋白家族有上皮钙黏素(epithelia cadherin,E-cadherin)、神经钙黏素(neural cadherin,N-cadherin)和胎盘钙黏素(placenta Cadherin,P-cadherin)这三个主要成员。不同的钙黏素分子在体内有其独特的组织分布,它们的表达随细胞生长发育状态的不同而发生一定的变化。钙黏素蛋白可与细胞骨架系统相结合或与信号转导系统相联系(图 3-30),直接或间接影响细胞的活动,参与包括细胞识别、细胞骨架排列、细胞增殖、分化、细胞黏附、细胞迁移以及信号转导等。钙黏素蛋白在调节胚胎发育、机体形态发生等方面具有重要作用,特别是对于生长发育过程中细胞的选择性聚集方面有关键作用。

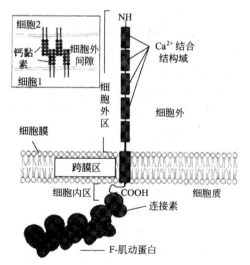

图 3-30　钙黏素蛋白的分子结构和与细胞骨架的联系

2. 选择蛋白家族

选择蛋白也称凝集素样细胞黏附分子(lectin like CAMs),包括表达于内皮细胞、白细胞和血小板表面的 Ca^{2+} 依赖的细胞黏着分子,能与特异糖基识别并结合。选择蛋白为单链跨膜糖蛋白,基本结构可分为胞浆区、跨膜区和胞外区,其胞浆区与细胞骨架相联,胞外区是黏附作用的区域。选择蛋白主要参与白细胞与血管内皮细胞之间的识别与黏着,可分为血小板选择蛋白(platelet selectin)、内皮选择蛋白(endothelial selectin)与白细胞选择蛋白(leukocyte selectin)。

选择蛋白的跨膜区和胞浆区几乎没有同源性,但膜外区的同源性却比较高,均由三个结构类似的功能区构成：①N 端的 Ca^{2+} 依赖的外源凝集素结构域（calcium dependent lectin domain），可以结合如寡糖类的碳水化合物基团，也叫做糖识别结构域（carbohydrate recognition domain，CRD），是选择蛋白的配体结合部位；②紧邻外源凝集素结构域的表皮生长因子结构域（epidermal growth factor domain，EGFD），约含 35 个氨基酸，EGF 结构域虽不直接参加与配体的结合，但对维持选择蛋白分子的适当构型是务必要有的；③靠近膜部分是多个补体结合蛋白（complement binding protein）重复序列，富含半胱氨酸（图 3-31）。

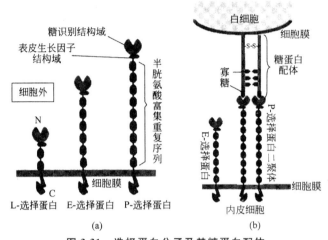

图 3-31　选择蛋白分子及其糖蛋白配体

(a)L-选择蛋白、E-选择蛋白和 P-选择蛋白的胞外区；

(b)内皮细胞表面的 P-选择蛋白，通过糖识别区域与白细胞表面糖蛋白结合

3.3　细胞外基质

3.3.1　胶原

胶原（collagen）是胞外基质最基本成分之一，也是动物体内含量最丰富的蛋白质，约占人体蛋白质总量的 30% 以上。它存在于体内各种器官和组织中，是细胞外基质中的框架结构，可由成纤维细胞、软骨细胞、成骨细胞及某些上皮细胞合成并分泌到细胞外基质。已发现的胶原类型多达 20 种，由不同的结构基因编码，其化学结构及免疫学特性各不相同。几种常见的胶原类型及其在组织中的分布列于表 3-1。

表 3-1　胶原的类型及其特性

类型	多聚体形式	组织分布	突变表型
Ⅰ	纤维	皮肤、肌腱、骨、韧带、角膜等	严重的骨缺陷和断裂
Ⅱ	纤维	软骨、脊索、人眼玻璃体	软骨缺陷、矮小症状
Ⅲ	纤维	皮肤、血管、体内器官	皮肤易损、关节松软、血管易破

类型	多聚体形式	组织分布	突变表型
V	纤维(结合 I 型胶原)	与 I 型胶原共分布	皮肤易损、关节松软、血管易破
XI	纤维(结合 II 型胶原)	与 II 型胶原共分布	近视、失明
IX	与 II 型胶原侧面结合	软骨	骨关节炎
IV	片层状(形成网络)	基膜	血管球形肾炎、耳聋
VII	锚定纤维	复层鳞状上皮下	皮肤起疱
X VII	非纤维状	半桥状	皮肤起疱
X VII	非纤维状	基膜	近视、视网膜脱离、脑积水

胶原是细胞外基质中最主要的水不溶性纤维蛋白。目前,I ~ IV 型胶原是人们了解程度最高的。I ~ III 型胶原含量最丰富,形成类似的纤维结构。I 型胶原常形成较粗的纤维束,分布广泛,主要存在于皮肤、肌腱、韧带及骨中,其抗张强度特别强;II 型胶原主要存在于软骨中;III 型胶原形成微细的原纤维网,广泛分布于伸展性的组织,如疏松结缔组织;IV 型胶原形成二维网格样结构,是基膜的主要成分及支架。

胶原在细胞外基质中含量最高,刚性及抗张力强度最大,构成细胞外基质的骨架结构,细胞外基质中的其他组分通过与胶原结合形成结构与功能的复合体。同一组织中常含有几种不同类型的胶原,但常以某一种为主;在不同组织中,胶原装配成不同的纤维形式,这样的话就可满足特定功能的需要,最显著的是在骨和角膜中,胶原纤维分层排布,同一层的胶原彼此平行,而相邻两层的纤维彼此垂直,形成二合板样的结构,从而使组织具有牢固、不易变形的特性。

胶原纤维的抗张力强度特别高,尤其是 I 型胶原。胶原纤维束构成肌腱,连接肌肉和骨骼。单位横截面的 I 型胶原抗张力比铁还强。胶原可被胶原酶特异降解,而掺入胞外基质信号传递的调控网络中。胚胎及新生儿的胶原因缺乏分子间的交联而易于抽提,随着年龄的不断增长,交联日益增多,皮肤、血管及各种组织变得僵硬,成为老化的一个重要特征。

3.3.2　糖胺聚糖和蛋白聚糖

1. 糖胺聚糖

(1)分子结构

糖胺聚糖(glycosaminoglycan,GAG)是由重复的二糖单位构成的长链多糖,其二糖单位之一是氨基己糖(氨基葡萄糖或氨基半乳糖),故名糖胺聚糖,也称为氨基聚糖。另一糖残基为糖醛酸,即葡萄糖醛酸或艾杜糖醛酸,但也有例外,如硫酸角质素以半乳糖代替了糖醛酸。

糖胺聚糖的多糖链不能弯曲,呈充分展开构象,其亲水性比较高,而且糖基通常带有硫酸基团或羧基,因此糖胺聚糖带有大量负电荷,可吸引大量阳离子(如 Na^+),这些阳离子再结合大量水分子,像海绵一样吸水产生膨胀压,由此胞外基质同样获得了很高的膨胀压,从而赋予胞外基质抗压的能力。

糖胺聚糖依据其糖残基性质、连接方式、硫酸基数量及位置的不同,可分为五类:①透明质酸(hyaluronic acid);②软骨素和硫酸软骨素类(chondroitin sulfate);③硫酸皮肤素(dermatan sulfate);④硫酸角质素(keratin sulfate);⑤肝素和硫酸乙酰肝素(heparin sulfate)。具体包括 8 种类型见表 3-2。

表 3-2 糖胺聚糖的种类与分布

种类	二糖单元	二糖单元中硫酸基数	分布
透明质酸	D-葡糖糖醛酸、N-乙酰-D-葡萄糖胺	0	结缔组织、滑液、玻璃体液、骨、软骨
软骨素	D-葡糖糖醛酸、N-乙酰-D-半乳糖胺	0	软骨、角膜
4-硫酸软骨素	D-葡糖糖醛酸、N-乙酰-D-半乳糖胺-4-硫酸	0.2～1.0	骨、软骨、结缔组织
6-硫酸软骨素	D-葡糖糖醛酸、N-乙酰-D-半乳糖胺-6-硫酸	0.2～2.3	骨、软骨、结缔组织
硫酸皮肤素	L-艾杜糖酸、N-乙酰-D-半乳糖胺-4-硫酸	1.0～2.0	骨、皮肤、血管、心瓣膜
硫酸角质素	D-半乳糖酸、N-乙酰-D-半乳糖胺-6-硫酸	0.9～1.8	软骨、角膜、椎间盘
肝素	D-葡糖糖醛酸、D-葡萄糖胺、L-艾杜糖酸、D-葡萄糖胺	2.0～3.0	肺、肝、皮肤和小肠粘膜
硫酸乙酰肝素	同肝素,但分子小,硫酸化程度低	0.2～3.0	肺、动脉壁

(2)透明质酸

透明质酸(图 3-32)是一种重要的糖胺聚糖,与其他糖胺聚糖比起来,透明质酸不被硫酸化,而且通常不与任何核心蛋白(core protein)共价连接。且细胞外基质中的透明质酸不是由细胞分泌产生的,而是由细胞膜中的酶复合物直接从细胞表面聚合出的分子链。透明质酸存在于动物所有组织和体液中,在早期胚胎组织中含量特别高,是增殖细胞和迁移细胞胞外基质的主要构成部分,同时也是蛋白聚糖的主要结构组分。透明质酸在结缔组织中起强化、弹性和润滑作用。

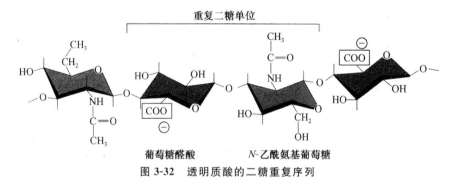

图 3-32 透明质酸的二糖重复序列

透明质酸分子同其他糖胺聚糖分子一样带有大量负电荷吸引阴离子,结合大量水分子,使胞外基质吸水膨胀,赋予结缔组织抗压能力。在胚胎发育中透明质酸起空隙填充物作用,使组织结构保持一定的形状。另外,透明质酸形成的水合空间有助于细胞间彼此的分离,有利于细胞运动迁移和增殖并阻止分化。当细胞迁移停止或增殖一定数量后,透明质酸被水解。透明质酸是关节液的重要成分,起润滑关节的作用。在伤口处有大量透明质酸合成,促进伤口愈合。

2. 蛋白聚糖

(1)分子结构

蛋白聚糖(proteoglycan,PG)见于所有结缔组织和细胞外基质及许多细胞表面,是由糖胺聚糖和核心蛋白(core protein)的丝氨酸残基共价连接形成的巨分子,其含糖量可达 90%～95%。蛋白聚糖的一个显著特点是多态性,可以含有不同的核心蛋白以及长度和成分不同的多糖链。数以百计的糖胺聚糖通过特异的连接四糖(link tetrasaccharide)与核心蛋白连接形成蛋白聚糖,在很多组织中,蛋白聚糖以单分子形式存在,但在软骨组织中,蛋白聚糖再通过连接蛋白(linker protein)以非共价键与透明质酸结合形成多聚体(图 3-33)。

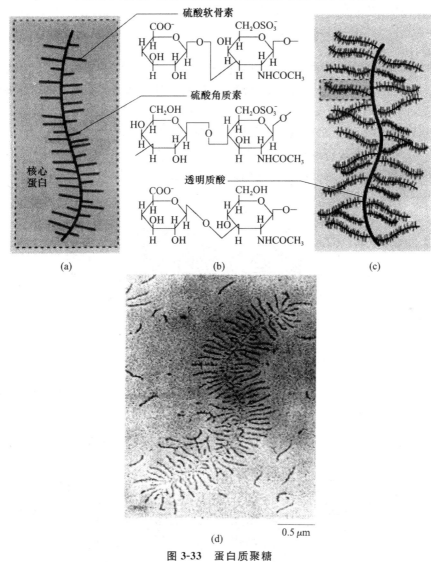

图 3-33　蛋白质聚糖

(a)、(b)蛋白聚糖构成的模式图;(c)某些糖胺聚糖的分子式;(d)软骨中的蛋白聚糖电镜照片

(2)生物合成

蛋白聚糖的核心蛋白肽链由糙面内质网上的核糖体合成,随之进入内质网腔。在高尔基体

中多糖链装配到核心蛋白上,首先是一个专一的连接四糖(link tetrasaccharide)(—木糖—半乳糖—半乳糖—葡萄糖醛酸—)连接到核心蛋白的丝氨酸残基上,然后在糖基转移酶(glycosyl transferase)的作用下,糖基依次接上去,糖胺聚糖链得以顺利形成。聚合的糖基需经硫酸化和差向异构化(epimerization),最后由高尔基体形成分泌小泡经胞吐作用分泌到细胞外基质中。

(3)生物学功能

蛋白聚糖同样带有大量负电荷,且其亲水性特别大,可大量吸水,使细胞外基质的抗压能力在一定程度上得以提高。蛋白聚糖与胶原纤维连接形成细胞外的纤维网络结构,对于提高细胞外基质的连贯性起关键作用,并为细胞黏着提供了黏着位点。此外蛋白聚糖还与细胞间的信号传递、细胞分化以及细胞癌变有关。

3.3.3 弹性蛋白

弹性蛋白(elastin)是高度疏水的非糖基化蛋白,约含 830 个氨基酸残基。由两种类型短肽交替排列构成。一种短肽是疏水短肽,提供弹性;另一种短肽为富有丙氨酸及赖氨酸残基的 α-螺旋,并在相邻分子间形成交联。弹性蛋白的氨基酸组成类似于胶原,也富含甘氨酸及脯氨酸,但很少含羟脯氨酸,不含羟赖氨酸。弹性蛋白没有胶原特有的 Gly-X-Y 序列,故不形成规则的三股螺旋结构,而呈无规则蜷曲。弹性蛋白每一短肽由一个外显子编码,合成后分泌到细胞外基质中,肽链之间通过赖氨酸残基互相交联,形成富有弹性的网络结构(图 3-34)。

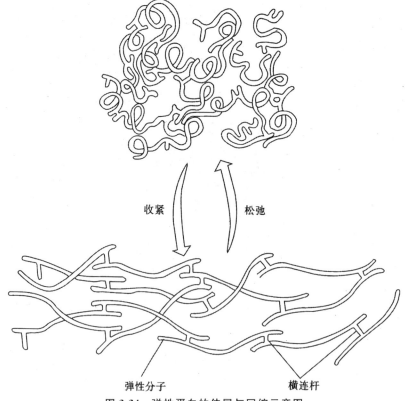

收紧　　松弛

弹性分子　　　　　　横连杆

图 3-34　弹性蛋白的伸展与回缩示意图

弹性蛋白是弹性纤维的主要成分。通过细胞外基质中的弹性纤维网络使组织具有弹性和回缩能力。弹性纤维主要存在于脉管壁及肺,在皮肤、肌腱和疏松结缔组织中也少量存在,这些组织在具有一定强度的同时也具有一定的弹性。弹性纤维与胶原互相交织,可维持皮肤等的韧性,防止组织和皮肤撕裂和过程伸展。

3.3.4　层黏连蛋白和纤连蛋白

胞外基质存在多种非胶原糖蛋白,其结构与功能了解最多的当属层粘连蛋白和纤连蛋白。

1. 层粘连蛋白

层粘连蛋白(laminin,LN)是各种动物胚胎及成体组织基膜的主要结构组分之一。层粘连蛋白有 α 链(400 kDa)重链和 β1(215 kDa)、β2(205 kDa)两条轻链这三个亚单位,结构上呈现不对称的十字形,由一条长臂和三条相似的短臂构成。这 4 个臂均有棒状节段和球状的末端域。β1 和 β2 短臂上有两个球形结构域,α 链上的短臂有三个球形结构域,其中有一个结构域同Ⅳ型胶原结合,第二个结构域同肝素结合,还有同细胞表面受体结合的结构域。正是这些独立的结合位点使 LN 作为一个桥梁分子,介导细胞同基膜结合(图 3-35)。

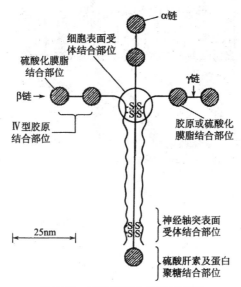

图 3-35　层粘连蛋白分子示意图

通常细胞不直接与Ⅳ型胶原或蛋白聚糖结合,而是通过层粘连蛋白将细胞锚定于基膜上。层粘连蛋白对基膜的组装意义重大,在细胞表面形成网络结构并将细胞固定在基膜上。个体发生中出现最早的细胞外基质蛋白是层粘连蛋白。层粘连蛋白出现于早期胚中,对于保持细胞间粘连、细胞的极性及细胞的分化都至关重要。

2. 纤连蛋白

纤连蛋白(fibronectin,FN)是细胞外基质中高分子质量糖蛋白,含糖 4.5%～9.5%。目前至少已鉴定了 20 种纤连蛋白多肽。纤连蛋白不同的亚单位为同一基团的表达产物,只是在转录后 RNA 的剪接上有所差异,因而能够产生不同的 mRNA。纤连蛋白的每个亚单位由数个结构域构成,具有与细胞表面受体胶原、纤维蛋白和硫酸蛋白多糖高亲和性的结合部位,用蛋白酶进一步消化与细胞膜蛋白结合区,发现这一结构域中 RGD 三肽序列是细胞识别的最小结构单位(图 3-36)。

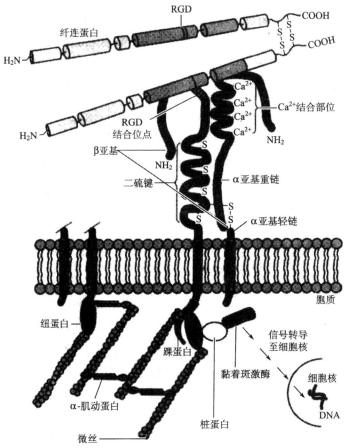

图 3-36 纤连蛋白分子及其通过整联蛋白与细胞内骨架系统集合的示意图

纤连蛋白的主要功能是介导细胞黏着,可和细胞外基质其他成分、纤维蛋白及整联蛋白家族细胞表面受体结合,而对细胞活动造成一定的影响。通过黏着,纤连蛋白可以通过细胞信号转导途径调节细胞的形状和细胞骨架的组织,促进细胞铺展。在胚胎发生过程中,纤连蛋白对于许多类型细胞的迁移和分化是必需的。在创伤修复中,纤连蛋白亦是重要的,如促进巨噬细胞和其他免疫细胞迁移到受损部位。在血凝块形成过程中,纤连蛋白促进血小板附着于血管受损部位。

3.3.5 植物细胞壁

植物细胞的质膜外面有厚而硬的细胞壁(cell Wall)(图 3-37),它体现了植物细胞区别于动物细胞的区别。植物细胞壁相当于动物细胞外基质,也是由多糖和蛋白构成的网络结构。细胞壁对植物细胞的生长、发育、分化、物质代谢和信息传递等细胞生命活动造成一定的影响。

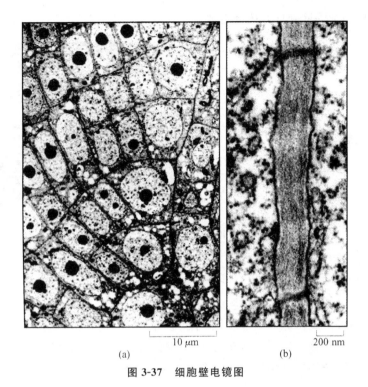

10 μm
(a)

200 nm
(b)

图 3-37　细胞壁电镜图

(a)植物根类细胞间的细胞壁;(b)植物细胞壁的电镜结构

1. 植物细胞壁的结构

细胞壁由外向内分为中胶层(middle lamella)、初生壁(primary wall)和次生壁(secondary wall)(叶肉细胞缺少次生壁)。

中胶层又称为胞间层(intercellular layer),其主要成分是果胶,是相邻细胞初生壁的中间区域,是最早分泌合成的区域。中胶层将相邻细胞彼此黏着在一起。初生壁位于中胶层内层,由纤维素、半纤维素、果胶和糖蛋白等组成,厚 $1\sim3$ μm,是在细胞生长时期形成的。许多细胞终生仅有初生壁。但有些类型的细胞停止增大后会在初生壁的内方继续积累形成新的壁层多称为次生壁。次生壁主要是使细胞壁的厚度和强度得以增加,纤维素和木质素是其主要成分,基本不含果胶,这使得次生壁非常坚硬。次生壁较厚,一般 $5\sim10$ μm,根据微纤丝排列方向的不同次生壁可区分为外、中、内三层。

2. 植物细胞壁的组成

细胞壁是由大分子构成的复杂复合物,纤维素、半纤维素、果胶、蛋白质和木质素是其主要组成成分。

(1)纤维素

纤维素(cellulose)(图 3-38)分子是由 D 葡萄糖残基通过 β-(1-4)糖苷键连接而成的带状不分支葡聚糖链。通过氢键,纤维素分子链间得以结合成束,有 $30\sim100$ 个纤维素分子平行排列形成微原纤维(microfibril),微原纤维直径为 $5\sim15$ nm,长约几微米。微原纤维平行排列成片层,相邻微原纤维间相距 $20\sim40$ nm,由长的半纤维素分子相连。纤维素是细胞壁重要的组成成分,它赋予植物细胞壁硬度和抗张强度。

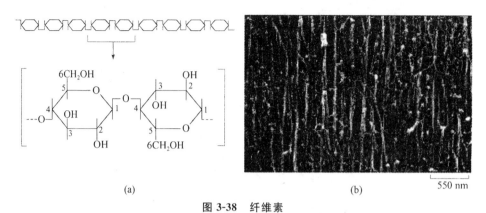

(a)   (b)

图 3-38 纤维素

(a)纤维分子结构示意图;(b)纤维素中微纤丝电镜图

(2)半纤维素

半纤维素(hemicellulose)是由木糖、半乳糖和葡萄糖等单糖构成的高度分支的多糖。半纤维素通过氢键与纤维素微原纤维连接,介导微原纤维之间的连接,也介导微原纤维与其他基质成分(如果胶质)的连接。半纤维素在初生壁中所占比重较高,而在次生壁中所占比重较低。主要功能是参与细胞壁结构的构建和调节细胞的生长过程。

(3)果胶

果胶(pectin)是由半乳糖醛酸和它的衍生物组成的多聚体。可以结合 Ca^{2+} 等阳离子,其亲水性比较强,可以高度水化而形成凝胶。果胶是中胶层的主要成分,可以与半纤维素横向连接,参与构建细胞壁复杂的网架结构。

(4)蛋白质

植物细胞壁中的蛋白质主要包括:结构蛋白,如伸展蛋白;酶蛋白,简称壁酶,目前已发现30 种。

伸展蛋白(extensin)是由大约 300 个氨基酸残基组成的糖蛋白,含有大量羟脯氨酸残基,特征性氨基酸序列为 Ser-Hrp-Hyp-Hyp 四肽重复序列。阿拉伯糖和半乳糖是其主要糖组分。

(5)木质素

木质素(lignin)是由酚残基形成的水不溶性多聚体,其主要基本结构单位是苯丙烷(phenylpropane)。它的合成开始于次生壁形成之时,主要存在于纤维素纤维之间,以共价键与细胞壁多糖相交联,细胞壁的强度和抗降解能力也因它的存在得以增加。在木本植物中,木质素占 25%,是世界上第二位最丰富的有机物(纤维素是第一位)。

3.植物细胞壁的功能

细胞壁为植物细胞及植株提供了机械强度,同时也保护植物细胞免遭渗透压及机械损伤的破坏。细胞壁的中胶层的主要成分为果胶,具有很强的亲水性和可塑性,使相邻细胞黏着在一起。果胶被酸或酶溶解后,会引起细胞分离。植物细胞壁不仅是保护植物细胞的结构屏障,且在受到病菌侵染和创伤时,可主动参与防御反应,如迅速发生木质化,形成死细胞层,使病原体无法进入植物细胞内部。植物细胞壁还可以诱发植物抗毒素合成酶的基因表达,产生植物抗毒素（phytoalexin），杀死病原体。另外，细胞壁对于细胞的物质运输、形态维持和信号转导具有一定作用。

3.3.6　细胞外基质的功能

机体是由细胞、组织、器官构成的。由不同的细胞组成了不同的组织、不同的器官。细胞外基质将这些不同类型的细胞集合在一起，使其构成不同的组织和器官。没有细胞外基质的参与，机体也就无从谈起。因此，细胞外基质具有十分重要的生物学功能。细胞外基质不仅赋予机体物理性特征，为全身的各种细胞提供附着的支架组织，而且还对这些细胞的生物学功能有深远的影响。

1. 细胞外基质的物理学功能

细胞外基质是构成骨、软骨、韧带、皮肤、头发、各种器官包膜以及各种实质器官的基底膜的主要成分。因此，细胞外基质在维持机体的结构完整性、为机体提供支架结构方面至关重要。细胞外基质在维持各种器官的形态以及物理学特征方面也有十分重要的作用。如肺中有纤连蛋白以及层粘连蛋白等组成的基底膜结构，是肺上皮细胞与内皮细胞附着的支架结构，可实现气体的交换。同时，其中的弹性纤维又赋予肺组织高度弹性，使其随呼吸的变化而收缩与舒张，使呼吸过程得以顺利完成。皮肤及实质脏器周围由细胞外基质组成的屏障结构，可防止在突然外力的冲击下发生损伤。实际上，机体的运动机能大部分是由细胞外基质蛋白所构成的组织、器官来完成的。

2. 细胞外基质由细胞分泌表达

所有的细胞外基质蛋白都是由细胞合成并分泌到细胞外，在经过一系列的加工、修饰、构成特殊类型的组织、器官。大多数细胞外基质蛋白都是可分泌型的蛋白质，因而其氨基末端都含有一段由 20 个左右氨基酸残基组成的信号肽序列。细胞外基质蛋白的修饰加工包括糖基化、磷酸化、硫酸化、末端肽序列的切除、二硫键的形成、链内交联、链间交联、二聚体、三聚体、四聚体等多聚体结构的形成等。

3. 细胞外基质对于细胞功能的影响

细胞外基质可对细胞的黏附、迁移、增殖、分化以及基因表达的调控造成一定的影响。一方面，在发育过程中有助于正常组织和器官的形成，另一方面，在病理状态下参与修复过程。细胞外基质不仅与主要脏器的纤维化有关，而且与肿瘤细胞的转移有关。

（1）细胞外基质与细胞的黏附过程

细胞与细胞外基质之间的结合是主动的、特异性的过程。细胞与细胞外基质之间的结合，不仅仅为细胞的附着提供一个物理位点，且跨膜信号转导也因它而触发，对于细胞的基因表达及细胞表型和功能意义重大，细胞外基质蛋白分子结构中具有细胞结合的位点，为细胞黏附位点。细胞黏附位点与细胞膜上相应的受体结合，这是细胞外基质与细胞之间进行结合的一般方式。

（2）细胞外基质与细胞的增殖过程

细胞外基质的某些类型具有促有丝分裂素的功能，能够在一定程度上促进细胞增殖。如在神经细胞的增殖过程的早期阶段，神经上皮细胞对于成纤维细胞生长因子的作用敏感程度比较高。成纤维细胞生长因子对于体外培养的神经上皮细胞的作用之一,就是能够促进这种细胞层粘连蛋白表达水平的升高。以 Northern blot 杂交技术证实,受到成纤维细胞生长因子刺激作用的细胞中,层粘连蛋白 B_1 和 B_2 链的 mRNA 表达水平都显著升高。随着前体细胞具有不同的主要组织相容性 I 型抗原表达,又可分为前体细胞群和胶质细胞群,而只有分化为胶质细胞的细胞亚群,才具有层粘连蛋白的合成能力。因而推测成纤维细胞生长因子对于神经上皮细胞的主要作用,就是促进其层粘连蛋白的合成与释放能力,以旁分泌的方式,进一步刺激神经细胞的分化。在一项研究中还发现,视网膜中的神经前体细胞与其下层的细胞外基质之间保持持续的接触,这对于维持神经系统的发育过程具有重要意义。

(3)细胞外基质与细胞的迁移过程

细胞外基质与细胞膜上相应的受体之间的相互作用决定了细胞迁移过程。与细胞迁移有关的细胞膜上的受体分子,主要是整合素这种细胞表面的黏附性受体蛋白分子。每一种整合素分子都是由 α 和 β 亚单位组成的异二聚体分子形式,两者之间以 1:1 的比例共价结合。截止到目前,已鉴定了 20 余种不同类型的整合素分子,与纤维连接蛋白、层粘连蛋白、亲玻粘连蛋白和胶原蛋白之间都存在着结合功能。

在多细胞的生物发育过程中,许多发育过程和步骤都涉及细胞向新位点迁移的过程。在形态学发生过程中,由纤连蛋白以及其他类型的具有黏附作用的生物大分子,构成了细胞黏附与迁移的主要基质结构。尽管各个胚胎之间各不相同,但一般来说,阻断由整合素介导的细胞迁移,会阻断胚胎原肠胚的形成。含有 RGDS 序列的合成多肽、抗整合素抗体的 Fab 片段、抗纤连蛋白的抗体,单独情况下都可以对细胞迁移过程起到一定的抑制作用。如果细胞内注射 $β_1$ 整合素亚单位胞浆位点特异性的单克隆抗体或者抗体的 Fab 片段,细胞基质的装配就会被打乱。进一步证实整合素在细胞迁移过程中的重要作用。细胞在纤连蛋白上的迁移过程,需要 RGD 和其他协同的结构位点。针对 RGD 和协同作用位点的单克隆抗体,都能抑制细胞的移行过程,$β_1$ 整合素片段的抗体或含有 RGD 序列的多肽也都能在体外抑制正常细胞与肿瘤细胞的迁移过程。含有 RGD 多肽的抑制效应仅仅是部分性的,对于细胞迁移的抑制过程,其作用机制多数情况下是破坏了 $β_1$ 整合素与纤连蛋白之间的相互作用。

(4)细胞外基质与细胞的分化过程

神经细胞的分化,在很大程度上是由神经细胞与环境中各种活性分子之间的相互作用所决定的。利用体外细胞培养系统,鉴定了一系列的可溶性神经营养因子,诸如神经生长因子(nerve growth factor,NGF)、膜结合型细胞黏附分子(cell adhesion molecule,CAM)以及细胞外基质等。近年来,在神经元周围环境中鉴定发现了对于神经轴突生长具有促进作用的细胞外基质蛋白分子及其膜表面的受体蛋白分子。层粘连蛋白、纤连蛋白以及胶原蛋白等基质蛋白成分,都具有促进体外培养的神经元的轴突生长的功能。

大鼠的嗜铬细胞瘤细胞系 PC12 是研究神经元细胞分化过程的一个重要模型。以 NGF 进行长时间的刺激之后,PC12 细胞发生有丝分裂停滞,从形态学以及生物化学等方面进行分化,表现为交感神经元的特征。由 NGF 刺激之后,使 PC12 细胞能够在无血清培养基中存活,因而可对每一种类型的细胞外基质蛋白对于细胞黏附以及轴突生长的影响进行逐一研究。一系列的研究表明,PC12 细胞受到 NGF 的刺激之后,PC12 细胞及其生长的轴突可以有效地与层粘连蛋白、I 型和 IV 型胶原以及纤连蛋白等进行黏附结合。经 NGF 处理之后,如果在含血清的培养基中,PC12 细胞的轴突可以在未进行包被的塑料细胞培养皿的表面上伸展,提示血清中含有能够促进神经元轴突生长的细胞外基质蛋白分子。

目前,已积累的研究资料表明,每一种类型的细胞外基质蛋白都可以被一种整合素受体蛋白所识别。在细胞外基质蛋白分子的结构中,几种不同的与整合素结合有关的结构位点都已鉴定出来,其中最为重要的是纤连蛋白Ⅲ型重复序列结构位点。这一与整合素受体结合有关的位点结构,存在于一系列的细胞外基质糖蛋白分子中的序列结构中。纤连蛋白Ⅲ型重复序列含有 RGDS 四肽序列,这是与纤连蛋白细胞黏附作用有关的主要结构位点。因此,RGDS序列结构是纤连蛋白与 PC12 细胞进行结合并促进 PC12 细胞轴突生长的主要结构位点。含有这段 RGDS 的合成多肽,可以在一定程度上抑制 NGF 刺激的 PC12 细胞在纤连蛋白包被的培养皿上的形态学分化过程。

3.4 物质的跨膜运输

细胞质膜对细胞的生命活动起保护作用,为细胞的生命活动提供相对稳定的环境,这是细胞质膜最基本的功能。细胞质膜最基本的性质是具有半通透性,不允许细胞内外的分子和离子自由出入。但是由于细胞的生命活动是特殊的分子运动,细胞内有些物质或离子的浓度特别高,这就要求细胞质膜不仅仅作为物质出入细胞的障碍,还要具有控制分子和离子通过的能力。换句话说,细胞质膜必须具有选择性地进行物质跨膜运输、调节细胞内外物质和离子的平衡及渗透压平衡的能力。

3.4.1 质膜运输概述

各种细胞及细胞内的膜结合细胞器最基本的特点是能够维持不同的物质浓度,完成不同的生命活动。这些物质中不仅仅局限于生物大分子,也可以是离子。细胞维持物质的不同浓度有双重作用。一方面,它要保持细胞代谢物的稳定,不让它们随意渗漏到周围环境中,另一方面,必要的物质交换也能够顺利进行,包括代谢物的排除和分泌及营养物质的吸收。

细胞进行的物质运输,具有 3 种不同的范畴。

(1)细胞运输(cellular transport)

这种运输主要是细胞与环境间的物质交换,包括细胞对营养物质的吸收、原材料的摄取和代谢废物的排除及产物的分泌。如细胞从血液中吸收葡萄糖以及细胞质膜上的离子泵将 Na^+ 泵出、将 K^+ 泵入都属于这种运输范畴。

(2)胞内运输(intracellular transport)

这是真核生物细胞内膜结合细胞器与细胞内环境进行的物质交换。包括细胞核、线粒体、叶绿体、溶酶体、过氧化物酶体、高尔基体和内质网等与细胞内物质的交换。

(3)转细胞运输(transcellular transport)

这种运输不仅仅是物质进出细胞,而是从细胞的一侧进入,从另一侧出去,本质上来看就是穿越细胞的运输。在多细胞生物中,整个细胞层作为半透性的障碍,而不仅仅是细胞质膜。如植物的根部细胞负责吸收水分和矿物质,然后将它们运输到其他组织即是这种运输。

3.4.2　小分子和离子的跨膜运输

细胞膜的脂双层由于内部是疏水性的,故大多数极性和水溶性分子的通过是不被允许的,只有极少数脂溶性、非极性或不带电荷的小分子可以自由扩散进出细胞。但细胞要摄取营养,排泄代谢废物,调节细胞内外离子浓度。因此运送水溶性的、带电荷的营养物、代谢物以及离子等小分子物质主要是靠膜运输蛋白完成的。

小分子物质和离子的跨膜转运分为被动运输和主动运输两大类。

1. 被动运输

被动运输(passive transport)是指物质顺浓度梯度,从高浓度一侧通过细胞膜转运到低浓度一侧,膜两侧的浓度梯度是物质转运的动力所在,因此,不消耗代谢能。

被动运输包括简单扩散和协助扩散。

(1)简单扩散(simple diffusion)

简单扩散是指分子或离子顺浓度梯度自由穿越脂双层的运输方式,它不消耗代谢能,也不需膜蛋白的帮助。有关实验证明,如果扩散时间也不考虑在内的话,任何不带电荷的小分子都可以顺浓度梯度扩散通过脂双层,但扩散速率的差别非常明显,一般地,分子质量越小,脂溶性越大,通过脂双层的速率越快。实际上可自由通过脂双层的物质有疏水性(脂溶性)小分子如氧、氮、苯等,还有不带电荷的极性小分子如水、二氧化碳、乙醇、尿素和甘油等物质,而像葡萄糖这类不带电荷的极性分子,因分子质量太大,不能直接通过脂双层。各种带电荷的离子,不管它有多小,因其带电荷和高度水合状态均无法通过脂双层(图 3-39)。

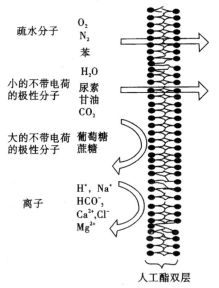

图 3-39　人工脂双分子层对不同分子的相对透性

(2)协助扩散(facilitated diffusion)

协助扩散又称易化扩散,是指一些非脂溶性或亲水性分子,如葡萄糖、氨基酸和各种离子等借助细胞膜上的特殊膜蛋白的介导,顺浓度梯度进行的、不消耗代谢能的物质转运。这些介导物质运输的膜蛋白称为膜转运蛋白(membrane transport protein),它们都是跨膜蛋白,通常每种跨膜蛋白只转运一种特定的物质。

根据膜转运蛋白介导运输的形式不同,还可以将其分为载体蛋白(carrier protein)和通道蛋白(channel protein)。

1)载体蛋白介导协助扩散

载体蛋白是一种跨膜蛋白,它能与特定的物质相结合,通过可逆性构象变化,顺浓度梯度进行物质转运。该过程也不需消耗代谢能。

载体蛋白的功能细节还有待进一步研究,一般认为载体蛋白有特异的结合位点,只能与某一种物质进行暂时的、可逆的结合和分离,当与某一物质结合后,构象就会发生变化,其亲和力下降,物质与载体分离,载体蛋白恢复到原来的构象,物质则从细胞膜的一侧转运到另一侧(图3-40)。

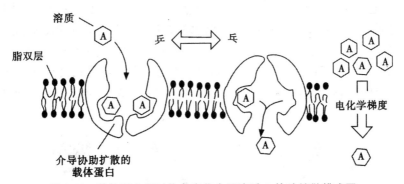

图 3-40　载体蛋白通过构象变化介导溶质 A 协助扩散模式图

根据载体蛋白转运物质的方向可分为单运输(uniport)和协同运输(coupled transport)。在单运输中,载体蛋白只将一种物质从膜的一侧转运到膜的另一侧。在协同运输中,载体蛋白在转运一种物质的同时,另一种物质也需要同时被转运。若两种物质转运的方向相同,称为共运输(symport),否则的话,则称对向运输(antiport)(图3-41)。

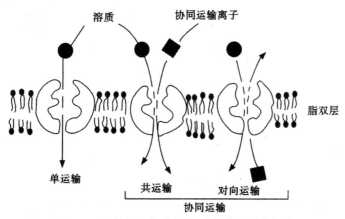

图 3-41　转运蛋白的单运输、共运输与对向运输

2)通道蛋白介导的协助扩散

通道蛋白是靠形成贯穿质膜的亲水性通道来完成物质运输的。它能允许适当大小的和带电荷的离子以简单扩散的方式通过通道蛋白进出细胞,运输的对象仅限于离子,如 Na^+、K^+、Ca^{2+}、Cl^- 等。通道运输的速率很高,平均高出载体运输的 100 倍以上,每秒可有 10^6 个离子通过一个通道。

还有一些通道蛋白形成的通道区别于上述通道,它不是持续开放的,而是间断开放,受闸门控制。闸门实际上是通道蛋白构象变化形成的不同开闭形态。当通道蛋白受到特定的刺激时,发生构象改变,闸门瞬时开放,随后关闭,开放的时间也就只有几毫秒时间。引起闸门开放的特异性刺激有配体、膜电压变化、胞内离子的改变等。当配体与细胞表面特定受体结合时,引起闸门开放,称为配体闸门通道(lingand gated channel)。若膜电位变化引起闸门开放,称为电压闸门通道(voltage gated channel)(图 3-42)。因细胞内离子浓度变化引起闸门开放的,称为离子闸门通道(ion gated channel)。例如:胞质中游离 Ca^{2+} 浓度增加时,引起一些 K^+ 通道打开,闸门通道在瞬时开放时,一些离子、代谢物或其他物质顺浓度梯度自由扩散通过细胞膜,然后,通道随即关闭。这种闸门开放的瞬时性,有利于细胞内一些顺序性活动的进行,常常一个通道的开放,引起离子的流入,与此同时,可引发另一个通道的开放。第一个通道的关闭,对第二个通道的活动具有调节作用。此外,第二个通道的活动还可以继续引起其他特定通道的开放。

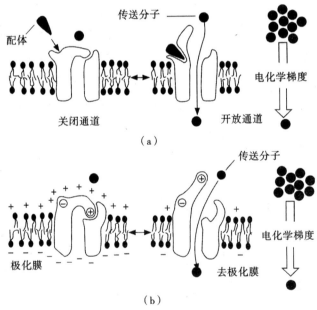

图 3-42　通道蛋白作用示意图

(a)配体闸门通道;(b)电压闸门通道

例如:神经肌肉接头处,传递一次神经冲动,引起肌肉收缩的过程不到一秒钟时间,但整个过程包括 4 种不同闸门通道的依次开放和关闭(图 3-43):①神经冲动到达神经终板时,质膜去极化,使膜上的电压闸门 Ca^{2+} 通道瞬时开放,由于胞外 Ca^{2+} 浓度比胞内高 1000 倍以上,所以 Ca^{2+} 从胞外大量流入神经末梢细胞质内,末梢就会受到刺激从而释放乙酰胆碱;②乙酰胆碱与突触后的肌细胞膜上的乙酰胆碱受体结合,打开了受体的阳离子通道,Na^+大量内流入细胞,引起局部膜去极化;③细胞膜去极化促使膜上的电压闸门 Na^+ 通道开放,这样的话,就会有更多的 Na^+ 进入胞内,膜进一步去极化,促使更多的电压闸门 Na^+ 通道开放,导致整个膜形成去极化波——动作电位;④肌细胞膜的去极化引起肌质网上的电压闸门 Ca^{2+} 通道打开,Ca^{2+} 从高浓度的肌质网中流入胞质,使胞质内的 Ca^{2+} 浓度突然增加,最终将会导致胞内的肌原纤维收缩。

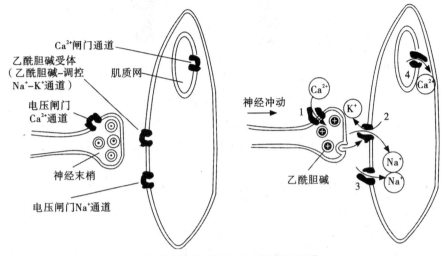

图 3-43　神经肌肉接头处的闸门通道

3)水的被动运输

人体重量的 70% 是水,水是构成生物体最重要的物质之一。水是一种特别的物质,水分子不溶于脂并具有极性,但通过细胞膜比较容易。大部分水是直接通过脂双层进入细胞的,有一部分水是通过蛋白通道进行扩散的,20 世纪 90 年代发现的水通道(water channel 或 aquaporin,AQP),为快速跨膜运输水的专用通路。迄今已克隆出 10 种水通道基因 AQP0~AQP9,在全身各组织均有表达,对机体各部位的水分泌与吸收都至关重要。如肾近曲小管每天重吸收水量超过 150 L,就是通过 AQP1 型通道完成的,每秒流经每个 AQP 通道的水分子达 $3×10^9$ 个。鼻部有大量的 AQP3,内耳也检测出 AQP1,这些发现对探讨变应性鼻炎和梅尼埃病的发病机制和防治方法起重要作用。也可在其他组织的细胞中发现 AQP1 的身影,AQP1 及它的同系物能够让水自由通过,但离子或其他的小分子是不允许通过的。

AQP1 是由四个相同的亚基构成,每个亚基的分子质量为 28 ku,有 6 个跨膜结构域,在跨膜结构域 2 与 3、5 与 6 之间有一个环状结构,是水通过的通道。另外,AQP1 的氨基端和羧基端的氨基酸序列是严格对称的,因此,同源跨膜 K(1 和 4、2 和 5、3 和 6)在质膜的双层中的方向相反(图 3-44)。AQP1 对水的通透性受氯化汞的可逆性抑制,对汞的敏感位点是结构域 5 与 6 之间的 189 位的半胱氨酸。

2. 主动运输

主动运输(active transport)是指物质的逆浓度梯度运输,即物质从低浓度一侧转运到高浓度一侧的运输方式,该过程需要载体蛋白的帮助及能量的供应。主动运输在动植物细胞及微生物细胞中比较常见,如人红细胞内 K^+ 含量相当于血浆中 K^+ 含量的 30 倍,而 Na^+ 浓度低

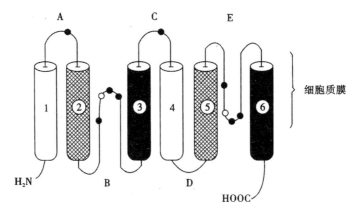

图 3-44 水通道蛋白跨膜结构域

该蛋白氨基端和羟基端对称,即 1 和 4、2 和 5、3 和 6 完全对称

于细胞外 $10\sim20$ 倍,这种胞内外离子浓度差的维持,就是靠 Na^+-K^+ 泵的作用。

(1) Na^+-K^+ 泵

Na^+-K^+ 泵实际上是一种 Na^+-K^+ ATP 酶,它是由一个大的多次穿膜的催化亚基和一个小的糖蛋白相连组成的。小的糖蛋白功能还有待进一步探讨,催化亚基在胞质面有 Na^+ 和 ATP 的结合位点,在膜外侧有与 K^+ 或乌本苷的结合位点(图 3-45)。乌本苷是 Na^+-K^+ ATP 酶抑制剂,可与 K^+ 竞争结合位点。Na^+-K^+ ATP 酶能可逆地进行磷酸化和去磷酸化。研究证明,当膜内侧的 Na^+ 与 ATP 酶结合后,ATP 酶的活性就会被激活,使 ATP 分解成 ADP 和高能磷酸根,高能磷酸根与酶结合,使酶磷酸化,这种依赖 Na^+ 的磷酸化引发了酶构象改变,于是与 Na^+ 结合的部位转向膜外侧。这种磷酸化的酶对 Na^+ 的亲和力低,对 K^+ 的亲和力高,导致 Na^+ 被运送出细胞,而与 K^+ 结合。K^+ 与磷酸化酶结合后促使酶去磷酸化,磷酸根水解脱落,结果酶的构象又恢复原状,这样与 K^+ 结合的部位转向膜内侧。这种去磷酸化的构象与 K^+ 亲和力低,结果 K^+ 被运送入细胞。但这种构象与 Na^+ 的亲和力高,于是又与 Na^+ 结合,重复上述磷酸化与去磷酸化过程。由此将 Na^+ 不断地排出胞外,将 K^+ 泵入细胞内(图 3-46)。

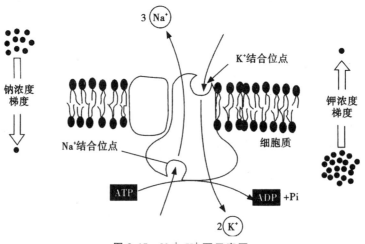

图 3-45 Na^+-K^+ 泵示意图

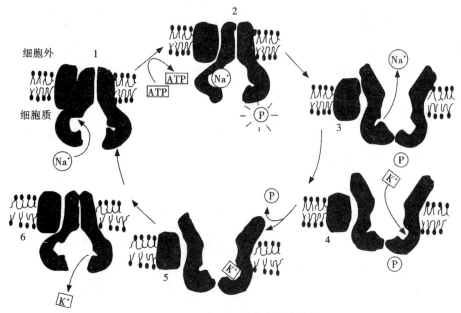

图 3-46 Na$^+$-K$^+$ ATP 酶活性模型

1—Na$^+$ 结合到酶内表面；2—酶磷酸化；3—酶构象变化，Na$^+$ 释放到细胞外；4—K$^+$ 结合到酶外表面；5—酶去磷酸化；
6—K$^+$ 释放到细胞内，酶构象恢复原始状态

Na$^+$-K$^+$ ATP 酶每水解 1 分子 ATP，可同时泵出 3 个 Na$^+$，泵入 2 个 K$^+$。结果形成细胞外高钠、细胞内高钾的特殊离子浓度梯度。这种浓度梯度对维持细胞内外渗透压的平衡非常有利，并保证了另一些物质的主动运输，如钠离子浓度梯度中储存的能量使某些载体蛋白可同向或异向的主动运输氨基酸或葡萄糖进入细胞，把 H$^+$ 运出细胞。还在膜电位形成中起重要作用。

（2）Ca^{2+} 泵

真核细胞胞质中游离 Ca^{2+} 的浓度很低（约 10^{-7} mol/L），而细胞外 Ca^{2+} 浓度则很高（约 10^{-3} mol/L）。是由细胞膜上的 Ca^{2+} 泵维持的这种细胞内外的 Ca^{2+} 梯度差的，Ca^{2+} 泵主动将胞质中的 Ca^{2+} 转运到细胞外。在肌细胞中 Ca^{2+} 泵主要存在于肌质网膜上，它能将胞质中的 Ca^{2+} 运送入肌质网，使其中 Ca^{2+} 的浓度也大大高于细胞质。

目前了解最清楚的钙泵是肌质网膜上的 Ca^{2+}-ATP 酶，它约占肌质网膜蛋白重量的 90%。Ca^{2+} 泵与 Na$^+$-K$^+$ 泵一样，也是 ATP 酶，在其转运 Ca^{2+} 的过程中磷酸化和去磷酸化的过程是必须要经历的，每水解 1 分子 ATP 把 2 个 Ca^{2+} 从细胞质泵入肌质网内，所以，肌质网是肌细胞内储存 Ca^{2+} 的场所。肌细胞基质中 Ca^{2+} 浓度的变化影响肌纤维的收缩和舒张，当神经兴奋传到肌质网时，引起肌质网中的 Ca^{2+} 释放到胞质中，当浓度达到 10^{-5} mol/L 时，引起肌纤维收缩，随后 Ca^{2+} 泵负责把 Ca^{2+} 从胞质泵进肌质网，肌纤维重新舒张。膜两侧的这种钙离子浓度梯度有十分重要的意义，当外界信号作用于细胞时，Ca^{2+} 顺浓度梯度流细胞，形成钙离子流使细胞质中的 Ca^{2+} 浓度增高，这对于跨膜信息传递是十分重要的。

（3）离子梯度驱动的主动运输

有些物质进行主动运输的动力不是来自 ATP，而是来自储存于离子梯度中的能量。在动

物细胞中最常见的是由 Na^+ 的电化学梯度对另一种物质的主动运输提供驱动力。如小肠和肾脏上皮细胞中有多种同向运输系统,每个系统特异地将一组有关的糖或氨基酸运入细胞。在这些运输系统中,所转运物质与 Na^+ 结合于同一载体的不同位点上,由于 Na^+ 可顺电化梯度流入细胞,这样就把所运物质一同带进细胞,再与载体蛋白脱离,葡萄糖或氨基酸的主动运输也就得以实现。进入细胞的 Na^+ 又被 Na^+-K^+ 泵排出细胞,维持了 Na^+ 的浓度梯度,载体蛋白构象复原,又继续转运物质(图 3-47)。Na^+ 浓度梯度越大,转运葡萄糖或氨基酸的速率就越大。如果胞外 Na^+ 浓度显著降低,葡萄糖转运就随之停止。可见这种协同运输系统的能量是间接来自 Na^+-K^+ ATP 酶的。

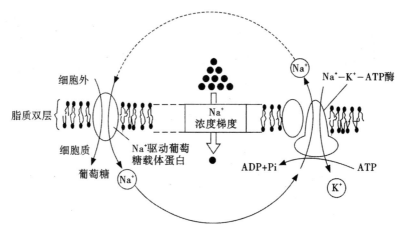

图 3-47　Na^+-K^+ 泵维持的 Na^+ 梯度驱动葡萄糖主动运输示意图

在许多上皮细胞中,载体蛋白在质膜上的分布是不对称的,使被吸收的物质作穿越细胞的运输。如肠上皮细胞中 Na^+-葡萄糖同向运输系统位于细胞膜的游离面,主动运输葡萄糖进入细胞,使细胞内葡萄糖的浓度比肠腔高 176 倍。而将胞内葡萄糖运出细胞的载体蛋白位于细胞的基底面或侧面,经易化扩散进入细胞外液。维持电化学梯度的 Na^+-K^+ 泵也位于基底面,负责将 Na^+ 排出胞外(图 3-48)。

在所有脊椎动物细胞中,有一种由 Na^+ 梯度驱动的异向运输,就是 Na^+-H^+ 交换载体,对维持细胞内的 pH 值(一般在 7.1~7.2)至关重要。这种载体将 H^+ 输出与 Na^+ 流入相偶联,可将细胞内代谢所产生的过量氢离子清除掉,这种载体的活动受细胞内 pH 值的调节,pH 值愈低,交换愈活跃,当 pH 值上升到一定程度,这种载体交换停止活动,因为在载体的细胞质面有一个调节位点,细胞内 H^+ 增多时就结合在该位点上,运输速率也就有所提高。

3.4.3　大分子的跨膜运输

细胞膜对大分子(蛋白质、多核苷酸、多糖)的运输机制区别于小分子溶质和离子,即大分子物质不能通过上述的机制跨膜运输,但细胞膜的确能转运这些大分子物质和颗粒物质。真核细胞通过细胞膜内部形成小膜泡及膜的融合,完成大分子与颗粒性物质的跨膜运输,称为膜泡运输。根据运输方向,膜泡运输可分为内吞作用和外排作用,也叫胞吞作用和胞吐作用。

1. 内吞作用

当被摄入物质附着于细胞表面,被局部质膜包围,然后分离下来,膜融合形成细胞内的小

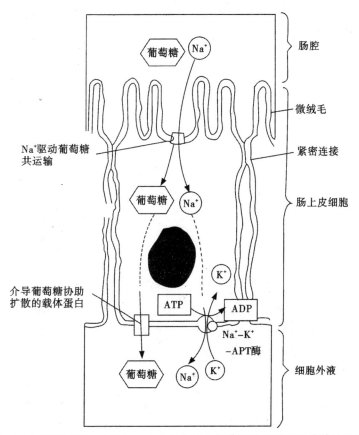

图 3-48　肠上皮细胞的转运蛋白不对称分布造成葡萄糖从肠腔到血液的跨细胞运输

膜泡,泡内包含着被摄入物质,此过程为内吞作用(endocytosis)。

根据所形成小膜泡的大小及内容物不同,还可以进一步分为吞噬作用、胞饮作用两种方式。

(1)吞噬作用(phagocytosis)

内吞的物质是固体(像细胞碎片,入侵的细胞等),形成的膜泡较大,称为吞噬泡,它内移至胞质后,可由其他细胞的溶酶体与其结合而进行消化、分解、清除(图 3-49)。

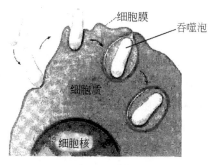

图 3-49　吞噬作用

该作用在低等原生动物中普遍存在,是其摄取营养的主要方式,而在高等动物和人体,只少数特化的吞噬细胞具有吞噬作用,主要是消灭异物,在机体防卫系统中起重要作用。如中性颗粒白细胞和巨噬细胞具有极强的吞噬能力,以保护机体免受异物侵害。

(2)胞饮作用(pinocytosis)

内吞的物质是含大分子的液体溶质,形成的膜泡较小,称为胞饮小泡(图3-50)。

细胞的内吞作用根据作用机制的不同又可分为批量内吞(bulk-phase endocytosis)和受体介导的内吞(receptor mediated endocytosis,RME)两类。批量内吞是非特异性地摄入细胞外物质,如培养细胞摄入辣根过氧化物酶。细胞表面的内陷是发生非特异性内吞的部位。

受体介导的内吞作用是一种专一性很强的选择浓缩机制,既可保证细胞大量地摄入特定的大分子,同时吸入细胞外大量的液体这种情况也有效避免。低密度脂蛋白、运铁蛋白、生长因子、胰岛素等蛋白类激素、糖蛋白等,都是通过受体介导的内吞作用进行的。

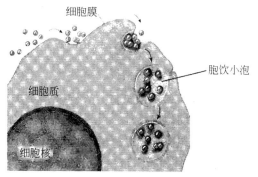

图 3-50　胞饮作用

受体介导过程中,一些特定的大分子结合到专一的细胞表面受体,引起受体移动,聚集到质膜一定部位,并向内凹陷,其膜的内侧面形成有刺毛状衣被结构,称为有被小窝(coated pits)。结合于特定细胞表面受体的这些大分子经过有被小窝内在化,即不断内陷,最终从膜上脱落下来,形成覆盖有衣被的小膜包,称为有被小泡。这一过程的速度比一般的内吞作用快得多。这样,能使细胞大量、专一地摄入和消化特定的大分子,即使这些大分子胞外浓度很低,也能被选择吞入,同时吸入大量细胞外液体的情况也得以避免。形成的有被小泡在几秒钟内即脱去其包被,形成无被小泡,可再与其他无被小泡融合形成较大的膜泡,称为胞内体。

受体介导的内吞是高度特异性的,可使细胞有选择地吞入大量浓集专一的大分子,激素、转铁蛋白及低密度脂蛋白(LDL)等重要大分子都是通过这种途径进入细胞的。

低密度脂蛋白(LDL 颗粒)是富含胆固醇的脂蛋白,是胆固醇的运输形式,由肝脏合成进入血液、悬浮其中。胆固醇是动物细胞膜形成的必需原料,当细胞需要胆固醇时,便合成一些 LDL 受体蛋白插入质膜中,与 LDL 特异结合的受体自动向有被小窝处集中,在结合 LDL 后,小窝内陷形成有被小泡,并很快脱去衣被成为无被小泡,并内移与其他的无被小泡融合成胞内体(内吞体),而其中的内含物受体返回质膜。LDL 进入溶酶体,水解为游离的胆固醇被细胞利用(图3-51)。如果细胞膜上缺少与 LDL 特异结合的受体的话,胆固醇不能被利用而积累在血液中,将造成动脉粥样硬化。

2. 外排作用

与内吞作用的过程刚好相反,有些大分子物质通过形成小膜泡从细胞内部逐渐移至细胞表面,泡膜与细胞膜相融合,将内容物排出细胞外,此过程称为外排作用(exocytosis)或胞吐作

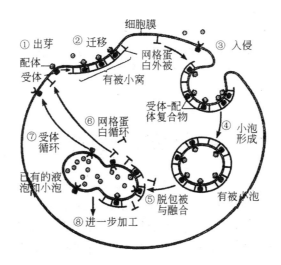

图 3-51　LDL 受体胞吞作用示意图

用。细胞内不能消化的物质和合成的分泌蛋白都是通过这种途径排出的。

(1)调节型外排途径(regulated exocytosis pathway)

分泌细胞产生的分泌物(如激素、黏液或消化酶)储存在分泌泡内,当细胞在受到胞外信号刺激时,分泌泡与质膜融合并将内含物释放出去。特化的分泌细胞有调节型的外排途径。其蛋白分选信号存在于蛋白本身,由高尔基体(TGN)上特殊的受体选择性地包装为运输小泡。

(2)组成型外排途径(default exocytosis pathway)

在粗面内质网中合成的蛋白质除了某些有特殊标志的蛋白驻留在 ER 或高尔基体中或选择性地进入溶酶体和调节性分泌泡外,其余的蛋白均沿着粗面内质网→高尔基体→分泌泡→细胞表面这一途径完成其转运过程。

胞吐作用最终导致一方面将分泌物释放到细胞外,另一方面小泡的膜融入细胞膜,使细胞膜得以补充。

细胞的内吞和外排作用过程是一个连续快速的膜移动、膜重排、膜融合过程,要消耗代谢能,从这一点讲,也是一种主动运输。因此,任何抑制能量代谢的因素均会对内吞和外排的膜泡运输造成一定的影响。

3. 膜流与膜的运动

通过膜泡运输,细胞的各种膜性结构之间可以相互联系和转移,形成膜流(membrane flow)。一方面,通过内吞作用,细胞膜的部分膜可以进入到细胞内,另一方面由内质网芽生的小泡与高尔基体顺面的膜融合成扁平囊泡的膜,然后以出芽的方式形成大泡向细胞膜移动,最后大泡的膜与细胞膜融合,成为细胞膜的膜。细胞内部内膜系统各个部分之间的物质传递也通过膜泡运输方式进行。如从内质网到高尔基体,高尔基体到溶酶体,细胞分泌物的外排,都要通过过渡性小泡进行转运。胞内膜泡运输沿微管运行,动力来自马达蛋白(motor protein)。截止到目前,已发现的马达蛋白有以下两种:一种是动力蛋白(dynein),可沿微管向负端移动;另一种为驱动蛋白(kinesin),可牵引物质向微管的正端移动。通过这两种蛋白的作用,可使膜泡被运抵一定区域。

第4章 细胞质基质与细胞内膜系统

4.1 细胞质基质

在细胞基质中有内膜系统及各种细胞器。在真核细胞的细胞质中,除去可分辨的细胞器以外的胶状物质,称为细胞质基质(cytoplasmic matrix or cytomatrix),也称胞质溶胶(cytosol)。为较均质而半透明的胶状物质,占细胞总体积的55%。细胞与环境,细胞质与细胞核,以及细胞器之间的物质运输、能量转换、信号转导等都与细胞质基质有关系,很多重要的中间代谢反应也发生在细胞质基质中。

4.1.1 细胞质基质的化学组成

按照分子质量大小进行划分的话,细胞质基质的化学组成可分为小分子、中等分子和大分子。小分子包括水、无机离子(K^+、Cl^-、Na^+、Mg^{2+}、Ca^{2+}等)和溶解的气体。属于中等分子的是各种代谢中间产物如脂类、糖(葡萄糖、果糖、蔗糖)、氨基酸、核苷酸及其衍生物等。大分子包括蛋白质、脂蛋白、多糖、RNA等。还有大量的酶存在于细胞质基质中,它们是一些大分子(如蛋白质、脂蛋白、核酸等)的合成和一些主要代谢途径(如糖酵解途径、磷酸戊糖途径、糖原代谢等)所必需的酶。

4.1.2 细胞质基质的功能

1. 与细胞质骨架相关的功能

细胞质基质中的细胞骨架成分与细胞形态的维持、细胞的运动、细胞内的物质运输及能量传递等活动有关。同时,细胞骨架也是细胞质基质结构体系的组织者,并为细胞质基质中的其他成分及细胞器提供锚定位点。细胞骨架能够对细胞器在细胞内的形态变化及分布进行调控。

2. 细胞内中间代谢反应的场所

细胞质基质中含有与代谢反应相关的数千种酶类,参与糖酵解、磷酸戊糖途径,以及糖原、蛋白质、脂肪酸合成等多种生化反应。这些酶类通常与细胞质基质中的细胞骨架结合,一方面使其动力学参数发生改变,提高酶促反应;另一方面使相关的酶类聚合形成多酶复合体,定位在细胞质基质中的特定部位,这样的话,即使是复杂的代谢过程也能够顺利完成。这种反应方式可更快、更高效地完成整个复杂的代谢活动,同时不稳定中间产物的释放也在一定程度上得到了避免。事实上,组成多酶复合体的各个组分是一个高度动态变化的结构,根据细胞不同的背景在特定时间内以结合或非结合形式存在。一旦两个分子表面相互靠近,彼此会以非共价键结合而形成稳定的结构。

3. 蛋白质的合成和修饰

细胞质基质是细胞中绝大部分蛋白质起始合成的场所。游离在细胞质基质中的核糖体合成了细胞质蛋白、细胞核蛋白以及线粒体、叶绿体及过氧化物酶体内的蛋白质。而有些蛋白质,诸如内质网、高尔基体、溶酶体及分泌蛋白等的合成也起始于细胞质基质中游离核糖体。然而区别于前者的是,在翻译出信号序列后,该核糖体及所结合的 mRNA、新生多肽将共同转运至内质网膜上继续合成。

细胞质基质中的蛋白质在合成后必须经过一定的修饰才能够维持和调节蛋白质的活性,这些修饰包括 N-甲基化、糖基化、酰基化、磷酸化及去磷酸化等。N-甲基化通常可防止蛋白质被降解,组蛋白的甲基化还参与基因的表达调控。磷酸化和去磷酸化是细胞内多种蛋白质活性调控的主要形式,不仅影响细胞代谢,在细胞内信号转导等重要级联调控反应也起到一定的作用。

4. 蛋白质的质量控制

(1)蛋白质的折叠

蛋白质发挥生物学活性的基础就是其正确折叠。体内蛋白质折叠成天然构象仅需几分钟,因而细胞内必定存在一种快速有效的机制来确保蛋白质的正确折叠。1956 年,Anfinsen 在研究单链核糖核酸酶 A 特性时发现,其中的 4 个二硫键可被还原剂打开。但要想让所有的二硫键都被打开,前提条件是,核糖核酸酶 A 必须先解折叠。当 Anfinsen 用巯基乙醇和高浓度的尿素处理核糖核酸酶时,他发现蛋白质解折叠后核糖核酸酶的活性随即丢失。核糖核酸酶的活性会随着巯基乙醇和尿素的去除得以恢复。这时酶分子的结构和功能与天然分子无任何差别。Anfinsen 认真研究这些现象后,提出多肽链的氨基酸序列包含了蛋白质折叠成三级结构的全部信息。后来的研究也证实,很多遗传疾病的发生就是由于蛋白质三级结构的改变,并且这些错误折叠的蛋白质有时对生物体是致命的,其中常见的如克雅病(Creutzfeld-Jakob disease)和阿尔茨海默病(Alzheimer disease)。

实际上,并不是所有的蛋白质在折叠成三级结构时都是以简单的自组装方式完成的,一些被称为分子伴侣(chaperon)的蛋白质在帮助未折叠或错误折叠蛋白质获得正确三维结构的过程中发挥重要作用。1962 年,意大利生物学家 Ritossa 在研究果蝇发育时发现了一个奇怪的现象:当温度由 25℃上升到 32℃时,幼虫细胞的巨大染色体上的很多位点开始表现出活性,随后很快发现这种所谓的热激反应(heat-shock response),不仅出现在果蝇中,在从细菌到植物直至动物的不同细胞中也可表现出来。但是诱导生成的热激蛋白(heat-shock protein,hsp)在正常的细胞背景中表达水平非常有限,那么这些热激蛋白有什么功能呢?20 世纪 60 年代的研究发现组成噬菌体颗粒的蛋白质虽然具有自我装配的能力,但它们本身在体外通常不能形成复杂的、有功能的病毒颗粒,这就证明了噬菌体的装配需依赖细菌。1973 年,在对细菌 GroE 突变系的研究中发现,噬菌体颗粒的头部和尾部不正确组装,细菌基因组编码的蛋白质却参与了病毒的正确组装过程,而宿主蛋白却未参与病毒最终的形成。随后发现,细菌染色体上 GroE 位点有两个独立的基因,GroEL 和 GroES,分别编码 GroEL 和 GroES 两种蛋白质。在电镜下,GroEL 蛋白呈 7 个亚基对称排列的两个圆盘构成的圆柱状(图 4-1)。7 年后对豌豆的研究发现,在叶绿体中同样存在相似的促进蛋白组装的核酮糖-1,5-双磷酸羧化酶/加氧酶

(Rubisco),其由 16 个亚基组成,包括 8 个小亚基和 8 个大亚基。随后细菌中热激蛋白 GroEL 和 Rubisco 是同源蛋白这点很快得到了证明,同属 Hsp60 分子伴侣家族。它们的生物学作用有哪些呢?一个最基本的作用是介导多亚基复合体的组装,如噬菌体颗粒或 Rubisco。此外,分子伴侣的作用是帮助蛋白质的正确折叠。例如,进入线粒体的蛋白质需以未折叠、伸展的单体形式才能跨膜。当线粒体中一个 Hsp60 分子伴侣家族蛋白质突变时,即使蛋白质能进入线粒体内,却因不能正确折叠而失去活性。在哺乳动物中与 Rubisco 类似的蛋白质是由两个不同的亚基,重链和轻链组成的抗体分子。抗体复合物的重链需在另一个大分子的帮助下形成正确结构。这个大分子与新合成的重链结合,与已结合轻链并不会发生重链结合,因此将这种蛋白命名为 Bip(binding protein)。1986 年发现了在热激反应中起作用的一种分子质量为 70 kDa 的蛋白质,并将其命名为 Hsp70。Hsp70 与抗体分子组装中的一种 Bip 蛋白同源。由于热激蛋白在保护蛋白质及其组装中的作用,Hsp70 及其相关分子被命名为分子伴侣。

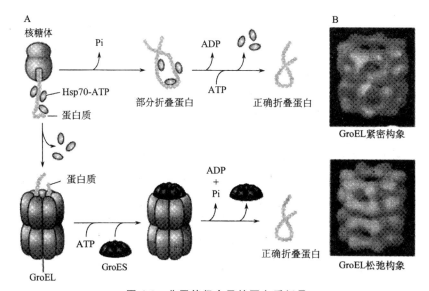

图 4-1 分子伴侣介导的蛋白质折叠

A. Hsp70 家族的分子伴侣帮助蛋白的折叠;B. Hsp60 家族的分子伴侣帮助蛋白的折叠

细胞内主要有以下三种不同的分子伴侣家族:①Hsp70 家族,包括内质网中的 Bip、线粒体基质中的 Hsp70 及细菌中的 DnaK;②Hsp60 家族,如 Hsp60、GroEL 和 Rubisco;③Hsp90 家族,如细胞质中的 Hsp90A、内质网中的 Hsp90B 和线粒体中的 TRAP 等。前者与未折叠或部分折叠蛋白质结合后防止这些蛋白质聚集或被降解,Hsp60 和 Hsp90 帮助蛋白质正确折叠(图 4-1)。

(2)蛋白质的降解

细胞质内特定的蛋白酶体(proteosome)即为细胞中蛋白质的降解位点。蛋白酶体是由两个蛋白质复合体组成的圆柱形复合物,包括一个具有催化功能的核心颗粒(20S 蛋白酶体)和两个 19S 调节颗粒(分子质量约为 700 kDa)。核心颗粒中空的封闭腔是蛋白质降解的位点,两端的开口是标记蛋白质进出的通路。核心颗粒两端相连的 19S 调节颗粒内含多个 ATP 酶活性位点和泛素结合位点,正是这种结构识别多聚化的泛素蛋白并将它们转移至催化核心。

通过密度梯度离心发现具有酶活性的蛋白酶体沉降系数是 26S,然而,生化分析显示正确的沉降系数应为 30S。二者的差异主要是前者可能含有一个 19S 的调节颗粒,而后者含有两个 19S 的调节颗粒。故往往是以 26S 代表蛋白酶体(图 4-2)的。

　　20S 核心颗粒中亚基的数目和多样性与生物体相关。多细胞生物中亚基的数目要远远多于单细胞生物,真核细胞多于原核细胞。但所有的 20S 核心颗粒都是由 $\alpha1\sim\alpha7,\beta1\sim\beta7,\beta1\sim\beta7,\alpha1\sim\alpha7$ 组成的圆柱形结构(图 4-2)。α 亚基是基础,β 亚基是主要的催化位点。α 亚基组成的 α 环是调节颗粒的停泊位点,其 N 端形成的门阻止未标记蛋白质进入内部空腔,而 β 亚基组成的 β 环是蛋白酶的活性位点。在真核生物中每个亚基的结构和功能高度保守,形成的直径为 11.5~15 nm,内腔最宽 5.3 nm,最窄为 1.3 nm 的三维结构提示蛋白质必须以非折叠形式进入。目前,对标记的降解蛋白质怎样打开关闭的 α 环进入中央腔的机制知道的不多,这有待进一步探索。

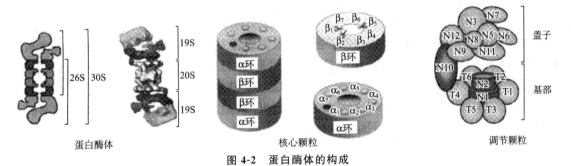

蛋白酶体　　　　　　　　　　　核心颗粒　　　　　　　　调节颗粒

图 4-2　蛋白酶体的构成

　　19S 调节颗粒参与蛋白质多聚泛素化和去折叠、打开 α 环和转移底物进入核心颗粒等过程。真核细胞中 19S 调节颗粒由大约 20 种分为两类的不同蛋白质组成:ATP 酶的调节亚基和非 ATP 酶的调节亚基。二者构成了能直接结合 20S 核心颗粒的基部复合体和与多聚泛素化蛋白结合的盖子(图 4-3)。盖子复合体至少由 9 种非 ATP 酶的调节亚基组成,包括 Rpn3~Rpn15,对捕获的底物进行去泛素化是其主要功能。基部复合体由 6 种同源的 ATP、酶亚基(Rpt1~Rpt6)和 4 种非 ATP 酶亚基(Rpn1、Rpn2、Rpn10、Rpn13)组成,其作用包括:①通过识别泛素进而捕获靶蛋白;②促进底物解折叠;③打开 α 环通道。

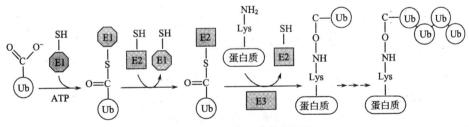

图 4-3　底物多聚泛素化的过程

　　蛋白酶体可调节细胞内特定蛋白质浓度及降解错误折叠的蛋白质,降解后产生的 3~15 个氨基酸长的片段由寡肽酶和(或)氨肽酶/羧肽酶进一步降解成氨基酸残基。怎样将被降解的蛋白质从成千上万的蛋白质中挑选出来呢?泛素化和降解共同构成了蛋白酶体对蛋白质的降解。

蛋白质的泛素化:泛素标记是降解蛋白的信号,至少三种泛素连接酶参与此过程,如 E1(泛素激活)、E2(泛素交联)和 E3(泛素连接),最终导致蛋白质的多聚泛素化,以此为信号指引靶蛋白到蛋白酶体降解(图 4-3)。为正确选择将要降解的蛋白质,人类细胞中 2 种 E1、大约 30 种 E2 及超过 500 种不同类型的 E3 参与了此过程。细胞内的泛素-蛋白酶体系统调控着如细胞周期进展、信号转导、细胞死亡、免疫反应、代谢、发育及蛋白质质量控制等几乎所有的细胞内基本的生命活动。因在泛素化和蛋白质降解机制中的贡献,Ciechanover、Hershko 和 Rose 共同获得 2004 年的诺贝尔化学奖。

蛋白酶体对泛素化蛋白的识别与降解:调节颗粒的 Rpn10 和 Rpn13 有两个结合位点:一个是内在泛素受体的结合位点,另一个是能有效捕获多聚泛素化底物的位点。调节颗粒的 Rpn2 介导调节颗粒与核心颗粒的相互作用,Rpn1 是泛素化蛋白质底物的结合位点。调节颗粒与泛素化底物结合后,Rpn1-Rpn2 和 ATP 酶促使蛋白质水解通道打开,从而使泛素化蛋白进入蛋白酶体中进行降解,其他蛋白质的功能还有待进一步研究。

综上所述,蛋白质水解主要有以下步骤:①通过 E1、E2 和 E3 蛋白质多聚泛素化;②蛋白酶体调节颗粒 Rpn10 识别多聚泛素化的蛋白质;③蛋白酶体调节颗粒的 Rpn1 和 Rpn2 与底物结合;④调节颗粒的 ATP 酶亚基将底物解折叠;⑤调节颗粒的 Rpn11 亚基和去泛素化酶去除底物的泛素化;⑥多肽链转移至蛋白酶体的核心并通过 β1、β2 和 β5 亚基水解肽键形成 3~15 个氨基酸残基的小肽(图 4-4)。

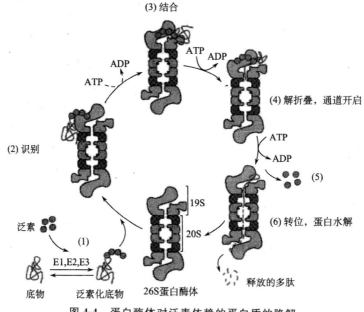

图 4-4 蛋白酶体对泛素依赖的蛋白质的降解

4.2 内质网

内质网(endoplasmic reticulum,ER)是由一层单位膜形成的囊状、泡状和管状结构,并形成一个连续的网膜系统。它是真核细胞中最普遍、最多变、适应性最强的细胞器。线粒体和高尔基体等细胞器都要比内质网的发现早得多。1945 年，K. R. Porter 和 A. D. Claude 等人在体外培养成纤维细胞时初次观察到细胞质不是均质的，其中可见到一些形状和大小略有不同的网状结构，并集中在内质中，建议称为内质网。随着超薄切片和固定技术的改进，Palade 和 Porter 等于 1954 年证实内质网是由膜围绕的囊泡所组成的。虽然以后发现内质网不仅仅存在于细胞的内质部位，但此名称依然延续至今。

　　内质网通常占细胞膜系统的一半左右，体积占细胞总体积的 10% 以上。内质网的存在使细胞内膜的表面积在很大程度上得以扩大，为各种酶体系提供了大面积的结合位点。内质网是细胞内除核酸以外一系列重要的生物大分子，如蛋白质、脂质和糖类的合成基地。同时，内质网形成的完整封闭体系，将内质网合成的物质与细胞质基质中合成的物质分隔开来，更有利于它们的加工和运输。原核生物没有内质网，由细胞膜代行类似的功能。在不同类型的细胞中，内质网的数量、类型与形态差异很大。同一细胞在不同发育阶段和不同的生理状态下，内质网的结构与功能的区别也非常明显。在细胞周期的各个阶段，内质网变化的复杂度非常高。细胞分裂时，内质网要经历解体与重建等过程。

4.2.1　内质网的形态结构

　　根据内质网上是否附有核糖体，可将其分为糙面内质网（rough endoplasmic reticulum，rER）和光面内质网（smooth endoplasmic reticulum，sER）。由于内质网是一种封闭的囊状、泡状和管状结构，一般内质网的外表面称为胞质溶胶面（cytosolic space），内表面称为潴泡面（cisternal space）。

　　（1）糙面内质网（rough endoplasmic reticulum，rER）

　　多呈扁囊状，排列较为整齐，因大量的核糖体附着于其表面而命名（图 4-5A）。它是核糖体和内质网共同构成的复合结构，在分泌蛋白质的细胞中十分常见，其主要功能是合成分泌蛋白、多种膜蛋白和酶蛋白。因此在分泌细胞（如黄体细胞）和分泌抗体的浆细胞中，糙面内质网非常发达，而在一些未分化的细胞与肿瘤细胞中则较为稀少。内质网膜上有一种称为移位子（translocon）的蛋白复合体，直径约 8.5 nm，中心有一个直径为 2 nm 的"通道"，其功能与新合成的多肽进入内质网有关。

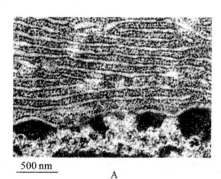
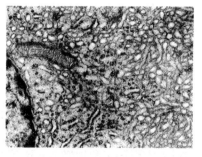

500 nm

A　　　　　　　　　B

图 4-5　糙面内质网与光面内质网结构

A. 胰腺外分泌细胞中发达的糙面内质网，内质网膜及外核膜上均附有核糖体；

B. 黄体细胞有丰富的光面内质网

（2）光面内质网（smooth endoplasmic reticulum，sER）

无核糖体附着的内质网称为光面内质网，通常其呈现的不是非扁平膜囊状而是小的管状和小的泡状。广泛存在于各种类型的细胞中，包括骨骼肌、肾小管和分泌类固醇的内分泌腺。光面内质网是脂质合成的重要场所。细胞中光面内质网通常只是作为内质网这一连续结构的一部分。光面内质网所占的区域通常较小，往往作为出芽的位点，将内质网上合成的蛋白质或脂类转运到高尔基体内。在某些细胞中，光面内质网非常发达并具有特殊的功能，组合成固醇类激素的细胞（图 4-5B）及肝细胞等。

4.2.2　内质网的化学组成

将组织或细胞匀浆后，通过超速离心得到的直径为 100 nm 的球形封闭小泡结构，称为微粒体（microsomes）。事实上，它就是破碎的内质网。来自粗面内质网的微粒体，其外有核糖体附着，称为粗面微粒体（rough microsomes），没有核糖体附着的称为滑面微粒体（smooth microsomes），主要来自滑面内质网，也有一部分可能是来自细胞膜、高尔基复合体或其他细胞器的碎片（图 4-6）。

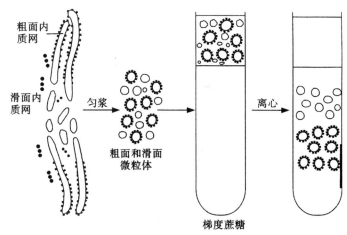

图 4-6　利用蔗糖密度梯度离心技术分离粗面内质网和滑面内质网

由于粗面微粒体含有大量核糖体而比滑面微粒体致密，因此想要将二者分离的话可用蔗糖梯度离心方法。分离的微粒体仍然保持着内质网的功能，特别是粗面微粒体，在形态上与粗面内质网以相同的方式封闭，可以在体外进行各种实验，目前有关粗面内质网功能的资料大部分来自于对微粒体的研究。

通过对微粒体的生化分析，得知内质网膜和所有生物膜并无二致，也由脂类和蛋白质组成。蛋白质约占 2/3，脂类约占 1/3。如大鼠肝细胞的微粒体含 30%～40% 的脂类和 60%～70% 蛋白质。

磷脂、中性脂、缩醛磷脂和神经节苷脂等是内质网膜中含有脂类的主要成分。其中以磷脂含量最多。各类磷脂含量的比例大致为：卵磷脂（磷脂酰胆碱）占 55% 左右；磷脂酰乙醇胺20%～25%；磷脂酰肌醇 5%～10%；磷脂酰丝氨酸 5%～10%；鞘磷脂 4%～7%。

可见内质网膜中以卵磷脂含量最多，而鞘磷脂含量较少。

通过聚丙烯酰胺凝胶电泳的分析表明,内质网膜蛋白质的含量比质膜多。例如在大鼠肝细胞的内质网膜中至少有 33 条多肽,胰腺细胞的内质网膜有 30 条多肽,分子质量从 15ku 到 150ku 不等。内质网膜上具有大量的酶,表 4-1 所列的是目前了解较多的一些酶在内质网膜上的分布及定位情况。

表 4-1　内质网中主要酶的分布及定位

酶	分布定位	酶	分布定位
细胞色素 b_5	胞质面	磷脂酸磷酸酶	胞质面
细胞色素 P_{450}	胞质面和腔面	胆固醇羟基化酶	胞质面
NADH-细胞色素 b_5 还原酶	胞质面	转磷酸胆碱酶	胞质面
NADPH-细胞色素 c 还原酶	胞质面	磷脂转化酶	胞质面和腔面
ATP 酶	胞质面	核苷二磷酸酶	腔面
5′核苷酸酶	胞质面	葡萄糖-6-磷酸酶	腔面
核苷焦磷酸酶	胞质面	β 葡萄糖醛酸酶	腔面
GDP-甘露糖基转移酶	胞质面	乙酰苯胺-水解酯酶	腔面
脂肪酸 CoA 连接酶	胞质面	蛋白质二硫键异构酶	腔面

其中,葡萄糖-6-磷酸酶一般视为内质网的标志酶,参与糖的代谢。细胞色素 P_{450} 内质网中含量最大,占 10%,是一种跨膜蛋白,分别出现在胞质面和腔面,是内质网上电子传递链的一个组成部分。这些酶在膜上的分布与它们的生化功能有着密切关系。

4.2.3　内质网的功能

1. 蛋白质合成

粗面内质网上合成的蛋白质主要有三类,分别为:①只在细胞外发挥功能的分泌蛋白;②内在膜蛋白;③位于内质网、高尔基复合体、溶酶体、胞内体、囊泡及植物细胞的液泡中的可溶性蛋白质。

2. 蛋白质的修饰和加工

内质网上合成的蛋白质可进行糖基化、酰基化、羟基化及链间二硫键等修饰,几乎合成的所有蛋白质都要进行糖基化修饰。蛋白质的糖基化不外乎 OL 连接和 N-连接这两种,在内质网进行的 N-连接糖基化修饰如图 4-7 所示。

结合在粗面内质网膜上的一组糖基转移酶介导了特异性单糖转移到蛋白质上的过程。糖基的供体分子常为一个核糖,如 CMP-唾液酸、GDP-甘露糖及 UDP-N-乙酰葡糖胺。暴露在细胞质一侧的内质网膜上的磷酸多萜醇(dolichol phosphate)在糖基转移酶的催化下分别连接 7 个糖基(2 个 N-乙酰葡糖胺、5 个甘露糖残基);这个寡糖链的前体物经过翻转进入内质网腔,进一步衍生形成由 2 分子 N-乙酰葡糖胺、9 分子甘露糖和 3 分子葡萄糖的 14 个糖基组成的寡糖链。在糖基转移酶的催化下,该寡糖链被转移到内质网新生肽链的特异天冬酰胺残基上,称

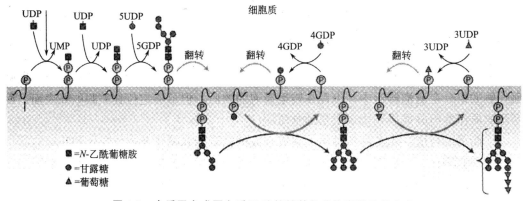

图 4-7 内质网合成蛋白质 N-连接糖基化前体寡糖链的合成

为 N-连接的糖基化。随后的一系列反应将寡糖链上最末端的 4 个糖基切除(图 4-8),进而将 N-连接糖基化修饰后的蛋白质运输到高尔基复合体。

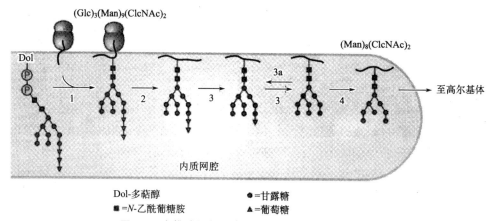

图 4-8 脊椎动物粗面内质网 N-连接的糖基化修饰

内质网腔中同时有多种蛋白质在大量合成,但是内质网腔内的非还原环境为新合成蛋白质的正确折叠增加了难度。不能正确折叠或未折叠蛋白质不仅不能被运往高尔基复合体,反而可能被送输至细胞质基质中,通过依赖泛素的蛋白酶体降解途径被清除掉。实际上,有多种帮助新生肽链快速、正确折叠的蛋白质存在于内质网腔中,即分子伴侣。这些在内质网腔中积累的分子伴侣在 C 端都有一个帮助它们在内质网腔中正确定位的 4 肽信号(KDEL 或 HDEL)。

3. 膜的生长与更新

生物膜不是从头合成的,而是新合成的蛋白质和脂类插入到内质网膜上后,膜组分再从内质网经高尔基体转运到特定的生物膜,参与膜的延伸和更新。值得注意的是,生物膜结构具有不对称性,这种不对称性在蛋白质和脂类插入到内质网时方向就已经决定了,且在膜分化(membrane differentiation)过程中不会发生任何变化。那些位于内质网膜腔面一侧的组分在囊泡转运中,出现在转运囊泡的腔面,但最终定位到质膜的外表面。而内质网膜胞质面的组分最后则位于质膜的胞质面。

4. 储存钙离子

内质网腔有"钙库"之称,这是因为有大量的 Ca^{2+} 存于其中。通常细胞质中的 Ca^{2+} 浓度极低,在细胞接受信号刺激后,Ca^{2+} 在短暂时间内迅速提高,参与信号的传递过程。当刺激信号消失后,细胞内的 Ca^{2+} 浓度也迅速恢复到正常水平。细胞质中游离 Ca^{2+} 水平的调控主要通过细胞膜及内质网膜上的钙泵和钙通道完成。内质网腔中的 Ca^{2+} 与内质蛋白(endoplasmin)和钙网蛋白(calreticulin)等钙亲和蛋白结合。

5. 脂类的合成

除在高尔基体上完成合成的鞘磷脂和糖脂及在线粒体和叶绿体膜上合成一些特殊脂类外,内质网中能合成几乎细胞所需的包括磷脂和胆固醇在内的全部膜脂。由于与磷脂合成有关的酶类是内质网膜上的整合蛋白,并且它们活性位点在细胞质一侧,因此新合成的磷脂首先插入到面向胞质一侧的膜上,随后通过转位酶(flippase)介导的翻转运动而转向内质网腔面。

虽然内质网是合成脂类的主要场所,但不同细胞器膜所含的脂类成分差别却相当明显。这一现象说明在膜分化过程中发生了一系列改变,目前公认的因素有以下三种:①很多细胞器膜上含有脂类修饰的酶,它们可将一种磷脂转变为另一种,如将磷脂酰丝氨酸转变为磷脂酰乙醇胺;②在细胞器间,以出芽方式运输膜脂的过程中有些类型的磷脂可能优先进入出芽的位点,最终导致膜脂在不同细胞器间分布的不平衡;③细胞含有磷脂转换蛋白(phospholipid-transfer protein),它们能在水溶性的环境中在膜之间转移特异磷脂,如将特异磷脂由高尔基复合体转运到线粒体和叶绿体等其他细胞器(图 4-9)。

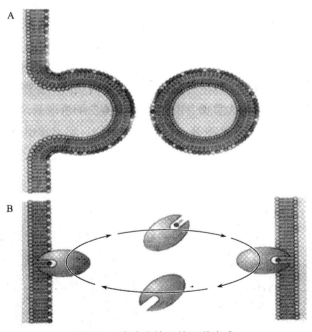

图 4-9　膜磷脂转运的两种方式

6. 内质网的其他功能

光面内质网膜上的细胞色素 P_{450} 家族酶系可以使聚集的脂溶性废物或代谢产物经羟基化

修饰后以水溶性状态排出体外,因而内质网具有解毒功能;在合成固醇类激素的细胞中,光面内质网非常丰富;机体可通过激素的调控将聚集在光面内质网上的糖原降解为葡萄糖-1-磷酸,由于葡萄糖-1-磷酸不能透过细胞膜进入血液,其在细胞质中转化为葡萄糖-6-磷酸后进入内质网中,最终被降解成葡萄糖,因此内质网还参与了糖原分解代谢。

4.3　高尔基体

高尔基体(Golgi body)又称高尔基器(Golgi apparatus)或高尔基复合体(Golgi complex),是由大小不一、形态多变的囊泡体系组成的,是在真核细胞内普遍存在着的一种重要的细胞器。1898 年,意大利医生 Camillo Golgi 用镀银法首次在神经细胞内观察到一种网状结构,命名为内网器(internal reticular apparatus)。后来在很多细胞中相继发现了类似的结构并称之为高尔基体。高尔基体从发现至今已有百余年历史,其中几乎一半时间是进行关于高尔基体形态乃至是否真实存在的争论。20 世纪 50 年代以后随着电子显微镜技术的应用和超薄切片技术的发展,高尔基体的真实存在才得到了确认。

4.3.1　高尔基体的形态结构与极性

1. 高尔基体的形态结构

电子显微镜所观察到的高尔基体特征性结构是由一些排列较为整齐的扁平膜囊(saccules)堆叠而成的(通常 4~8 个),构成了高尔基体的主体结构(图 4-10),扁平膜囊多呈弓形,也有的呈半球形或球形。由平行排列的扁平膜囊、液泡(vacuole)和小泡(vesicle)等膜状结构共同构成了高尔基体。

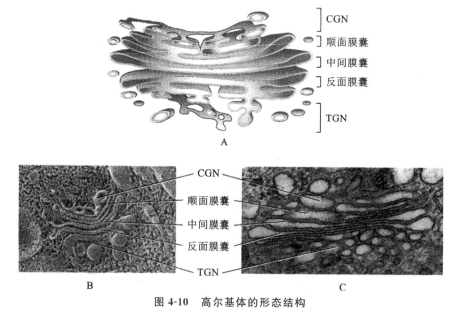

图 4-10　高尔基体的形态结构

A. 来自动物分泌细胞电镜三维结构重建的高尔基体的分区示意图;B. 动物细胞冷冻蚀刻扫描电镜观察到的高尔基体;
C. 小鼠回肠 Paneth 细胞电镜超薄切片观察到的高尔基体

（1）扁平膜囊

扁平膜囊是高尔基体的主体部分。一般由 3～10 层扁平膜囊平行排列在一起组成一个扁平膜囊堆（stack of saccule），每层膜囊之间的距离为 15～30 nm，每个扁平膜囊是由两个平行的单位膜构成，膜厚 6～7 nm。

（2）液泡

液泡大多存在于扁平膜囊扩大之末端，可与之相连。直径 0.1～0.5 μm，泡膜厚 8 nm。液泡内部为电子密度不同的物质，与这些物质的成熟阶段有关，液泡又称浓缩泡（condensing vesicle）。当分泌颗粒排出时，液泡膜与细胞膜融合，将分泌物排出。

（3）小泡

在扁平膜囊的周围有许多小泡，直径 40～80 nm。这些小泡较多地集中在高尔基体的形成面。一般认为它是由附近的糙面内质网出芽形成的运输泡。它们不断地与高尔基体的扁平膜囊融合，使扁平膜囊的膜成分也因此得到了补充。

2. 高尔基体的极性

高尔基体是一种有极性的细胞器，这不仅表现在它在细胞中的位置与方向都是恒定的，而且物质从高尔基体的一侧输入，从另一侧输出，因此每层膜囊也各不相同。

（1）结构上的极性

高尔基体可分为几个不同功能的区室。①靠近细胞核的一侧，扁囊弯曲成凸面又称形成面（forming face）或顺面（cis face）。由于顺面是网状结构，所以又称高尔基体顺面网状结构（cis Golgi network，CGN）。一般认为，CGN 接受来自内质网新合成的物质并将其分类后大部分转入高尔基体中间膜囊，少部分内质网驻留蛋白质与脂质再返回内质网。②中间膜囊（medial Golgi）由扁平膜囊与管道组成，形成不同间隔，但功能上是连续的、完整的膜囊体系。多数糖基修饰与加工、糖脂的形成以及与高尔基体有关的多糖的合成都发生在中间膜囊。扁平膜囊特殊的形态使得糖的合成与修饰的有效表面积在很大程度上得以增加。③面向细胞质膜的一侧常呈凹面（concave）又称成熟面（mature face）或反面（trans face），是高尔基体最外侧的管状和小泡状结构组成的网络，因此，其又称为高尔基体反面网状结构（trans Golgi network，TGN）。它是高尔基体的组成部分，并且是最后的区室。TGN 内 pH 值可能比高尔基体其他部位低。TGN 是高尔基体蛋白质分选的枢纽区，同时也是蛋白质包装形成网格蛋白/AP 包被膜泡的重要发源地之一。此外，某些"晚期"的蛋白质修饰也发生在 TGN，如蛋白质酪氨酸残基的硫酸化及蛋白原的水解加工作用等。

（2）生化极性

根据高尔基体的各部膜囊特有的成分，可用电镜组织化学染色方法对高尔基体的结构组分作进一步的分析，常用的标志细胞化学反应不外乎以下 4 种：①嗜锇反应：经锇酸浸染后，高尔基体的顺面膜囊被特异地染色。②焦磷酸硫胺素酶（TPP 酶）的细胞化学反应：可特异地显示高基体的反面 1～2 层膜囊。③胞嘧啶单核苷酸酶（CMP 酶）和酸性磷酸酶的细胞化学反应：常常可显示靠近反面膜囊状和反面管网结构，CMP 酶也是溶酶体的标志酶。④烟酰胺腺嘌呤二核苷酸酶（NADP 酶）或甘露糖苷酶的细胞化学反应：高尔基体中间几层扁平膜囊的标志反应。高尔基体的生化极性可通过组织化学染色技术反映出来。高尔基体的各种标志反应不仅有助于对高尔基体结构与功能的深入了解，而且能够使得高尔基体的极性被更加准确地鉴别出来。

4.3.2 高尔基体的数量分布与化学组成

1. 高尔基体的数量及分布

（1）数量

生物体中高尔基复合体的数量不等，平均为每细胞 20 个。在低等真核细胞中，高尔基复合体有时只有 1～2 个，有的可达 10000 多个。在分泌功能旺盛的细胞中，高尔基复合体都很多，如胰腺外分泌细胞、唾液腺细胞和上皮细胞等。然而，高尔基体在肌细胞和淋巴细胞中较少见。

（2）分布

高尔基只存在于真核细胞中，在一定类型的细胞中，高尔基复合体的位置一般不会发生变化，如外分泌细胞中高尔基体常位于细胞核上方，其反面朝向细胞质膜；神经细胞的高尔基体有很多膜囊堆分散于细胞核的周围。

2. 高尔基体的化学组成

从蛋白质含量看，高尔基比内质网和质膜都要高。质膜的蛋白质含量为 40%，内质网的蛋白质含量为 20%，而高尔基体的蛋白质含量占 60%。从总磷脂看，高尔基体为 45%，介于内质网（61%）和质膜（40%）之间。有丰富的酶类存在于高尔基的膜上，如糖基转移酶、磺化糖基转移酶、氧化还原酶、磷酸酶、激酶、甘露糖苷酶、磷脂酶等，但在膜上的分布并不均一。高尔基复合体的标志酶是糖基转移酶。

4.3.3 高尔基体的功能

高尔基复合体从顺面到反面各膜囊成分的差异使其功能上类似于一个连续、流水线式的加工场所，新合成的膜蛋白、分泌蛋白和溶酶体蛋白离开内质网后进入高尔基复合体的 CGN，经过中间膜囊后到达 TGN。在该过程中，在粗面内质网合成的蛋白质得到进一步修饰，如蛋白质的糖基化修饰、一些蛋白质的水解修饰及对特定氨基酸的修饰（胶原分子的赖氨酸和脯氨酸残基的羟基化）。

1. 糖基化修饰

1969 年，有学者将 [3]H 标记的葡萄糖注入大鼠血液中，15 min 后发现放射性标记聚集在高尔基体和囊泡中；20 min 后放射性标记出现在分泌颗粒中；4 h 后带有放射性标记的黏液进入肠腔。糖基化发生在蛋白质从内质网向高尔基体及在高尔基体各膜囊间的转运过程中。糖基化使蛋白质进行正确的分类、包装及运输得到了有效保证，同时也有助于蛋白质的正确折叠。

高尔基复合体在蛋白质和脂类的糖基化修饰中具有重要作用，除了能进行 N-连接的糖基化外，几乎所有的 O-L 连接糖基化都发生在高尔基体。N-连接的糖基化有高甘露醇寡糖和复合寡糖两种形式。前者只含有 N-乙酰葡糖胺和甘露糖，而后者除此之外还多了岩藻糖、半乳糖及唾液酸。不管最后形成哪种寡糖，其核心是 2 分子 N-乙酰葡萄糖胺和 3 分子甘露糖，具体加工步骤为：切除最外侧 3 分子甘露糖形成最终 5 个甘露糖残基的高甘露糖寡糖链，高甘露糖寡糖链再切除 2 个甘露糖形成了 2 分子 N-乙酰葡糖胺和 3 分子甘露糖的核心。而复合寡糖的形成过程较为复杂,在仅有 3 分子甘露糖的寡糖核心上再添加 3 分子 N-乙酰葡糖胺、3 分子的半乳糖和唾液酸(图 4-11)。

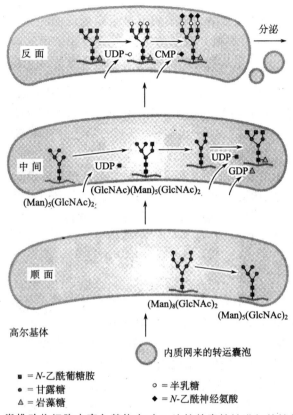

$(Man)_5(GlcNAc)_2$　$(GlcNAc)(Man)_5(GlcNAc)_2$

$(Man)_8(GlcNAc)_2$

$(Man)_5(GlcNAc)_2$

高尔基体

内质网来的转运囊泡

- ■ = N-乙酰葡糖胺
- ● = 甘露糖
- △ = 岩藻糖
- ○ = 半乳糖
- ◆ = N-乙酰神经氨酸

图 4-11　脊椎动物细胞中高尔基体中对 N-连接的寡糖链进行的糖基化修饰

区别于 N-连接的糖基化,OL 连接糖基化是将寡糖链转移到多肽链的丝氨酸、苏氨酸和羟赖氨酸上,形成共价结合。OL 连接糖基化是由不同的糖基转移酶催化的,每次添加一个单糖,最后一个添加的是唾液酸。区别于 N-连接的糖基化修饰位点的是,OL 连接的糖基化修饰位点发生在高尔基体,最后一步进行唾液酸修饰的反应发生在 TGN,完成了糖基化修饰与加工的成熟蛋白质将从高尔基体输出,转运出去(表 4-2)。

表 4-2　N-连接和 O-连接的糖链间的差别

特点	N-连接寡糖	O-连接寡糖
多肽上连接位点	天冬酰胺的氨基	丝氨酸、苏氨酸、羟赖氨酸、羟脯
第一个糖残基	N-乙酰葡萄糖胺	氨酸的羟基
糖链长度	至少 5 个糖残基	N-乙酰半乳糖胺等
合成部位	粗面内质网和高尔基体	常见 1~4 个糖残基
糖基化方式	寡糖前体一次性连接	高尔基体

内质网和高尔基体中所有已知的参与糖基化修饰的酶类均为整合膜蛋白,存在于不同区

间内,并保持局部的反应浓度,在不同间隔进行不同的寡糖链合成与加工,在蛋白质的运输过程中依次完成复杂寡糖链的修饰。直至运输到 TGN 时,蛋白质的糖基化修饰也恰好完成,此时,才允许蛋白质被转运出去。糖基化的反应底物核糖是通过载体蛋白介导的反向协同运输从细胞质基质运到高尔基体腔中的。

2. 蛋白质分选运输

高尔基体的另一个重要功能是将完成修饰和正确折叠的蛋白质及脂类运输出去。分泌蛋白在细胞内合成、运输的过程早已通过相关实验揭示出来。除分泌蛋白外,细胞内的很多蛋白质,诸如细胞质膜上的膜蛋白、溶酶体蛋白及胶原纤维等都是通过高尔基体完成定向转运的。

作为由多层相对独立膜囊组成的结构,高尔基复合体怎样在物质运输的同时又确保自身结构的稳定呢? 20 世纪 80 年代中期以前在高尔基体进行物质转运时普遍接受的观点是顺面成熟模型(图 4-12A)。这一模型主要强调了高尔基复合体在转运物质的同时自身也不断地发生变化,即顺面膜囊向反面膜囊运动的结果。如果膜囊处于不断的运动过程,那么又如何保证高尔基体不同部位膜囊中的特异性酶在高尔基体中的特异性分布呢? 另外,电镜下观察到的膜囊边缘的囊泡又是怎么一回事呢? 1983 年,用高尔基体膜的无细胞体系发现高尔基体膜囊出芽形成的转运小泡能与另一个膜囊融合。所以此后十几年间囊泡运输模型居主导地位(图 4-12B)。这一模型强调由于高尔基体与细胞骨架联系紧密,其上有多种细胞骨架结合蛋白,故高尔基体各层膜囊在细胞内的位置不会发生任何变化,物质运输依赖于囊泡从顺面管网结构向反面管网结构的穿梭。有趣的是,内质网产生的一些转运物运输至高尔基体后就驻留在高尔基体而不会出现在高尔基体相关的转运小泡中。例如,前胶原分子从顺面管网结构运输至反面管网结构的过程中不会离开膜囊腔。研究发现高尔基体转运小泡的运动具有双向性,不仅可从顺面管网结构向反面管网结构运动,从反面管网结构向顺面管网结构运动也是没有任何问题的,这就解释了为什么不同的高尔基体膜囊具有各自独特的特征。基于以上观点,人们认为不管是顺面成熟模型还是囊泡运输模型,二者并不会有任何冲突,"结合"模型应运而生(图 4-12C)。

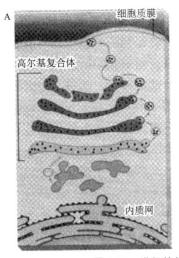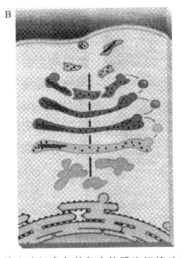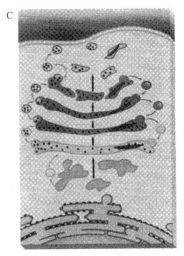

图 4-12　进行的体外实验经高尔基复合体膜泡运输动态转运的三种模型

A. 囊泡运输模型;B. 顺面成熟模型;C. 结合模型

3. 蛋白酶的水解加工

有些分泌蛋白在内质网合成时是分子质量较大的无活性蛋白原,这些蛋白质被运往高尔基体后经过水解作用,才能成为成熟的分泌蛋白,如胰岛素、胰高血糖素等。而有些蛋白质前体通过高尔基体的水解作用产生了同种有活性的多肽,如神经肽等。此外,一种蛋白质前体分子可能带有多个不同的信号序列,这时通过蛋白质水解作用就能产生几种不同的多肽。

通过蛋白酶的水解产生的这些有功能的蛋白质对细胞来说可能生物学意义非常重要。首先,蛋白质以前体形式存在阻碍其活性的发挥,可防止蛋白质对合成部位造成伤害。其次,一些仅由几个氨基酸构成的小分子多肽很难在核糖体上合成,即便能合成,指导它们包装及分泌的信号将以何种形式存在又是一个问题,而这些小肽以一个蛋白质前体的形式合成、加工和成熟,看起来是个合理的解决方法。

4.4　溶酶体与过氧化物酶体

4.4.1　溶酶体的基本特征及生物发生

溶酶体(lysosome)是由单层膜构成的异质性细胞器,有大约 50 种水解酶存在其中,能水解多种生物大分子,因而溶酶体又被称为动物细胞的消化"器官"。溶酶体酶属于酸性水解酶,其内部的酸性环境是由溶酶体膜上的 H^+ 质子泵(V 型质子泵)造成的。酸性磷酸酶是溶酶体的标志性酶。溶酶体膜上有多种载体蛋白,将大分子水解产物转运到细胞质中。溶酶体膜蛋白均为酸性、高度糖基化的蛋白质,能保护溶酶体膜免受水解酶的攻击。同时,溶酶体膜含有较多的胆固醇,对膜稳定性的维持非常有利。植物细胞中的液泡也含有多种水解酶类,具有类似动物细胞溶酶体的功能。

1. 溶酶体的基本特征

不同细胞类型所含溶酶体的形态、数量差异较大。例如,溶酶体的直径从 25 nm 至 1 μm 不等。根据溶酶体发生发展不同阶段的特征,还可以进一步划分为初级溶酶体(primary lysosome)、次级溶酶体(secondary lysosome)和残余小体(residual body)。

初级溶酶体呈球形,直径 0.2～0.5 μm,内容物均一,多为水解酶,明显的颗粒物质不包括在内。膜的厚度为 7.5 nm。初级溶酶体中的酶尚无活性,它是高尔基体反面膜囊形成的只含有溶酶体酶的分泌囊泡。

次级溶酶体是初级溶酶体与细胞内将要被消化的物质融合后形成的复合体,含有多种生物大分子、颗粒性物质、某些细胞器及细菌等,其形态不规则均是由这些因素造成的,直径可达几微米(图 4-13)。如果消化物质来自细胞外(外源性)则形成异噬溶酶体(phagolysosome)。实际上,异噬溶酶体是初级溶酶体与内吞泡融合形成的。如果要消化的物质来自细胞内(内源性)则形成自噬溶酶体(autophagolysosome),负责清除细胞内衰老的细胞器。

次级溶酶体将消化后的小分子物质通过膜上的载体蛋白转运至细胞质后,残留的不能为细胞利用的物质残渣形成了残余小体。此时,残余小体可将其内含物通过胞吐作用排出细胞外。

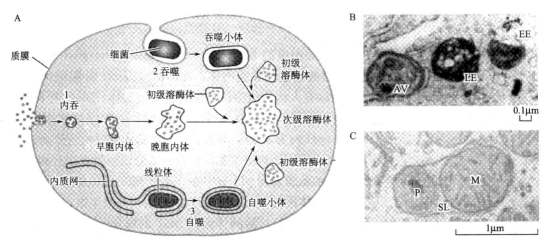

图 4-13 细胞内将物质运输至溶酶体的过程

A. 将物质运输至溶酶体的三种方式;B. 电镜照片显示培养的哺乳动物细胞摄取金颗粒包被的卵清蛋白的过程:EE 代表早
胞内体;LE 代表晚胞内体;AV 代表自噬小体;C 大鼠肝细胞电镜照片,显示包含线粒体和过氧化物酶体的次级溶酶体;
SL 代表次级溶酶体;M 代表线粒体;P 代表过氧化物酶体

2. 溶酶体的生物发生

溶酶体的生物发生是一个非常复杂的过程,一种典型的溶酶体发生途径称为依赖 6-磷酸甘露糖(mannose-6-phosphate,M6P)修饰的溶酶体酶的分选。人类的 I 细胞病(inclusion cell disease)患者由于缺少 N-乙酰葡萄糖胺磷酸转移酶,导致溶酶体蛋白不能形成 M6P 标记,被错误分选并分泌到细胞外,从而使溶酶体中欠缺多种酶,溶酶体内充满了未被降解的物质,提示 M6P 对溶酶体的发生起着重要的作用。

溶酶体蛋白在内质网上合成并进行 N-连接的糖基化修饰后与其他蛋白质一起以出芽的方式被转运到高尔基复合体。有一个信号斑存在于溶酶体蛋白上,能特异结合磷酸转移酶(图 4-14)。因此,一旦囊泡到达高尔基复合体的 CGN,可溶性的溶酶体蛋白首先被 M 乙酰葡萄糖胺磷酸转移酶识别并将单糖二核苷酸 UDP-N-乙酰葡糖胺(GlcNAc)上的磷酸化的 N-乙酰葡糖胺(G1cNAc-P)转移到 α-1,6 甘露糖残基上,随后再将第二个 GlcNAc-P 加到 α-1,3 甘露糖残基上。当溶酶体酶转运至高尔基复合体的中间膜囊时磷酸葡糖苷酶切除末端的 GlcNAc,最终形成溶酶体酶的 M6P 标志。

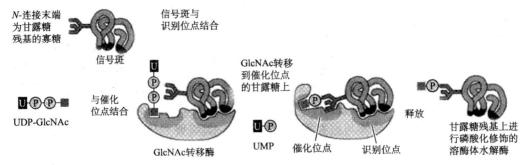

图 4-14 溶酶体酶蛋白信号斑的作用

具有 M6P 的溶酶体酶可被 TGN 处相应的 M6P 受体(mannose 6-phosphate receptor, MPR)识别,并通过出芽的方式将囊泡运输至晚胞内体,此即前溶酶体。前溶酶体的特征是膜上有质子泵,腔内 pH 约 6,所以有人认为前溶酶体即为初级溶酶体。M6P 与 MPR 的结合会受到 pH 的调控,在 pH 为 6.5~7 的环境中二者相结合,而在 pH 为 6.0 的酸性环境中分离。由于晚期胞内是酸性环境(pH 约为 5.5),导致受体与溶酶体蛋白相互分离。分离后的受体有两条去路:一部分返回反面管网结构重复利用;另一部分返回到质膜上捕获随分泌蛋白被运输到细胞外的溶酶体酶。细胞膜表面 pH 呈中性,此时 M6P 受体与 M6P 蛋白紧密结合,膜的内化将分泌到胞外的溶酶体酶捕捉运回溶酶体。最后,溶酶体蛋白 M6P 的去磷酸化使其成为有活性的溶酶体酶(图 4-15)。溶酶体蛋白 M6P 的修饰具有以下重要意义:①为溶酶体蛋白提供识别信号;②使溶酶体蛋白以无活性的酶原形式存在,避免在运输过程对细胞造成伤害。

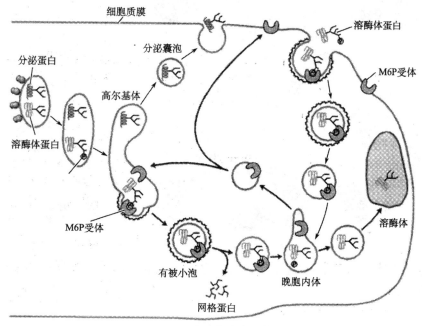

图 4-15 溶酶体的发生过程

虽然对溶酶体蛋白的 M6P 分选机制目前了解的非常清楚,但这并不是溶酶体发生的唯一通路。研究发现 I 细胞病患者的肝细胞中尽管缺失 N-K,酰葡萄糖胺磷酸转移酶,但仍有溶酶体酶被运输至溶酶体,表明还存在另一条不依赖 M6P 的溶酶体发生途径,但其机制尚不清楚。

4.4.2 溶酶体的功能

溶酶体是细胞内消化的主要场所,可消化多种内源性和外源性物质,此外还参与机体的某些生理活动和发育过程。

1. 对细胞内物质的消化

(1)自噬作用

溶酶体消化细胞自身衰亡或损伤的各种细胞器的过程称自噬作用(autophagy)。细胞内衰老或损伤的细胞器,首先被来自滑面内质网或高尔基复合体的膜所包围,这样的话就形成了自噬体,并与初级溶酶体的膜融合,形成吞噬性溶酶体并完成消化作用(图 4-16)。

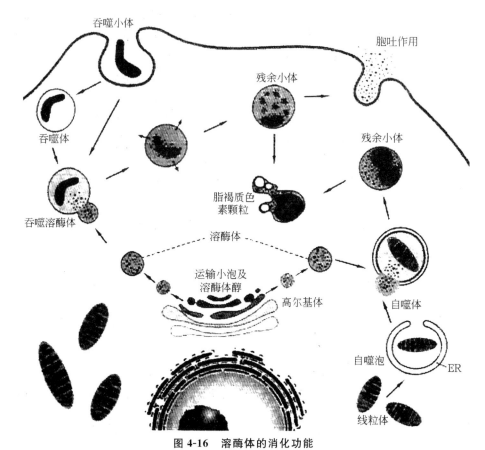

图 4-16　溶酶体的消化功能

溶酶体对细胞内衰老破损的细胞器进行消化分解,可供细胞再利用,对细胞结构的更新具有十分积极的意义。

(2)异噬作用

溶酶体对细胞外源性异物的消化过程称为异噬作用(heterophagy)。这些异物包括作为营养成分的大分子颗粒,以及细菌、病毒等。异物经吞噬作用进入细胞,形成吞噬体(phago-some);或经胞饮作用形成吞饮泡(pinosome)。吞噬体或吞饮泡进入细胞后,其膜与初级溶酶体膜相融合,成为次级溶酶体,异物在次级溶酶体中被水解酶消化分解成小分子,透过溶酶体膜扩散到细胞基质中供细胞利用,不能被消化的成分仍然留在吞噬性溶酶体内形成残余小体,多数的残余小体经出胞作用排出细胞外,但是某些细胞如神经细胞、肝细胞、心肌细胞等的残余小体不被释放,仍蓄积在细胞质中形成脂褐质(图 4-16)。

2. 对细胞外物质的消化

某些情况下溶酶体可通过胞吐方式,将溶酶体酶释放到细胞之外,将细胞外物质消化掉,该现象在受精过程和骨质更新过程中较为常见。例如,溶酶体能协助精子与卵细胞受精,精子头部的顶体(acrosome)本质上来看就是一种特化的溶酶体,顶体内含有透明质酸。酶、酸性磷酸酶及蛋白水解酶等多种水解酶类。当精子与卵细胞的外被接触后,顶体膜与精子的质膜融合并形成孔道,此时顶体内的水解酶可通过孔道释放出来,消化分解掉卵细胞的外被滤泡细胞,并协助精子穿过卵细胞各层膜的屏障而顺畅进入卵内实现受精。在骨骼发育过程中,破坏骨质的破骨细胞与造骨的成骨细胞共同担负骨组织的连续改建过程,其中破骨细胞的溶酶体释放出来的酶参与陈旧骨基质的吸收、消除,是骨质更新的一个重要步骤。

3. 溶酶体的自溶作用与器官发育

在一定条件下,溶酶体膜破裂,水解酶溢出致使细胞本身被消化分解,这一过程称为细胞的自溶作用(autocytolysis)。如两栖类蛙的变态发育过程中,蝌蚪尾部逐渐退化消失,这是尾部细胞自溶作用的结果,在尾部开始退化时,尾部细胞内溶酶体显著增加,溶酶体中的组织蛋白酶能消化尾部退化的细胞,直到尾部消失。

在非正常生理条件下,例如在死亡细胞内溶酶体膜破裂得十分迅速。高等动物死亡后消化道黏膜在短时间内就会腐败,也正是由于溶酶体膜破裂的结果。在多细胞动物机体正常生命过程中,一些细胞死亡后,其内的溶酶体膜破裂,对于死亡细胞的清除是有意义的。当细胞突然缺氧或受某种毒素作用时,溶酶体膜可以在细胞内破裂,其中大量的水解酶释放到细胞质中,消化了细胞自身,同时向细胞外扩散,造成组织损伤或坏死。

4. 溶酶体与激素分泌的调节

在分泌激素的腺细胞中,当细胞内激素过多时,溶酶体与细胞内部分分泌颗粒融合,将其消化降解使细胞内过多激素得以消除,参与分泌过程的调节,把溶酶体分解胞内剩余的分泌颗粒的作用称为粒溶作用(granulolysis)或分泌自噬。如母鼠在哺乳期,乳腺细胞机能旺盛,细胞中分泌颗粒丰富,一旦停止授乳,这种细胞内多余的分泌颗粒,即与初级溶酶体融合而被分解,重新利用。此外,某些激素如甲状腺激素也是在溶酶体的参与下完成的,在甲状腺滤泡上皮细胞内合成的甲状腺球蛋白,分泌到滤泡腔内被碘化后,又重新吸收到滤泡上皮细胞内(通过上皮细胞吞作用)形成大胶滴,大胶滴与溶酶体融合,由蛋白水解酶将甲状腺球蛋白分解,形成大量的甲状腺激素四碘甲状腺原氨酸(T_4)和少量三碘甲状腺原氨酸(T_3),甲状腺素由细胞转入血液中。

4.4.3 溶酶体与疾病

近年来对溶酶体功能的研究已远远超出了细胞学的范围,医学遗传学、临床医学中的许多问题都与溶酶体有关。溶酶体异常导致的疾病非常多,如硅沉着病、先天性溶酶体病和类风湿关节炎。

1. 溶酶体与硅沉着病

人体的硅沉着病(silicosis),又称矽肺,是一种与溶酶体膜受损导致溶酶体酶释放的常见职业病。当空气中的硅尘颗粒(二氧化硅,SiO_2)被人体的肺吸入进去之后,硅尘颗粒被肺内巨噬细胞吞噬形成吞噬小体。吞噬小体再与内体性溶酶体融合形成吞噬性溶酶体。带有负电荷的硅粉末在吞噬性溶酶体内形成硅酸分子,硅酸的羧基与溶酶体膜上的受体分子形成氢键,使膜变构而破裂,以至大量水解酶和硅酸流入细胞质内,引起巨噬细胞死亡。由死亡细胞释放的硅粉末再被正常细胞吞噬,将重复同样过程(图 4-17)。如此巨噬细胞的不断吞噬、死亡,最后诱导成纤维细胞的增生,并分泌大量胶原物质,出现胶原纤维结节,造成了肺组织纤维化,结果导致肺组织的弹性得以降低,损伤了肺的功能而形成矽肺。

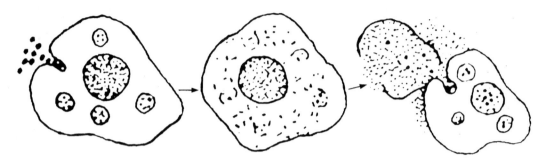

图 4-17　硅沉着病的产生

硅沉着病患者常出现吐血症状,这是由于血小板内的溶酶体在二氧化硅的作用下,膜发生了破裂,释放出来的酸性水解酶溶解了气管的微血管壁,最终导致血液的外流。克矽平类药物能治疗硅沉着病,治疗机制是该药物中的聚 α-乙烯吡啶氧化物能与硅酸分子结合,代替了硅酸分子与溶酶体膜的结合,从而保护了溶酶体膜不发生破裂。

此外,石棉纤维以及某些细菌(如肺结核菌),也不能被溶酶体酶所破坏。常年接触石棉纤维的人员,会有纤维结节存在于肺中,称为石棉沉着病(asbestosis)。此病在很多方面与硅沉着病相似。

2. 先天性溶酶体病

现已发现 40 多种先天性溶酶体病(inborn lysosomal disease)是由于溶酶体中缺乏某些酶而引起的。由于溶酶体缺乏某些酶,相应的作用底物不能被分解而积累于溶酶体内,从而造成代谢障碍而导致疾病的发生,又称储积病(storage disease)。例如 II 型糖原储积病(glycogen storage disease type II)是由于患者的常染色体隐性基因的缺陷,导致 α-葡萄糖苷酶无法被合成,致使糖原无法被分解而沉积于肝和肌细胞的溶酶体内,使溶酶体肿胀,细胞变性。此病多见于婴儿,症状为肌无力,进行性心力衰竭等。患这种病的婴儿一般在 2 岁内死亡。泰-萨病(Tay-Sachs disease),又称黑蒙性先天愚型,病人脑组织细胞的溶酶体中储存了大量的神经节苷脂(ganglioside)M_2,即 GM_2 比正常的超过 100~300 倍,并形成同心圆状膜。此病多发现于儿童,病孩在生后 6~8 个月出现精神呆滞的临床症状,一般在 2~6 岁内死亡。该病的病因是,患者细胞内先天性缺乏一种氨基己糖苷酯酶 A,不能将神经节苷脂 M_2 上糖链末端的 N-乙酰半乳糖切下,而使糖脂不能降解。因而储积于神经细胞内引发先天性痴呆。

对于因溶酶体缺乏某些酶而引起的溶酶体储积病,有人设想将溶酶体所缺失的酶包裹在人工脂质体内,由细胞的吞噬作用将脂质体吞入细胞内,当脂质体与溶酶体并合后,脂质体被水解,内含的酶便进入溶酶体内,但此法目前还不是特别成熟,还有很多需要解决的问题。

3. 溶酶体与类风湿性关节炎

对于类风湿性关节炎(rheumatoid arthritis)的发病原因目前仍不十分清楚,但由该病所引起的关节软骨细胞的侵蚀,被认为是由于细胞内的溶酶体膜脆性增加,溶酶体酶局部释放所致。释放的原因可能是由于类风湿因子被巨噬细胞或中性粒细胞吞入后,刺激溶酶体酶外逸。有胶原酶存在于被释放出来的酶中,它能侵蚀软骨细胞,导致关节局部损伤和炎症反应。肾上腺皮质激素(cortisone)类药物具有稳定溶酶体膜的作用,所以临床上用来治疗类风湿性关节炎。

4. 溶酶体与肿瘤

一些研究表明,溶酶体与肿瘤的发生有关。有人应用电镜放射自显影技术,观察到致癌物质进入细胞之后,先储存于溶酶体中,然后再与染色体整合。也有人提出,作用于溶酶体膜的物质有时也能诱发细胞发生异常分裂,导致肿瘤发生。致癌物质引起的染色体异常和细胞分裂调节机制障碍等癌变现象,可能与细胞受到损伤后溶酶体释放出的水解酶脱不了干系。上述研究提示溶酶体与肿瘤发生有关,但是否有直接的关系,还有待进一步研究。

在肿瘤的治疗上,人们对溶酶体的重视程度越来越高。为了使抗肿瘤药物选择性地作用于肿瘤细胞,可以根据肿瘤细胞的胞吞作用比正常细胞强的特点,制定新的治疗方案。即将抗肿瘤药物与载体分子结合,使之通过入胞作用进入肿瘤细胞。在溶酶体中载体分子被水解酶分解,抗肿瘤药便可直接在肿瘤细胞内发挥作用,提高抗肿瘤药物的特异性,减少不良反应。

4.4.4　过氧化物酶体

1954 年,在电子显微镜下检查肾小管时发现一种膜结合的颗粒,直径为 $0.5 \sim 1.0$ μm。由于还不清楚这种颗粒的功能,将它称为微体(microbody)。微体有过氧化物酶体和乙醛酸循环体(glyoxysomes)两种主要类型,后者只在植物中发现。由于微体在形态大小及降解生物大分子等功能上类似于溶酶体,再加上微体也是一种异质性的细胞器,其确切的生理功能尚不清楚,因此人们在很长时间里把它看作是某种特殊溶酶体,直至 20 世纪 70 年代才逐渐被确认,微体是一种与溶酶体完全不同的细胞器。

1. 过氧化物酶体的形态结构

过氧化物酶体(peroxisome)又称微体(microbody),是由单层膜围绕的内含一种或几种氧化酶类的细胞器(图 4-18)。在真核生物的各类细胞中均会发现过氧化酶体的踪迹,尤其在肝细胞和肾细胞中数量特别多。过氧化物酶体的标志酶是过氧化氢酶,它的作用主要是将过氧化氢水解,从而对细胞起保护作用。

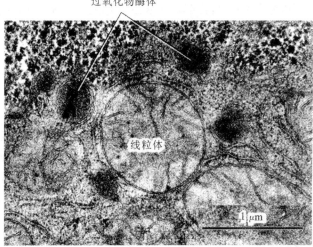

图 4-18　鼠肝细胞超薄切片所显示的过氧化物酶体和其他细胞器如线粒体等

（1）过氧化物酶体的酶类

过氧化物酶体含有丰富的酶类，目前已知的有 40 余种，主要是氧化酶、过氧化氢酶和过氧化物酶。过氧化氢酶是其标志酶。

（2）过氧化物酶体与溶酶体的区别

过氧化物酶体和初级溶酶体的形态与大小都比较接近，但过氧化物酶体中的尿酸氧化酶等常形成晶格状结构，因此可作为电镜下识别的主要特征。此外，这两种细胞器在成分、功能及发生方式等方面差别非常明显，详见表 4-3 所示。

表 4-3　过氧化物酶体与初级溶酶体的特征比较

特征	过氧化物酶体	初级溶酶体
形态及大小	球形，哺乳动物细胞中直径 0.15～0.25 μm，有酶的晶体	多呈球形，直径 0.2～0.5 μm，无酶的晶体
酶种类	氧化酶类	酸性水解酶
pH	7.0 左右	5.0 左右
是否需要 O_2	需要	不需要
功能	多种功能	细胞内的消化作用
发生	酶在细胞质基质中合成，经组装与分裂形成	酶在糙面内质网合成，经高尔基体出芽形成
标志酶	过氧化氢酶	酸性水解酶等

2. 过氧化物酶体的功能

过氧化物酶体是一种异质性细胞器，不同生物的细胞中，甚至单细胞生物的不同个体中所含酶的种类及其行使的功能都有所不同。如在含糖培养液中生长的酵母细胞内过氧化物酶体的体积很小，但当它生长在含甲醇的培养液中时，过氧化物酶体体积增大、数量增多，可占细胞质体积的 80% 以上，并能将甲醇氧化，当酵母生长在含脂肪酸培养基中，则过氧化物酶体非常发达，并可把脂肪酸分解成乙酰辅酶 A 供细胞利用。对动物细胞过氧化物酶体的功能还有很多都是未知的，已知在肝细胞或肾细胞中，它可氧化分解血液中的有毒成分，起到解毒作用，例如饮酒后几乎半数的酒精是在过氧化物酶体中被氧化成乙醛的。

（1）对氧浓度的调节作用

过氧化物酶体与线粒体对氧的敏感性存在一定的差异，线粒体氧化所需的最佳氧浓度为 2% 左右，增加氧浓度，线粒体的氧化能力并不会有任何提高。过氧化物酶体的氧化率是随氧张力增强而成正比的提高。因此，在低浓度氧的条件下，线粒体利用氧的能力比过氧化物酶体强，但在高浓度氧的情况下，过氧化物酶体的氧化反应占主导地位，这种特性使过氧化物酶体可使细胞免受高浓度氧的毒性作用。

（2）使毒性物质失活

过氧化物酶体是真核细胞直接利用分子氧的细胞器，其中常含有两种酶：①依赖于黄素腺嘌呤二核苷酸（FAD）的氧化酶，其作用是将底物氧化形成 H_2O_2；②过氧化氢酶，其含量常占过氧化物酶体蛋白质总量的 40%，它的作用是将 H_2O_2 分解，形成水和氧气。由这两种酶催化的反应，相互偶联，从而使细胞免受 H_2O_2 的毒害。

（3）脂肪酸的氧化

过氧化物酶体可降解生物大分子，最终产生 H_2O_2，其中多数反应也可在其他细胞器中进行，但并不产生 H_2O_2。因此有的学者提出，过氧化物酶体另一种功能是分解脂肪酸等高能分子向细胞直接提供热能，而不必通过水解 ATP 的途径获得能量。在植物细胞中过氧化物酶体起着重要的作用。①在绿色植物叶肉细胞中，它催化 CO_2 固定反应副产物的氧化，即所谓光呼吸作用；②在种子萌发过程中，过氧化物酶体降解储存在种子中的脂肪酸产生乙酰辅酶A，并进一步形成琥珀酸，后者离开过氧化物酶体进一步转变成葡萄糖。因上述转化过程伴随着一系列称为乙醛酸循环的反应，因此又将这种过氧化物酶体称为乙醛酸循环体（glyoxysome）。在动物细胞中不存在乙醛酸循环反应，因此动物细胞不能将脂肪中的脂肪酸转化成糖。

（4）含氮物质的代谢

在大多数动物细胞中，尿酸氧化酶对于尿酸的氧化是不可缺少的。尿酸是核苷酸和某些蛋白质降解代谢的产物，尿酸氧化酶可将这种代谢废物进一步氧化去除。另外，过氧化物酶体还参与其他的氮代谢，如转氨酶（aminotransferase）催化氨基的转移。

3. 过氧化物酶体的发生

早期阶段，人们认为过氧化物酶体的发生类似于溶酶体，但现有的证据表明，过氧化物酶体的发生过程与线粒体或叶绿体类似，但在过氧化物酶体中不含 DNA，组成过氧化物酶体的膜蛋白和可溶性的基质蛋白均由细胞核基因编码，主要在细胞质基质中合成，然后分选转运到过氧化物酶体中。现在已知，过氧化物酶体的发生有两种途径：细胞内已有的成熟过氧化物酶体经分裂增殖而产生子代细胞器和在细胞内重新发生。过氧化物酶体重新发生包括三个阶段的装配过程（图 4-19）：①过氧化物酶体的装配起始于内质网，即由内质网出芽衍生出前体膜泡，然后过氧化物酶体的膜蛋白掺入，形成过氧化物酶体雏形（peroxisomal ghost），其中Pex19 蛋白作为过氧化物酶体膜蛋白靶向序列的胞质受体而发挥作用，另两种蛋白质 Pex3 和Pex16 辅助过氧化物酶体膜蛋白正确插入新形成的前体膜泡，待所有过氧化物酶体膜蛋白都插入后，过氧化物酶体雏形即可得以形成，为基质蛋白输入提供基础；②具有 PTS1 和 PTS2分选信号的基质蛋白，它们分别以 Pex5 和 Pex7 为胞质受体，各自靶向序列与相应受体结合再与膜受体（Pex14）结合，在膜蛋白复合物（Pex10、Pex12 和 Pex2）的介导下完成基质蛋白输入产生成熟的过氧化物酶体；③成熟的过氧化物酶体经分裂产生子代过氧化物酶体，分裂过程跟 Pex11 蛋白密切相关。

根据酵母突变体分析，现已发现有 20 多种基因对过氧化物酶体的生物发生是不可缺少的，用研究两种特异蛋白相互作用的双杂交技术证明，过氧化物酶体膜上存在几种可与信号序列相识别的受体蛋白，但实际上还有许多细节还有待进一步考究的。

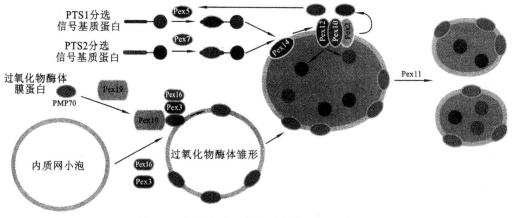

图 4-19　过氧化物酶体的生物发生与分裂过程

第5章　线粒体与叶绿体

5.1　线粒体与氧化磷酸化

1890 年,德国生物学家 Altman 首次在光学显微镜下观察到有一种颗粒状结构存在于动物细胞中,取名为生命小体(bioblast)。1897 年,Benda 将之命名为线粒体(mitochondrion)。在植物细胞中,Meves 于 1904 年首次发现了线粒体,使线粒体是普遍存在于真核细胞内的重要细胞器这点得到了确认。

5.1.1　线粒体的形态结构

在动、植物细胞中,线粒体是一种高度动态的细胞器,包括由于运动导致位置和分布的变化、形态变化以及融合和分裂介导的体积与数目的变化等。

1. 线粒体的形态和分布

①大小。线粒体的形状多种多样,线状比较常见,也有粒状或短线状,直径为 0.3~1.0 μm,长度为 1.5~3.0 μm。但在许多动、植物细胞或特定细胞周期中,线粒体的大小和形态可能随着细胞生命活动的变化而呈现很大的变化。

②数量。在不同类型的细胞中线粒体的数目相差很大,但在同一类型的细胞中数目相对稳定。有些细胞中只有一个线粒体,有些则有几十、几百甚至几千个线粒体。在同一种高等动植物体内,细胞内线粒体数目会因与细胞类型不同而有一定的差异,说明细胞内线粒体的数目随着细胞分化而变化。

③存在方式。线粒体在细胞中并非都是单个存在的,有时可形成由几个线粒体构成网络结构,有些线粒体具有分支,可以相互交错在一起。

④分布。在多数细胞中,线粒体均匀分布在整个细胞质中,但在某些细胞中,线粒体的分布是不均一的。在需要 ATP 的部位(如肌细胞和精细胞)线粒体比较多;或在有较多氧化反应底物的区域(如脂肪滴)线粒体比较集中,因为脂肪滴中有许多要被氧化的脂肪。

2. 线粒体的超微结构

在电镜下对线粒体进行观察的话,会发现其是由内外两层单位膜构成封闭的囊状结构,由外膜、内膜、膜间隙及基质组成。线粒体的外膜平展,起界膜作用;而内膜则向内折叠延伸形成嵴(cristae)。在不同的真核生物中,线粒体嵴的形态也呈现丰富的变化。比如,动物细胞中常见的"袋状嵴"是由内膜规则性折叠而成,而植物细胞线粒体的"管状嵴"则是内膜不规则内陷形成的弯曲小管(图 5-1)等。存在于外膜和内膜之间的空间被称为膜间隙。通常情况下,膜间隙的宽度不会发生任何变化。线粒体内膜包裹的空间称之为基质(图 5-1C)。

①外膜(outer membrane)。线粒体最外一层封闭的单位膜结构,厚约 6 nm。外膜含有孔

蛋白(porin)，直径为 2～3 nm，可根据细胞的状态实现可逆性地开闭。因此，外膜的通透性非常高，使得膜间隙中的环境跟胞质溶胶相差不多，ATP、NAD、辅酶 A 等相对分子质量小于 1000 的物质均可自由通过外膜。还有一些特殊的酶类存在于外膜上，如参与肾上腺素氧化、色氨酸降解、脂肪酸链延长的酶等，表明外膜不仅参与膜磷脂的合成，还可对将在线粒体基质中彻底氧化的物质进行先行初步分解。外膜的标志酶是单胺氧化酶(monoamine oxidase)。

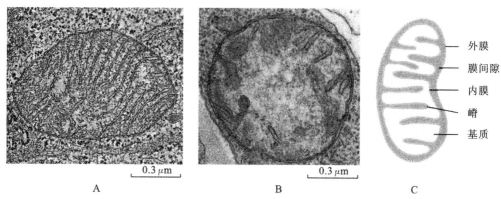

图 5-1 人淋巴细胞线粒体、拟南芥幼叶线粒体的超微结构及线粒体超微结构的模式图

A. 人淋巴细胞线粒体；B. 拟南芥幼叶线粒体；C. 线粒体超微结构

②内膜(inner membrane)。是一层单位膜，位于外膜的内侧，能够把膜间隙与基质分开，厚 6～8 nm。内膜缺乏胆固醇，富含心磷脂(cardiolipin)，约占磷脂含量的 20%。这种组成决定了内膜的不透性(impermeability)，从而限制了所有分子和离子的自由通过，是质子电化学梯度的建立及 ATP 合成所必需的，所有分子和离子的运输都跟膜上的特异转运蛋白密切相关。一部分内膜向线粒体腔内突出皱褶形成线粒体嵴(crista)，使内膜的表面积在很大程度上得以增大。线粒体内膜是氧化磷酸化的关键场所。早期的研究发现内膜嵴的上存在许多规则排列的颗粒，称为线粒体基粒(elementary particle)。基粒由头部、柄部及基部组成。实验证明，这些颗粒即为 ATP 合酶(ATP synthase)。内膜的标志酶是细胞色素氧化酶。

③膜间隙(intermembrane space)。线粒体内、外膜之间的腔隙，宽 6～8 nm，内含可溶性酶、底物和辅助因子。其功能为催化 ATP 分子末端磷酸基团转移到 AMP，生成 ADP。膜间隙的标志酶是腺苷酸激酶。

④基质(matrix)。内膜包围的空隙，位于线粒体嵴之间，含有可溶性蛋白质的胶状物质，具有特定的 pH 值和渗透压。在基质中有如三羧酸循环、脂肪酸氧化、氨基酸降解等相关酶类的催化线粒体重要生化反应。此外，基质中还含有 DNA、RNA、核糖体以及转录、翻译所必需的重要分子。基质的标志酶是苹果酸脱氢酶。

5.1.2 线粒体的化学组成与酶的定位

1. 线粒体的化学组成

完整线粒体中水是主要成分，化学成分主要是蛋白质和脂类。

（1）蛋白质

蛋白质是线粒体的主要组分，其含量占线粒体干重的 65%～70%，以内膜中含量较多，可占线粒体蛋白总量的 66%。各种线粒体的不同组成部分的蛋白质含量差异非常明显。如大鼠肝细胞线粒体,内膜的蛋白质占线粒体蛋白质含量的 21%;外膜和膜间腔含量各为 6%,基质含量为 67%。

线粒体的蛋白质分可溶性和不溶性两类。基质中的酶和外周膜蛋白是线粒体中的主要可溶蛋白质;膜的镶嵌蛋白、结构蛋白和酶蛋白是线粒体中的不可溶性蛋白质。用电泳方法分析线粒体外膜和内膜的蛋白质,可辨别出外膜上含有 14 种蛋白质,内膜上含有 21 种蛋白质。

(2)脂类

脂类含量占线粒体干重的 25%～30%。大多数以磷脂为主要成分,占脂类总量的 3/4 以上,其中以磷脂酰胆碱(卵磷脂)和磷脂酰乙醇胺(脑磷脂)占多数,还有一定数量的心磷脂,但胆固醇的含量却较低。含有较丰富的心磷脂和较少的胆固醇,这是线粒体在组成成分上与细胞其他膜结构的显著区别。

外膜的磷脂总量约为内膜的 3 倍,外膜是胆固醇主要存在的位置。不仅内、外膜所含磷脂总量不同,而且磷脂的成分也不一样,心磷脂是内膜的主要组成成分,但外膜却很少。磷脂酰肌醇是外膜的重要组成成分。外膜中所含的中性胆固醇是内膜的 6 倍。线粒体的磷脂和胆固醇含量高导致了线粒体外膜致密度低。内、外膜上脂类的差异,体现了化学组成和结构功能的密切相关。总之,脂类的组成成分说明,外膜较内膜跟细胞的其他膜结构更加地接近。还有实验证明,在电子传递系统的运转中,磷脂起重要的作用,辅酶 Q 和其他氧化还原分子与其相邻载体的相互作用也要依靠脂类分子。

2. 线粒体中酶的定位

线粒体中已被确认的酶有百种以上,分布在各个结构组分中。图 5-2 列出一些主要酶在线粒体各组成部分中的分布。可以见到:外膜中含有合成线粒体脂类的酶类,单胺氧化酶是外膜的标志酶;内膜中含有执行呼吸链氧化反应的酶系和 ATP 合成酶系,内膜的标志酶是细胞色素 C 氧化酶;基质中有高浓度的多种酶混合物,如参与三羧酸循环反应、丙酮酸与脂肪酸氧化的酶系,蛋白质与核酸合成酶类,其中苹果酸脱氢酶为基质的标志酶;在膜间腔内,只含有如腺苷酸激酶、核苷酸激酶,腺苷酸激酶为膜间腔的标志酶等少数几种酶。

5.1.3　线粒体的功能

线粒体是物质进行氧化代谢的部位,是糖、脂肪和氨基酸最终氧化放能的场所。其主要功能是进行三羧酸循环及氧化磷酸化合成 ATP,为细胞生命活动提供直接能量。

1. 线粒体与氧化代谢

细胞的主要能量来源是葡萄糖和脂肪酸。细胞通过对葡萄糖的代谢来获取能量。葡萄糖进入细胞后先在细胞质中通过糖酵解作用生成丙酮酸,如果有氧存在,丙酮酸进入线粒体基质通过三羧酸循环(tricarboxylic acid cycle,简称 TCA)、电子传递和氧化磷酸化,最后生成 ATP 和水,这是生物体获得能量的主要途径。

在上述氧化过程中产生携带高能量电子的载体是 NADH 和 $FADH_2$,这些高能量电子被转运到内膜,然后将电子交给内膜上的电子传递链,同时再生的 NAD^+ 和 FAD 继续进入氧化代谢途径。由以上过程可以看出,线粒体是氧化代谢的主要场所。

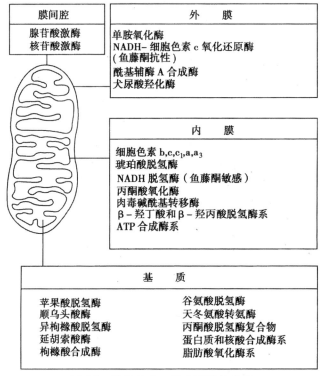

图 5-2　线粒体中一些主要酶的分布

2. 电化学梯度的建立

在电子沿呼吸链传递的过程中,复合物Ⅰ、Ⅲ、Ⅳ都能利用电子传递所释放的自由能将线粒体基质中的 H^+ 转移到膜间间隙,可以把线粒体内膜中的呼吸链看作是质子泵。由于质子跨膜的转移而形成了膜两侧的质子浓度差即 pH 梯度($\triangle pH$)及电位差即膜电位($\triangle \phi$)。这样,在膜间隙侧有较低的 pH 和大量的正电荷,而在基质侧存在较高的 pH 和大量的负电荷。因此,形成了膜两侧的电化学梯度(electrochemical gradient)。这种电化学梯度能够形成质子动力势(proton-motive force,$\triangle p$),只要条件合适即可用于 ATP 的合成,转变成化学能储存起来。

膜间间隙对质子梯度的维持,跟内膜的高度不通透性密切相关。否则,由于质子的扩散使得质子回流到线粒体基质,从而流失自由能。

3. 电子传递链与电子传递

在线粒体内膜上存在传递电子的一组酶复合体,由一系列能可逆地接受和释放电子或 H^+ 的化学物质组成,它们在内膜上相互关联有序地排列成传递链,称为电子传递链(electron-transport chain)或呼吸链(respiratory chain),是典型的多酶体系。目前普遍认为有两条典型的呼吸链(图 5-3)存在于细胞中。电子通过呼吸链的流动,称为电子传递。

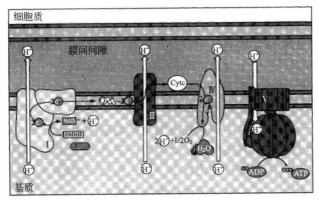

(a) FADH$_2$电子传递链

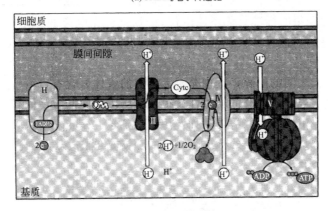

(b) FADH$_2$电子传递链

图 5-3　线粒体内膜两条呼吸链的组成与排列

（1）电子载体

在电子传递过程中，与释放的电子结合并将电子传递下去的物质称为电子载体（electron carrier）。参与电子传递的电子载体有黄素蛋白、泛醌、细胞色素、铁硫蛋白、铜原子，它们具有氧化还原作用。除了泛醌外，接受和提供电子的氧化还原中心都是与蛋白相连的辅基。

①黄素蛋白（flavoprotein）。是由一条多肽结合 1 个辅基组成的酶类，结合的辅基是黄素腺嘌呤单核苷酸（FMN）或黄素腺嘌呤二核苷酸（FAD），它们是核黄素（维生素 B$_2$）的衍生物，每个辅基能够接受和提供 2 个质子和 2 个电子。

②泛醌（ubiquinone，UQ）或称辅酶 Q（coenzyme Q，CoQ）。是一种脂溶性的醌类化合物，含有一条长的异戊二烯组成的侧链。在双电子供体和单电子受体之间的接合处起作用，能够在脂双层中自由移动，接受或提供 1 个或 2 个电子，在携带电子的同时还携带质子，在电子流动和质子运动之间进行偶联的过程中起非常重要作用。

③细胞色素（cytochrome）。是一类含有亚铁血红素辅基，对可见光具有特征性吸收的有色蛋白质。血红素辅基由卟啉环结合一个位于环中央的铁原子构成。血红素也是靠铁的 Fe^{3+} 和 Fe^{2+} 两种状态的变换传递单个电子。根据对可见光吸收光谱的不同，电子传递链中至少有 5 种类型的细胞色素：a、a$_3$、b、c 和 c$_1$，它们之间的差异在于血红素基团中取代基和蛋白质氨基酸序列的不同。

④铁硫蛋白(iron-sulfur protein)。是一类含非血红素铁的蛋白质。在铁硫蛋白分子的中央结合的是铁和硫,通常含有 2 个或 4 个铁原子与相同数目的硫原子和半胱氨酸侧链相连,构成铁硫中心。在蛋白质的中央含有 2 个铁原子和 2 个硫原子的称为[2Fe-2S];在蛋白质的中央含有 4 个铁原子和 4 个硫原子的称为[4Fe-4S]。尽管在铁硫蛋白中有多个铁原子存在,但整个复合物是靠 Fe^{3+} 和 Fe^{2+} 两种状态的变换传递电子,一次能接受和传递电子也就只有一个而已。

⑤铜原子(copper atom)。位于线粒体内膜的单个蛋白质分子内。通过 Cu^{2+} 和 Cu^+ 两种状态的变换,实现单个电子的传递。

(2)电子传递链

由于不同的还原剂具有不同的电子传递电位,而氧化与还原又是偶联的,如 NAD^+ 和 IN-ADH。故有一个电位差存在于二者之间,即氧化还原电位(oxidation-reduction potential,red-ox potential)。根据测得的标准氧化还原电位,按氧化还原电位的大小可排列出电子载体在呼吸链中的位置(图 5-4),这说明呼吸链中的电子载体有着一定的排列顺序和方向。氧化还原电位值越低,提供电子的能力越强,越易成为还原剂而处在传递链的前面。每一个载体都是从呼吸链前一个载体获得电子被还原,随后将电子传递给相邻的下一个载体被氧化。这样,电子就从一个载体传向下一个载体,电子沿着呼吸链传递的同时能量的释放也在所难免。呼吸链的最终受体是氧,氧接受电子后与 H^+ 结合生成水。

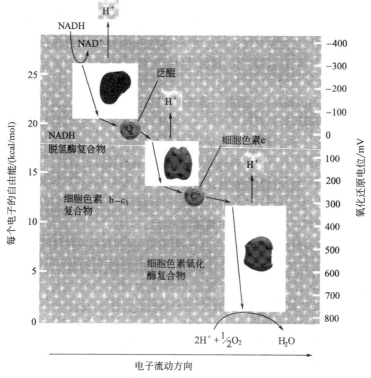

图 5-4 线粒体电子传递链中氧化还原势的变化

（3）呼吸酶复合物

除了辅酶 Q 和细胞色素 c 外，电子传递链中的各组分在线粒体内膜上是与其他的蛋白质组成复合物的。当用比较温和的离子去垢剂如脱氧胆酸盐（deoxycholate）处理线粒体内膜时，可分离出 4 种自然状态的膜复合物，分别被命名为复合物 I、II、III 和 IV。这 4 种复合物是不同的、不对称的跨膜蛋白复合物。细胞色素 c 和辅酶 Q 不与蛋白质形成复合物，它们在内膜中独立存在着：辅酶 Q 溶于膜的脂双层，而细胞色素 c 是膜外周蛋白。因此，辅酶 Q 和细胞色素 c 能够活动自如，在膜内或沿着膜在非移动的复合物之间传递电子。电子一旦进入复合物中，就按既定的途径传递。

组成呼吸链的 4 种复合物都是由几种不同的蛋白质组成的多蛋白复合物，能够参与氧化还原作用，共含有 60 多种不同的蛋白质。

①复合物 I。又称 NADH 脱氢酶复合物（NADH dehydrogenase complex）或 NADH-CoQ 还原酶复合物，是由 40 多条多肽链组成的最大酶复合物。其中有 1 个黄素蛋白（FMN）和至少 7 个铁硫中心。其功能是催化一对电子从 NADH 传递给 CoQ。每传递一对电子，伴随 4 个质子从基质转移到膜间间隙。

②复合物 II。又称琥珀酸脱氢酶复合物（succinate dehydrogenase complex）或琥珀酸-CoQ 复合物，其功能是催化从琥珀酸来的 1 对低能电子经 FAD 和 Fe-S 传给 CoQ。该传递过程中不会有氢的传递。

③复合物 III。又称细胞色素 $b-c_1$ 复合物（cytochrome $b-c_1$ complex），或 CoQ-细胞色素 c 还原酶复合物，或细胞色素还原酶复合物，含有至少 11 条不同的多肽链且以二聚体的形式起作用。含 1 个细胞色素 b（带有 2 个不同的血红素基团）、1 个细胞色素 c_1 和 1 个铁硫蛋白，其中细胞色素 b 由线粒体基因编码。其功能是催化一对电子从 CoQ 向细胞色素 c 传递，同时传递 4 个质子从基质到膜间间隙。

④复合物 IV。又称细胞色素氧化酶复合物（cytochrome oxidase complex）或细胞色素 c 氧化酶，由 13 条不同的多肽链组成，含有 4 个氧化还原中心：细胞色素 a 和 a_3 及 2 个铜原子，以二聚体的形式起作用。其功能是催化电子从细胞色素 c 传递给氧，生成水。每传递一对电子，要从线粒体基质中摄取 4 个质子，其中 2 个质子用于水的形成，另 2 个质子被跨膜转运到间隙。

4. 氧化磷酸化

在 ADP 上加上第三个高能磷酸键形成 ATP 的过程称为磷酸化（phosphorylation），包括两种方式：①底物水平的磷酸化，由相关的酶直接将底物分子上的磷酸基团转移到 ADP 上，生成 ATP；②氧化磷酸化（oxidative phosphorylation），指由于呼吸与电子传递导致的 ADP 磷酸化形成 ATP 的酶促过程。氧化磷酸化是 ATP 生成的主要途径，是需氧细胞生命活动的主要能量来源（图 5-5）。

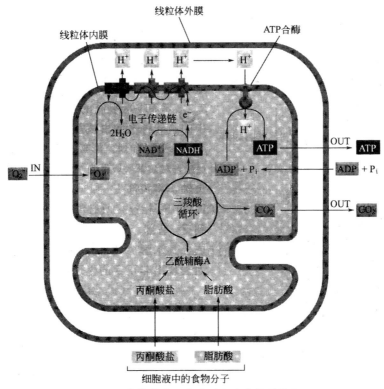

图 5-5　线粒体电子传递过程中能量的转换

(1)呼吸链有 3 个氧化磷酸化耦联位点

早在 20 世纪 30 年代,电子传递与 ATP 合成耦联的假设由 Belitzer 首次提出。他在体外测定肌组织制备物合成 ATP 与氧消耗比值时发现,呼吸链酶传递 1 对电子至少可合成 2 个 ATP。后来有人发现 P/O 比值(形成 ATP 数与每个还原氧的比值)接近 3,也就是说可合成 3 分子 ATP。根据对呼吸链中不同复合物间氧化还原电位的研究,发现复合物Ⅰ、Ⅲ、Ⅳ每传递一对电子,释放的自由能都足够合成 1 分子 ATP,因此将复合物Ⅰ、Ⅲ、Ⅳ看成是呼吸链中电子传递与氧化磷酸化耦联的 3 个位点。

相关实验证实了上述 ATP 合成的数量和耦联位点。如将分离的线粒体内膜小泡与抗霉素(antimycin)一起温育,由于抗霉素阻止电子通过细胞色素 b-c_1(复合物Ⅲ),NADH 释放的电子只能传递到辅酶 Q,其结果,每传递 1 对电子只有 1 分子的 ATP 被合成。因此可以推断复合物Ⅰ是 ATP 合成的耦联位点。用同样的方法证明复合物Ⅲ和复合物Ⅳ也是 ATP 合成与电子传递耦联的位点。

(2)ATP 合成酶的结构与组成

在 20 世纪 70 年代初,Moran 用负染技术检查分离的线粒体时发现:线粒体内膜的基质一侧的表面附着一层球形颗粒,球形颗粒与内膜的相连是通过柄实现的。

几年后,Racker 分离到内膜上的颗粒,称为耦联因子Ⅰ(coupling factor I),简称 F_1。Racker 发现这种颗粒跟水解 ATP 的酶非常相似,即 ATPase。这可以说是一个特别的发现,为什么线粒体内膜需要如此多水解 ATP 的酶?如果将 ATP 的水解看成是 ATP 合成的相反过程,F_1 球形颗粒的功能就非常明显了:它含有 ATP 合成的功能位点,即 ATPase 既能催化 ATP 的水解,又能催化 ATP 的合成,到底行使何种功能,是由反应条件决定的。现在将这种既具有合成作用又具有水解作用的酶称为合成酶(synthase)。

ATP 合成酶,又被称为 F_0F_1-ATP 合成酶,是一个由多亚基组装成的膜定位蛋白复合体,分子量约 500 kDa。ATP 合成酶包括球形的 F_1 头部(直径约为 10 nm)和嵌于内膜的 F_0 基部(图 5-6)这两基本部分。F_1 头部和 F_0 基部都由多个亚基组成。

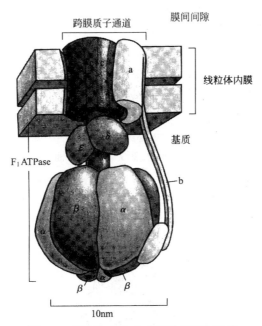

图 5-6　线粒体 ATP 合成酶的结构与组成

F_1 头部(F_1 head section):线粒体 ATP 合成酶的 F_1 头部是水溶性蛋白,由 5 种多肽(α、β、γ、δ 和 ε)组成的九聚体($\alpha_3\beta_3\gamma\delta\varepsilon$),$F_1$ 头部中的这 5 种多肽由核基因编码。3 个 α 亚基和 3 个 β 亚基交替排列,形成一个"橘瓣"状棒棒糖结构(图 5-6)。F_1 头部的 γ 亚基构成一个穿过 F_1 的中央轴,将头部 F_1 和 F_0 基部连接起来。δ 亚基是 F_1 和 F_0 相连接所必需的,ε 亚基协助 γ 亚基附着到 F_0 基部。F_1 头部的正常功能是催化 ATP 合成,其水解 ATP 的功能是在缺乏质子梯度情况下而表现出非正常的生理功能。

F_0 基部(F_0 membrane section):是由镶嵌在线粒体内膜的疏水性蛋白质组成的,由 a、b、c 3 种亚基按照 $ab_2c_{10\text{-}14}$ 的比例组成的一个跨膜质子通道。其中多拷贝的 c 亚基在膜中形成一个环状结构,与 F_1 头部的 γ 亚基所构成的中央轴一起形成"转子"(rotor)。a 亚基和 b 亚基位于 c 亚基形成环的外侧,与 F_1 头部的棒棒糖结构共同组成"定子"(stator)。

F_1 头部和 F_0 基部的连接是通过"转子"和"定子"实现的,在合成或水解 ATP 的过程中,"转子"在通过 F_0 的 H^+ 流驱动下,在 $\alpha_3\beta_3$ 棒棒糖结构的中央旋转,依次与 3 个 β 亚基作用,调节 β 亚基催化位点的构象变化;"定子"在一侧将 $\alpha_3\beta_3$ 棒棒糖结构与 F_0 连接起来,并保持固定的位置。F_0 的作用之一,就是将跨膜质子驱动力转化成扭力矩(torsio),从而使"转子"旋转起来。

（3）ATP 合成酶与化学渗透假说

关于 ATP 合成酶的作用机制，先后提出过几种假说，如化学耦联假说（chemical coupling hypothesis）和构象耦联假说（conformational coupling hypothesis），这些假说仍未得到大家的公认，这是因为缺少相关证据。

英国生物化学家 Mitchell 于 1961 年提出的化学渗透假说（chemical osmotic hypothesis）解释了氧化磷酸化的耦联机理。该学说认为：在电子传递过程中，伴随着质子从线粒体内膜的里层向外层转移，形成的跨膜质子梯度驱动了 ATP 的合成。该假说获得了多数科学家的支持和认可，并于 1978 年获得了诺贝尔化学奖。

ATP 合成酶合成 ATP 的分子机制的研究一直是研究热点。被多数人接受的 ATP 合成酶合成 ATP 的机制是美国人 Boyer 在 1979 年提出的结合改变模型（binding change model）。该模型认为：ATP 合成酶上的 3 个 β 亚基的氨基酸序列相同，但它们的构象却存在一定的差异。即在任一时刻，3 个 β 催化亚基以 3 种不同的构象存在，从而使它们对核苷酸具有不同的亲和性（图 5-7）；ATP 通过旋转催化（rotational catalysis）而合成，在此过程中，通过 F_0 "通道" 的质子流引起 c 亚基环和附着于其上的 γ 亚基纵轴（中央轴）在 $\alpha_3\beta_3$ 的中央进行旋转。由于外侧有 "定子"（外周柄）的固定作用，相对于膜表面是不会移动的。旋转在 360° 范围内分三步进行，大约每旋转 120°，γ 亚基就会与一个不同的 β 亚基相接触，正是这种接触使 β 亚基转变成 β-空缺构象。γ 亚基的一次完整旋转（360°）必然使每一个 β 亚基都经历 3 种不同的构象改变，最终导致合成 3 个 ATP 分子以及从酶表面的释放。

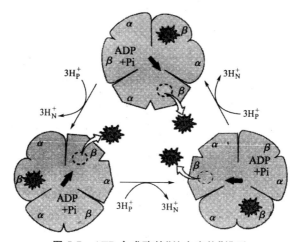

图 5-7　ATP 合成酶的 "结合变构" 模型

5.2　叶绿体与光合作用

地球上的绿色植物通过光合作用将太阳能转化为生物能源的产量高达 2200 亿吨/年，相当于全球每年能耗的 10 倍。可见，叶绿体及其光合作用为地球上包括人类在内的大多数生物提供了必需的能源。叶片是高等植物进行光合作用的主要器官，叶绿体（chloroplast）是绿色植物细胞进行光合作用的主要细胞器，含有光合磷酸化酶系、CO_2 固定和还原酶系等，叶绿体能利用光能同化二氧化碳和水,合成储藏能量的有机物,在该过程中会产生分子氧。

5.2.1　叶绿体的形态结构

在植物细胞中,叶绿体也是一种动态的细胞器。这种动态表现为光调控下的分布和位置变化、形态变化以及叶绿体分裂导致的数目变化等。

1. 叶绿体的形态和分布

①形态大小。高等植物中的叶绿体为球形、椭圆形或卵圆形,为双凹面,有些叶绿体呈棒状,中央区较细小而两端膨大,直径为 $5\sim10~\mu m$,短径为 $2\sim4~\mu m$,厚为 $2\sim3~\mu m$。对于特定的细胞类型来说,叶绿体的大小相对稳定,但遗传和环境也会对其造成一定的影响。

②数量。不同植物中叶绿体的数目相对稳定,大多数高等植物的叶肉细胞含有几十到几百个叶绿体,可占细胞质体积的 40%。

③分布。叶绿体在细胞质中的分布有时是很均匀的,但在核附近聚集的情况也比较常见,或者靠近细胞壁。叶绿体在细胞内的分布和排列因光能量的不同而有所变化。叶绿体可随植物细胞的胞质环流而改变位置和形状。

2. 叶绿体的超微结构

叶绿体的超微结构可分为 3 个部分:叶绿体被膜(chloroplast envelope)或称叶绿体膜(chloroplast membrane)、类囊体(thylakoid)及基质(stroma)(图 5-8)。这 3 部分结构组成一个三维的产能"车间",为光合作用提供了必需的结构支持。

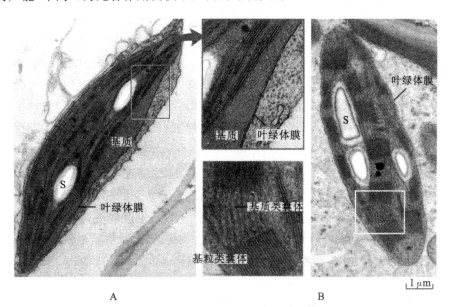

图 5-8　电子显微镜下观察到叶绿体

不同植物或同一植物不同绿色组织中叶绿体的超微结构略有差别。如拟南芥幼叶中的叶绿体 A 边缘较为扁平,基粒类囊体层数较少;而水稻幼芒中的叶绿体 B 边缘相对浑圆,基粒类囊体层数较多等。此外,基粒类囊体的层数还与植物的受光情况相关。

S 为淀粉粒

(1)叶绿体膜

与线粒体相同,叶绿体也是一种由双层单位膜包被的细胞器。其外膜和内膜的厚度为每层 $5\sim10$ nm。叶绿体内、外膜之间的腔隙称为膜间隙(intermembrane space),为 $10\sim20$ nm。叶绿体的内膜并不向内折成嵴,但在某些植物中,内膜可皱折形成相互连接的泡状管状结构,称为周质网(peripheral reticulum)。这种结构的形成可使内膜的表面积得以扩大。与线粒体膜一样,叶绿体的外膜通透性大,含有孔蛋白,允许相对分子质量高达 100000 的分子通过;而内膜则通透性较低,就导致了细胞质与叶绿体基质间的通透性不是特别高。

(2)类囊体

叶绿体内部由内膜衍生而来的封闭的扁平膜囊,称为类囊体。类囊体囊内的空间称为类囊体腔(thylakoid lumen)。在叶绿体中,许多圆饼状的类囊体有序叠置成垛,称为基粒(grana)。组成基粒的类囊体称为基粒类囊体(granum-thylakoid)。类囊体垛叠成基粒是高等植物叶绿体特有的结构特征。这种垛叠大大增加了类囊体片层的总面积,有利于更多地捕获光能,使光反应效率得以提高。而贯穿于两个或两个以上基粒之间,不形成垛叠的片层结构称为基质片层(stroma lamella)或基质类囊体(stroma thylakoid)(图 5-8)。基粒类囊体的直径为 $0.25\sim0.8~\mu m$,厚约 $0.01~\mu m$。一个叶绿体通常含有 $40\sim60$ 个甚至更多的基粒。每个基粒由 $5\sim30$ 层基粒类囊体组成。基粒类囊体的层数在不同植物或同一植物的不同绿色组织间可出现较大变化。在光照等因素的调节下,基粒类囊体与基质类囊体之间可发生动态的相互转换。类囊体膜的主要成分是蛋白质和脂质,脂质中的脂肪酸主要是不饱和脂肪酸,其流动性比较高。类囊体膜的内在蛋白主要有细胞色素 b_6/f 复合体、质体醌(PQ)、质体蓝素(PC)、铁氧化还原蛋白、光系统 I 和光系统 II 复合物等,是进行光反应的场所。有大量的光合色素存在于类囊体膜中,主要起吸收光能、传递光能的作用,在光合作用中心将光能转化成活跃的化学能,形成 ATP 和 NADPH,同时分解水,释放分子氧。

(3)基质

叶绿体内膜与类囊体之间的区室,称为叶绿体基质(stroma)。基质的主要成分是可溶性蛋白质和其他代谢活跃物质,其中丰度最高的蛋白质为核酮糖-1,5-二磷酸羧化酶/加氧酶(ribulose-1,5-biphosphate carboxylase/oxygenase,简称 Rubisco)。Rubisco 约占类囊体可溶性蛋白质的 80% 和叶片可溶性蛋白质的 50%。在叶绿体的基质中,植物利用光反应形成的 ATP 和 NADPH 还原 CO_2,合成糖类,因此,基质是植物进行暗反应的场所。此外,还有 DNA、RNA 和蛋白质合成体系等存在于叶绿体基质中。

5.2.2　光合作用

叶绿体的主要功能是光合作用。绿色植物、藻类和蓝细菌通过光合作用将水和 CO_2 转变为有机化合物并放出氧气。高等植物的光合作用由光能的吸收、电子传递和光合磷酸化及碳同化三个步骤构成。光能的吸收主要由原初反应完成;电能转变为活跃的化学能由光合电子传递和光合磷酸化完成;而活跃的化学能转变为稳定的化学能,则由碳同化过程完成。上述三个步骤相互配合,最终有效地将光能转换为化学能。光合作用中光能的吸收、电子传递和光合磷酸化属光反应,主要在叶绿体的类囊体膜上进行,是叶绿素等色素吸收光能,将光能转化为化学能,形成 ATP 和 NADPH 的过程;碳同化属于暗反应,在叶绿体基质中进行,是不需要光的过程,主要利用光反应产生的 ATP 和 NADPH 作为能源和动力,使 CO_2 固定并转变为糖类等有机物。同时 ADP、Pi 和 $NADP^+$ 等得以释放出来。

1. 光吸收

捕获光能是光合作用的第一步,是指从光合色素分子被光激发,到引起第一个光化学反应的过程。它包括色素分子对光能的吸收、传递与转换,即光能被天线色素分子吸收并传递至反应中心,在反应中心发生最初的光化学反应,使电荷分离从而将光能转换为电能的过程。光吸收通常也称原初反应(primary reaction)。原初反应速度非常快,即使在低温下也能够顺利进行,同时光能利用率高。300 个左右的色素分子围绕一对反应中心色素组成一个光合单位。光合单位包括聚光色素系统和光合反应中心两部分,它们结合于类囊体膜上,是完成光化学反应的最小结构功能单位。光的吸收和光能的传递是通过光系统完成的,整个过程如图 5-9所示。

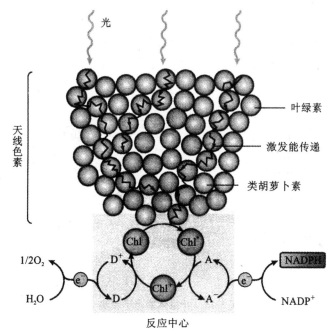

图 5-9　光合作用原初反应的能量吸收、传递与转换图解

光化学反应实质上是由光引起的反应中心色素分子与原初电子承受体和次级供体之间的氧化还原反应。天线色素分子将光能吸收和传递到反应中心后,使反应中心色素分子(P)激发而成为激发态(P^*),同时释放电子给原初电子受体(A)。这时反应中心色素分子(P)被氧化而带正电荷(P^+),原初电子受体(A)被还原而带负电荷(A^-)。这样,在反应中心就会有电荷分离的情况发生,原初的 P^+ 又可从原初电子供体(D)那里夺取电子,于是反应中心色素恢复原来状态(P),而原初电子供体却被氧化(D^+)。这样通过氧化还原反应,完成光能转变为电能的过程。

2. 电子传递和光合磷酸化

反应中心的色素分子受光激发发生电荷分离,将光能转换为电能,接着进行的是电子在电子传递体之间传递和光合磷酸化,将电能转化为活跃的化学能,形成 ATP 和 NADPH。

(1)电子传递

光合作用中光吸收的功能单位称为光系统(photosystem),每一个光系统由捕光复合物(light-harvesting complex,LHC)和反应中心复合物(reaction-center complex)组成,连接两个光系统之间的电子传递是由几种排列紧密的电子传递体完成,称为光合电子传递链(photosynthetic electron transfer chain),光合链中的电子载体包括细胞色素、黄素蛋白、醌和铁氧化还原蛋白,它们位于叶绿体类囊体膜上,分别装配成光系统 I(photosystem I,PS I)、光系统 Ⅱ(photosystem Ⅱ,PS Ⅱ)和细胞色素 b_6/f 复合物。PS Ⅱ 的颗粒较大,直径约 17.5 nm,在类囊体的垛叠部分分布的比较多,由反应中心复合物和 PS Ⅱ 捕光复合物组成,负责利用吸收的光能在类囊体两侧建立质子梯度。PS I 的颗粒较小,直径约 11 nm,主要分布在类囊体膜的非垛叠部分,由反应中心复合物和 PS I 捕光复合物组成,其主要作用是利用吸收的光能或传递来激发能在类囊体膜的基质侧还原 $NADP^+$,形成 NADPH。将 PS Ⅱ 和 PS I 的连接是由细胞色素 b_6/f 复合物负责完成的。图 5-10 显示叶绿体中两个光系统及电子传递途径,由光驱动的电子,经 PS Ⅱ、细胞色素 b_6/f 复合物和 PS I 最后传递给 $NADP^+$,电子传递经过两个光系统,在电子传递过程中建立质子梯度。

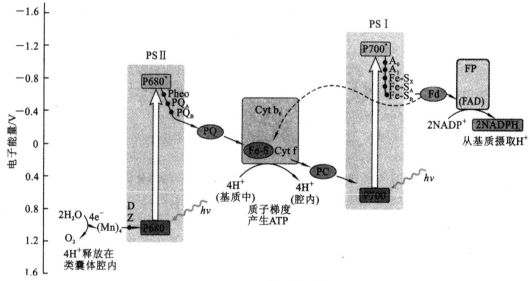

图 5-10　叶绿体的电子传递

(2)光合磷酸化

由光照所引起的电子传递与磷酸化作用偶联而生成 ATP 的过程,称为光合磷酸化(photophosphorylation)。光合磷酸化由光能形成 ATP,用于 CO_2 同化而将能量储存在有机物中。类囊体膜进行的光合电子传递与光合磷酸化需要 4 个跨膜复合物参加,即 PS Ⅱ、细胞色素 b_6/f 复合物、PS I 和叶绿体 ATP 合成酶(CF_0-CF_1 ATP synthase)。光合磷酸化按照电子传递方式可以分为非循环式和循环式两种。①非循环式光合磷酸化(non-cyclic photophosphorylation):光驱动的电子经两个光系统和细胞色素 b_6/f 复合物最后传递给 $NADP^+$,并在电子传递过程中建立质子梯度,驱使 ADP 磷酸化产生 ATP。在线性电子传递中,电子传递是一个单向的电子流动,非循环式电子传递和光合磷酸化的最终产物有 ATP、NADPH 和 O_2。②循环式光合磷酸化(cyclic photophosphorylation)光驱动的电子从 PS I 开始,在循环式电子传递中,电子从 PS I 传递给铁氧化还原蛋白后不是进一步传递给 $NADP^+$,而是传递给细胞色素 b_6/f 复合物,再经由质体蓝素(PC)而流回到 PS I。在此过程中,电子循环流动释放能量,细胞色素 b_6/f 复合物转移质子,建立质子梯度并与磷酸化相偶联,产生 ATP。这种电子传递形成一个闭合的回路,由 PS I 单独完成,故称为循环式光合磷酸化。此过程中,只有 ATP 的合成,而 NADPH 的生成和 O_2 的释放是不会发生的。光合磷酸化的机制同线粒体进行的氧化磷酸化相似,同样可用化学渗透学说来说明。在类囊体膜中光和电子传递链的各组分按一定的顺序排列,呈不对称分布。在电子传递过程中,细胞色素 b_6/f 复合物起质子泵作用,将 H^+ 从叶绿体基质泵到类囊体腔中,结果使腔内的 H^+ 浓度增加,在类囊体膜两侧建立质子电化学梯度,形成质子驱动力。通过旋转催化使叶绿体 ATP 合成酶中的 3 个 β 催化亚基按顺序参与 ATP 的合成,释放的 ADP 和 Pi 结合。由于叶绿体 ATP 合成酶 F_0 亚基位于类囊体膜中,F_1 亚基位于类囊体膜的基质侧,所以,新合成的 ATP 立即被释放到基质中。同样 PS I 所形成的 NADPH 也在基质中,便于在叶绿体基质中进行的碳同化利用。

(3)光合碳同化

二氧化碳同化(CO_2 assimilation)是光合作用过程中的固碳反应。从能量转换的层面来看,碳同化的本质是将光反应产物 ATP 和 NADPH 中的活跃化学能转换为糖分子中高稳定性化学能的过程。高等植物的碳同化有卡尔文循环、C_4 途径和景天酸代谢(CAM)这三条途径。其中卡尔文循环是碳同化的基本途径,具备合成糖类等产物的能力。其他两条途径只能起到固定、浓缩和转运 CO_2 的作用,不能单独形成糖类等产物。这里我们只简单介绍卡尔文循环。

卡尔文循环(Calvin cycle)以甘油酸-3-磷酸(三碳化合物)为最初产物固定 CO_2,故也称作 C_3 途径。20 世纪 50 年代卡尔文(Calvin)等应用 $^{14}CO_2$ 示踪方法揭示了该著名的碳同化过程。由于 Calvin 在光合碳同化途径上做出的重大贡献,1961 年被授予诺贝尔化学奖。C_3 途径是所有植物进行光合碳同化所共有的基本途径,包括 3 个主要的阶段,羧化(CO_2 固定)、还原和 RuBP 再生(图 5-11)。

①羧化阶段。CO_2 被 NADPH 还原固定的第一步是被羧化生成羧酸。此时,核酮糖-1,5-二磷酸(ribulose-1,5-biphosphate,RuBP)作为 CO_2 的受体。在 RuBP 羧化酶/加氧酶(RuBP carboxylase/oxygenase,Rubisco)的催化下,1 分子 RuBP 与 1 分子 CO_2 反应形成 1 分子不稳定六碳化合物,且能够在短时间内分解为 2 分子甘油酸-3-磷酸。此过程称为 CO_2 羧化阶段(CO_2 carboxylation phase)。

②还原阶段。甘油酸-3-磷酸首先在甘油酸-3-磷酸激酶的催化下被 ATP 磷酸化形成甘油酸-1,3-二磷酸,然后在甘油醛-3-磷酸脱氢酶的催化下被 NADPH 还原成甘油醛-3-磷酸。这是一个耗能过程,光反应中合成的 ATP 和 NADPH 主要是在这一阶段被利用。还原反应是光反应和固碳反应的连接点,一旦 CO_2 被还原成甘油醛-3-磷酸,光合作用便完成了储能过程。甘油醛-3-磷酸等在叶绿体内可进一步转化合成淀粉,也可透出叶绿体在胞质中合成蔗糖。

③RuBP 的再生。利用已形成的甘油醛-3-磷酸经一系列的相互转变最终生成核酮糖-5-磷酸,然后在核酮糖磷酸激酶的作用下,发生磷酸化作用生成 RuBP,在该过程中会再消耗一个 ATP。

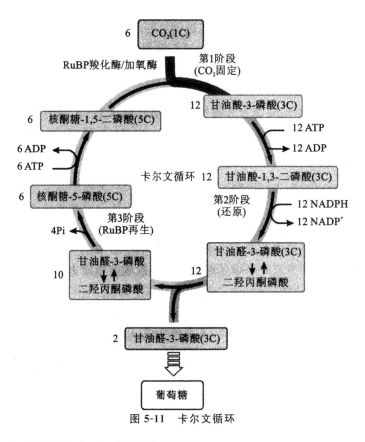

图 5-11　卡尔文循环

5.2.3　叶绿体的半自主性细胞器

(1)叶绿体 DNA

叶绿体 DNA(cpDNA)或称质体 DNA(ptDNA),呈闭合环状,分子大小依物种的不同而呈现较大差异,在 $200\sim2500$ kb 之间。在发育中的幼嫩叶片中,叶绿体含较多拷贝的 cpDNA(最多时接近 100 个),而当叶成熟后,每个叶绿体中的 cpDNA 数量呈明显下调,维持在 10 个左右。cpDNA 均以半保留方式进行复制。[3]H-嘧啶核苷标记实验证明,cpDNA 主要在 G_1 期复制,且受细胞核基因的控制,复制所需的 DNA 聚合酶、解旋酶等均由核基因组编码。

(2)叶绿体的蛋白质合成

参加叶绿体组成的蛋白质来源有 3 种情况:①由叶绿体 DNA 编码,在叶绿体核糖体上合成;②由核 DNA 编码,在细胞质核糖体上合成;③由核 DNA 编码,在叶绿体核糖体上合成。组成叶绿体的蛋白质至少 70% 由核基因组编码。

5.3　线粒体和叶绿体的蛋白质合成与定位

5.3.1　线粒体的蛋白质合成与定位

1. 线粒体的遗传

线粒体是半自主性的细胞器,除了有自己的遗传物质——线粒体 DNA 之外,还有蛋白质合成系统(核糖体、mRNA、rRNA、tRNA)。线粒体的遗传仍是由核的遗传信息决定的,这是因为其遗传信息量不足。也就是说,线粒体只能编码少数几种蛋白质,大多数线粒体蛋白质还是由核基因编码的。所以线粒体的生物合成涉及两个彼此分开的遗传系统。

(1)线粒体的基因组

线粒体基因组 DNA(mtDNA)是双链环状分子,类似于细菌的 DNA。每个细胞中有几百个线粒体,每个线粒体有 1 个或多个 DNA 拷贝。基因组的大小变化很大,动物细胞线粒体基因组较小,约 16.5 kb。酵母线粒体基因组较大,裂殖酵母线粒体基因组可达 80 kb。

(2)线粒体基因复制与转录

线粒体基因也是以半保留复制方式进行自我复制的,主要在细胞周期的 S 期和 G_2 期复制,与细胞周期同步。DNA 先复制,随后线粒体分裂。线粒体 DNA 的复制仍受核的控制,复制所需的 DNA 聚合酶是由核基因编码的。线粒体 DNA 是对称转录的,即会有一个启动区存在于线粒体 DNA 的 H 链(重链)和 L 链(轻链)上,从各自的启动区开始转录合成 RNA。

(3)线粒体密码

线粒体通常使用核基因的通用密码,但也有些例外(表 5-1)。线粒体蛋白质合成基本上属于原核类型,具有原核生物蛋白质合成的特点。

表 5-1　线粒体 DNA 与核 DNA 遗传密码的差别

遗传密码	线粒体内含义	细胞核内含义	遗传密码	线粒体内含义	细胞核内含义
UGA AUA AGA、AGG	色氨酸 甲硫氨酸 终止密码	终止密码 异亮氨酸 精氨酸	AAA CUU、CUC、CUA、CUG	天冬酰胺 苏氨酸	赖氨酸 亮氨酸

2. 线粒体的蛋白质合成与定位

(1)线粒体蛋白质的合成

线粒体虽然能合成蛋白质,但其种类非常少。截止到目前,线粒体编码的 RNA 和多肽有:线粒体核糖体中 2 种 rRNA(12S 及 16S)、22 种 tRNA、13 种多肽(每种约含有 50 个氨基酸残基)。线粒体执行功能(包括结构组成)时,需要上百种蛋白质,其中大部分是由核 DNA 编码,在细胞质核糖体上合成后再运送线粒体的。因此,线粒体的生命活动仍然要依赖于细胞核的遗传系统。

（2）线粒体蛋白质的转运

1）前导肽

由核基因编码,在细胞质核糖体上合成的线粒体蛋白质需要运送至线粒体的各个功能部位上进行更新或组装以行使功能。在细胞质中合成的线粒体前体蛋白一般在其 N 端含有信号序列（signal sequence）,该信号序列大约是一段 20～80 个氨基酸残基的肽链,因此又称为前导肽（leading peptide）或转运肽（transit peptide）。

前导肽的结构具有以下特征:①含有丰富的带正电荷的碱性氨基酸,尤其是精氨酸和赖氨酸,这对信号肽进入带负电荷的线粒体基质中非常有帮助,如果它们被不带电荷的氨基酸取代就不起引导作用;②几乎不含带负电荷的酸性氨基酸;③可形成既具亲水性又具疏水性的 α 螺旋结构,这种结构特征有利于穿越线粒体的双层膜。信号肽不仅含有识别线粒体的信息,还具有牵引蛋白质通过线粒体膜进行运送的功能。前导肽对被运送的蛋白质没有特异性要求。

线粒体前导肽转运蛋白质时,具有下列特点:

①需要受体。由于被转运的蛋白需要穿过（或插入）线粒体膜,前导肽必需首先与线粒体膜上的受体识别,然后才能进行转运。

②从接触点进入。线粒体的内外膜要局部融合形成被运输蛋白进入的接触点（contact site）。

③蛋白质要解折叠。蛋白质在合成时需要立即折叠形成空间结构防止降解,但在转运时必须解折叠,重新折叠在进入线粒体之后发生。

④需要分子伴侣的帮助。在线粒体蛋白质的转运过程中,至少需要两种类型分子伴侣的参与,一种是帮助转运的蛋白质解折叠,另一种是将转运的蛋白质重新折叠。

⑤需要信号肽酶。由于前导肽只是起蛋白质转运的引导作用,而非蛋白质的永久结构所致,当蛋白质到达目的地后,会因信号肽酶（signal peptidase）催化导致前导肽被切除。

⑥需要能量。信号肽引导的蛋白质转运是一个耗能过程,既要消耗 ATP,又要膜电位的驱动。

⑦区别于内质网的蛋白质合成和跨膜运输,线粒体蛋白质的转运方式属于翻译后转运（post-translational translocation）,即蛋白质在细胞质核糖体上完成合成后以前体蛋白质的形式转运到线粒体内的。

2）线粒体蛋白质的转运过程

线粒体中,无论是核基因还是线粒体基因编码的蛋白质都要转运定位。因为线粒体有内部的基质空间、膜间隙、内膜和外膜这四个组成部分,所以转运到线粒体基质的由细胞质核糖体合成的蛋白质必须穿过两层膜障碍。

①线粒体基质蛋白质转运。线粒体基质蛋白质（mitochondrial matrix protein）,除极少数外,都是在细胞质核糖体上合成,并通过信号肽转运进来,所以转运过程非常烦琐（图 5-12）。

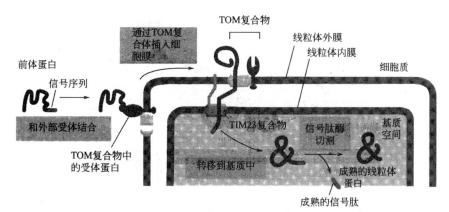

图 5-12　线粒体基质蛋白质转运

运输过程是:前体蛋白质在细胞质核糖体合成释放后,在细胞质分子伴侣 Hsp70 家族蛋白的协助下解折叠,然后通过 N 端的信号肽与线粒体外膜上外膜转运酶 TOM(translocase of the outer mitochondrial membrane)复合体上的受体蛋白识别并结合,在受体蛋白(或附近)的内外膜接触点处利用 ATP 水解产生的能量,驱动前体蛋白进入转运蛋白的运输通道,然后由电化学梯度驱动穿过内膜上的内膜转运酶 TIM(translocase of the inner mitochondrial membrane)复合体形成的运输通道,进入线粒体基质。在基质中,由 Hsp70 继续维持前体蛋白的解折叠状态。然后在 Hsp60 的帮助下,前体蛋白进行正确折叠,最后由信号肽酶将信号肽切除,即可产生成熟的线粒体基质蛋白。

作为蛋白质转运器的多亚基蛋白复合体协调跨线粒体膜的蛋白跨膜转运。TOM 蛋白复合体运输蛋白穿过外膜,而两个 TIM 蛋白复合体(TIM23 和 TIM22)运输蛋白穿过内膜(图 5-13)。TOM 和 TIM 蛋白复合体中,部分蛋白构成线粒体前体蛋白的受体,另一部分蛋白形成蛋白转运通道。TOM 蛋白复合体是所有核基因编码的线粒体蛋白转运进入线粒体所不可欠缺的,它将线粒体蛋白的信号序列转运至膜间隙并帮助跨膜蛋白嵌入外膜。外膜上的 SAM 蛋白复合体协助跨膜蛋白在外膜正确的折叠。TIM23 复合体运输可溶性蛋白进入线粒体基质并帮助跨膜蛋白嵌入内膜。TIM22 复合体协调内膜蛋白亚单位的整合,这些亚单位包括转移 ADP、ATP 和磷酸盐进出线粒体的转运蛋白。线粒体内膜上的另一类蛋白转运器 OXA 复合体协调线粒体自身合成的内膜蛋白的整合。当初被其他复合体转运进基质的内膜蛋白的整合,也可由 OXA 复合体来帮助完成该过程。

②线粒体外膜蛋白的转运。大量的孔蛋白存在于线粒体的外膜上,允许无机离子和代谢物(大多数蛋白除外)自由进出。孔蛋白是 β-桶状蛋白,首先通过 TOM 复合体转运进线粒体膜间间隙(图 5-14),暂时与特异的分子伴侣蛋白结合阻止孔蛋白的聚合。然后它们与外膜上的 SAM 复合体结合,使孔蛋白嵌入外膜并正确的折叠。有些蛋白质结合在外膜上,则是靠信号序列后面的一段疏水氨基酸序列——停止转运序列(stop-transfer sequence)和外膜 TOM 复合体结合,使蛋白质无法穿膜,从而被整合在线粒体外膜上。

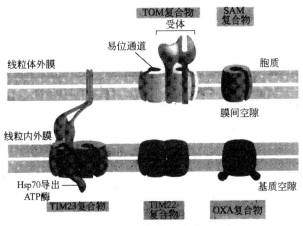

图 5-13　线粒体膜上的转运蛋白

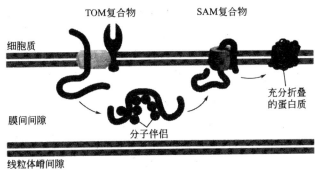

图 5-14　线粒体外膜蛋白转运

　　③线粒体内膜及膜间隙蛋白的转运。线粒体内膜蛋白和膜间隙蛋白的转运过程可通过 TOM 和 TIM23 转运蛋白运输蛋白进入线粒体基质的机制得以解释。在通常的蛋白转运途径中,往往只有被转运蛋白的 N 末端信号序列实际上进入线粒体基质[图 5-15(a)]。位于信号序列后面的一段疏水氨基酸序列——停止转运序列阻止蛋白进一步穿过内膜。TOM 复合体将蛋白的其余部分转运穿过外膜进入膜间隙;信号序列在基质内被切除;而通过 TIM23 释放的蛋白疏水序列则停留整合在内膜上。

　　内膜或膜间隙蛋白转运的另一条途径中,TIM 复合体将整个蛋白转运至基质中[图 5-15(b)]。基质中的信号肽酶切除 N 端的信号序列,疏水序列就无法隐藏在新的 N 末端。此时该蛋白就与 OXA 复合体结合并被整合进线粒体内膜(图 5-13)。

　　许多蛋白质通过上述两种途径转运到内膜并借助它们的疏水信号序列锚定在内膜上[图 5-15(a)、(b)]。而另外一些蛋白则通过蛋白水解酶去除锚定部位被释放到膜间间隙[图 5-15(c)]。许多被切除锚定部位的蛋白仍然附着到内膜的外表面作为跨膜蛋白复合体的外周亚基存在。

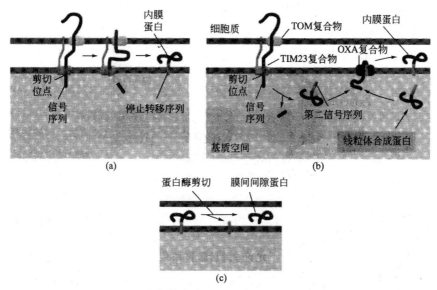

图 5-15　线粒体内膜及内外膜间隙中蛋白质转运

5.3.2　叶绿体的蛋白质合成与定位

　　类似于线粒体,叶绿体中含有自己的 DNA,核糖体以及其他参与蛋白质合成的组分。但是,由于叶绿体基因组有限的编码能力,叶绿体中的蛋白质基本上是由细胞核基因组所编码的,在细胞质核糖体上合成以后需运送到叶绿体内发挥各自的功能。叶绿体蛋白质的转运过程跟线粒体蛋白质的转运非常接近。

1. 叶绿体基因组

　　同线粒体一样,叶绿体也是半自主性细胞器,含有自己的 DNA,能进行自我复制。叶绿体的 DNA 最早在衣藻中被分离出来。1986 年,烟草和地钱的叶绿体基因组首先测序完成,到目前为止,已超过有 80 个物种的叶绿体基因组测序完成。所有结果显示,叶绿体 DNA 是一个裸露的环状双链 DNA 分子,其大小在 120 kb 到 250 kb 之间。DNA 分子存在于叶绿体的基质中,但不是均匀分布,常以 10~20 个分子聚成一簇,由质体 DNA,RNA 和不同的蛋白组成一个类核(nucleoid)结构,有多个类核存在于发育中和成熟的叶绿体中,而每一个类核大约含有 10 个左右的叶绿体 DNA 拷贝。叶绿体基因组通常(G+C)的含量较低,在 30%~40% 之间。研究结果表明,多数高等植物中叶绿体的基因结构非常保守,可分为 4 个区:大的单拷贝区(large single copy region)、小的单拷贝区(small single copy region)和两个反向重复序列(inverted repeat sequence)(IRA 和 IRB);两个拷贝区被两个重复区之间所隔开。叶绿体 IR 区就是叶绿体分类的重要依据。叶绿体基因组 DNA 编码大约 50~200 个蛋白。叶绿体基因大致可分为三类:一类是与质体自身遗传系统相关的基因,如 tRNA、rRNA、核糖体蛋白以及起始因子等;另一类是编码光合系统相关的基因如编码光系统复合体亚基蛋白,NADH 脱氢酶各个亚基的基因等;最后一类是与氨基酸、脂肪酸、色素等物质的生物合成有关的基因,也称生物合成基因。对于叶绿体基因组研究,人们还发现叶绿体基因组中的大部分基因不含有内含子,仅少数基因有内含子。烟草叶绿体基因组中有 20 个内含子,水稻叶绿体基因组中有 17

个。在蓝藻和红藻的叶绿体基因组中还没有发现内含子。

2. 叶绿体蛋白的转运

(1)叶绿体转运肽的结构特征

对于大多数细胞核基因所编码的叶绿体蛋白质来说,它们在细胞质中合成的前体蛋白(precursor protein)通过其 N-端的转运肽引导它穿膜运输进入叶绿体。转运肽直接参与蛋白质的转运,它能够直接介导异源蛋白质(如绿色荧光蛋白质)进入叶绿体中。转运肽长度在 20 到 100 多个氨基酸之间。不同转运肽之间的序列缺乏同源性和保守性,但它们仍然有一定的共性就是缺少酸性氨基酸,富含羟基化的氨基酸,转运肽带正电荷。鉴于转运肽引导前体蛋白质进入叶绿体后,立即被剪切和降解,导致前导肽身份的确定难度比较大。不过,目前,人们已经开发几种算法(如 TargetP,Predator 等)用来预测蛋白质的转运肽序列。利用这些算法对模式植物拟南芥全基因组序列分析估计大约有 2000 到 4000 个蛋白质含有转运肽,可能定位在叶绿体中。

(2)叶绿体蛋白质的运输过程

研究表明,核基因组编码的叶绿体蛋白质进入叶绿体中需要 Toc 复合体和 Tic 复合体参与,Toc 复合体位于叶绿体的外膜。Toc 复合体至少由五个跨膜蛋白质 Toc75、Toc34、Toc159、Toc64 和 Toc12 组成。其中,Toc75 为桶状结构,可能参与形成孔通道。Toc 159 和 Toc 34 蛋白质起识别前导肽作用。和 Toc 复合体比起来,人们对 Tic 复合体的组成所知甚少,Tic 复合体的组分尚存在争议。就目前人们了解的程度而言,人们发现核基因组编码的前体蛋白质透过叶绿体膜的过程分成以下三步:首先,前体蛋白的转运肽同 Toc 复合物中的受体可逆性结合,这一过程无需依靠能量就能完成;随后,前体蛋白插入 Toc 复合物中,同 Tic 复合体相结合;这种运输的早期中间态过程在 GTP 存在下需要较低浓度的 ATP(约 100 μmol/L)。这一过程是不可逆的。最后,等到前体蛋白质进入叶绿体基质以后,转运肽会被基质中的信号肽酶所切除。这一过程需要高浓度的 ATP(约 1mmol/L)。与线粒体蛋白质运输不同的是,叶绿体蛋白质的运输不需要跨膜的质子动力势作用来完成,而是需要 GTP 和 ATP 的参与。

前体蛋白质透过叶绿体膜进入叶绿体基质后,其中部分蛋白质想要进入类囊体或者类囊体内腔中的话,就需要进一步的运输透过叶绿体类囊体膜来实现。目前,人们研究发现类囊体膜蛋白质可以通过信号识别颗粒(signal recognition particle,SRP)途径和自发插入(spontaneous insertion)途径参与蛋白质插入类囊体膜中。SRP 依赖途径可能是叶绿体类囊体蛋白质插入类囊体膜中的主要方式。该途径需要有 GTP 水解和未知方式的跨膜质子动力势所提供的能量来做支撑。SRP 途径需要三个基质组分的参与,即 cpSRP54、cpSRP43 和 FtsY 共同参与完成。自发途径进行的类囊体蛋白质转运仅限于转运结构相似和膜拓扑学相近的蛋白质,这一途径无需能量的参与。然而,叶绿体类囊体双层膜能形成腔状结构。进入内腔的叶绿体蛋白质通常具有双转运肽序列(bipartite targeting pipetide)。在这类蛋白质的转运肽后含有另一个内腔定位序列,该序列类似于介导细菌中内膜运输的信号肽序列。内腔中的蛋白质通过 Tat(twinarginine translocase)途径和 Sec(secretory)途径进入类囊体内腔中。Tat 途径利用跨类囊体膜 ApH 提供能量进行转运。Hcf106、Tha4 以及 cpTatC 是 Tat 途径的三个主要组分。其中,cpTatC 和 Hcf106 前体识别,Tha4 则促进转运。Sec 途径依赖的蛋白质转运途径仅接受未折叠的蛋白质,且该途径需要 ATP 提供能量。就目前的了解,Sec 途径组分主要包括两个膜结合的蛋白 SecY 和 SecE 以及一个可溶性的基质蛋白 SecA。需要说明的是,某些蛋白质可能通过来自于内膜的囊泡运输的方式从叶绿体内膜进入类囊体的。不过,目前叶绿体内是否存在着这条蛋白质运输的途径还未得到证明。

　　叶绿体至少包括有外膜、内膜、膜间隙、类囊体膜、基质和类囊体内腔等六个亚细胞组分。定位于这些组分上的蛋白质输入需要借助于特异的转运系统来完成。目前人们对蛋白转运到基质和类囊体中的分子机制有较详细的了解,但对有关叶绿体膜蛋白质输入被膜的分子机制认识较少。大多数外膜蛋白(outer envelopeprotein,OEP)不含转运肽,它们的定位信息存在于疏水的跨膜结构域中。早期研究认为,这类蛋白质无需借助于任何蛋白质的转运机器即可自发插入双层膜中。然而,最近人们分离到了细胞质中的分类因子 AKR2,它介导膜蛋白质转运到叶绿体表面。其他的研究也证明叶绿体外膜的转运过程中需要 Toc75 通道蛋白质的参与。这表明 AKR2 同 Toc75 在叶绿体蛋白质跨膜或者整合到外膜过程中可能形成一个共同的转运通道。然而,Toc75 本身插入外膜又是一个特殊的过程。Toc75 含有双转运肽,它 N 端的转运肽跟经典的转运肽序列比较接近。紧随其后,拥有一段信号序列,该序列可能作为一个停止转移信号,指导 Toc75 前体蛋白质从转运复合体上释放出来,并插入叶绿体膜上。除了以上特殊的例子之外,运输到内膜的叶绿体蛋白质拥有转运肽序列,参与 Toc/Tic 机器的组成。这类蛋白质可通过保守分类(conservative sorting)和停止-转移(stop-transfer)进行定位的。

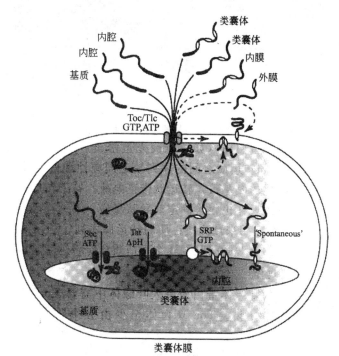

图 5-16　叶绿体蛋白质的运输示意图

　　如上所述,核编码的蛋白质运输进入叶绿体通过以上四条途径进行(图 5-16)。然而,我们仍对转运的分子机制知之甚少,是否有其他途径存在还不得而知。最新研究结果表明,核编码的叶绿体蛋白质在细胞质中合成后进入叶绿体中还存在着其他方式。有研究发现,没有可剪切的信号肽序列的蛋白质与内膜结合在一起,并且在不存在 Toc 机制的帮助下,能正常地进入叶绿体中。另外,叶绿体蛋白质的运输途径中还存在一条内质网和高尔基体介导的蛋白运输途径。

5.4 线粒体和叶绿体的增殖与起源

5.4.1 线粒体与叶绿体的增殖

1. 线粒体的增殖

线粒体的增殖是通过已有线粒体的分裂,常见的形式包括以下几种。

①间壁分离。分裂时先由内膜向中心皱褶,将线粒体分为两个,常见于鼠肝和植物分裂组织中(图 5-17)。

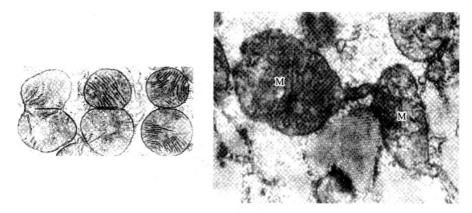

图 5-17　肝细胞处于间壁分离(左)和收缩后分离(右)状态的线粒体电镜图

②收缩后分离。分裂时通过线粒体中部缢缩并向两端不断拉长然后分裂为两个,见于蕨类和酵母线粒体中(图 5-17)。

③出芽。见于酵母和藓类植物,线粒体出现小芽,脱落后长大,发育为线粒体。

2. 叶绿体的增殖

在个体发育中叶绿体由原质体发育而来,原质体存在于根和芽的分生组织中,由双层被膜将其包围,含有 DNA、一些小泡和淀粉颗粒的结构,但不含片层结构,小泡是由质体双层膜的内膜内折形成的。在有光条件下原质体的小泡数目增加并相互融合形成片层,多个片层排列成行,在某些区域增殖,形成基粒,变成绿色原质体发育成叶绿体。在黑暗生长时,原质体小泡融合速度减慢,并转变为排列成网格的小管三维晶格结构,称为原片层,这种质体称为黄色体。黄色体在有光的情况下原片层弥散形成类囊体,进一步发育出基粒,变为叶绿体。叶绿体的增殖是依靠分裂来完成的,这种分裂是靠中部缢缩实现的,在发育 7d 的幼叶基部 2~2.5 cm 处很容易看到幼龄叶绿体呈哑铃形状,从菠菜幼叶含叶绿体少、ctDNA 多,老叶含叶绿体多、每个叶绿体含 ctDNA 少的现象也可以看出,叶绿体是以分裂的方式增殖的。成熟叶绿体正常情况下一般不再分裂,即使分裂也仅仅是少数。

5.4.2　线粒体与叶绿体的起源

1. 线粒体的起源

目前有内共生学说和非内共生学说两种不同的假说。

(1)内共生学说

内共生学说(endosymbiont hypothesis)是关于线粒体起源的一种学说,认为线粒体来源于被原始的前真核生物吞噬的好氧性细菌(可进行三羧酸循环和电子传递的革兰氏阴性菌)。此细菌被真核生物吞噬后,在长期的共生过程中,慢慢演变成了线粒体。在共生关系中,对共生体和宿主都有好处:原线粒体可从宿主处获得更多的营养,而宿主可借用原线粒体具有的氧化分解功能获得更多的能量。该学说的主要证据有:①基因组大小、形态、结构与细菌相似,皆由裸露、环状双链 DNA 构成,不含组蛋白;②内外膜结构成分差异大,外膜与细胞内膜相似,内膜与细菌质膜相似;③有自己完整的蛋白质合成系统,能合成一部分自己需要的蛋白质;④与细菌一样能用二分裂繁殖自我。但不足之处是:①从进化角度,在代谢上明显占优势的共生体反而将大量的遗传信息转移到宿主细胞中,这点是解释不通的;②不能解释细胞核是如何进化来的,即原核细胞如何演化为真核细胞;③线粒体和叶绿体的基因组中存在内含子,而真细菌原核生物基因组中不存在内含子,如果同意内共生起源说的观点,那么线粒体基因组中的内含子从何发生?

(2)非内共生学说

非内共生学说(no-endosymbiont hypothesis)认为线粒体的发生是质膜内陷的结果。1974 年,尤泽尔(Uzzell)等提出一个模型,认为:在进化的最初阶段,原核细胞基因组进行复制,在此过程中并没有细胞分裂,而是在基因组附近的质膜内陷形成双层膜,将分离的基因组包围在这些双层膜的结构中,从而形成结构可能相似的原始细胞核和线粒体、叶绿体等细胞器。后来在进化的过程中,增强分化,核膜失去了呼吸作用和光合作用,线粒体成了细胞的呼吸器官。这一学说的成功之处在于给真核细胞核被膜的形成与演化的渐进过程了一个合理解释;但不足之处是实验证据不多,为何线粒体、叶绿体与细菌在 DNA 分子结构和蛋白质合成性能上有那么多相似之处,这点仍解释不通;线粒体和叶绿体的 DNA 酶、RNA 酶和核糖体的来源,也很难解释真核细胞的细胞核是否起源于细菌的核区。

2. 叶绿体的起源

关于叶绿体的起源,同线粒体一样,但普遍接受内共生学说,认为叶绿体的祖先是蓝藻或光合细菌,在生物进化过程中被原始真核细胞吞噬,共生在一起成为今天的叶绿体。叶绿体的起源被认为是光合作用细菌与已经含有线粒体的早期真核生物共生而来。

第6章 细胞核与染色体

6.1 核被膜

核被膜(nuclear envelope)位于间期细胞核的最外层,是细胞核与细胞质之间的界膜,由内外两层平行但不连续的单位膜构成(图6-1)。每层单位膜的厚度约为 7.5 nm。由外到内分别为:外核膜(outer nuclear membrane),表面附有大量的核糖体颗粒,常常与糙面内质网膜相连续。内核膜(inner nuclear membrane),面向核质,表面光滑没有核糖体颗粒,有特定的蛋白成分(如核纤层蛋白 B 受体)等。核纤层(nuclear lamina),位于内核膜的内表面的纤维网络结构,可支持核膜,并于染色质及核骨架相连。在核内、外膜之间有宽 20～40 nm 的透明空隙,称为核周间隙(perinuclear space),与内质网腔相连通。内外核膜常常在某些部位相互融合形成环状开口,称为核孔(nuclear pore),核孔的直径为 80～120 nm,它是核质间相互交流的双向选择性通道。在核孔上镶嵌着一种复杂的结构,叫做核孔复合体。

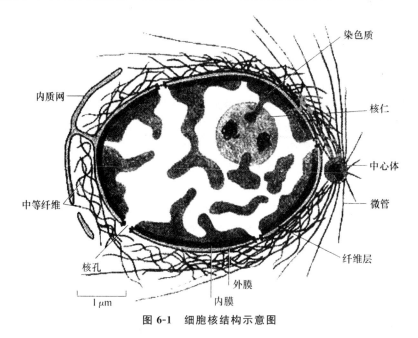

图 6-1　细胞核结构示意图

核被膜的功能有:
①构成核、质之间的天然选择性屏障,避免生命活动的彼此干扰。
②保护核内 DNA 分子不受细胞骨架运动所产生的机械力的损伤。
③核质之间的物质交换与信息交流。

144

6.2 核孔复合体

核孔复合体(nuclear pore complex,NPC)镶嵌在内外核膜融合的核孔上。它像一个塞子嵌在核孔中间,伸进细胞质和核质。有关核孔复合体的精细结构,长期以来一直是细胞生物学形态结构功能研究的重点之一,尽管不断有新的结构模型提出,但由于受到技术和方法的限制,仍有一些关键性的问题需要完善。近年来,随着高分辨率场发射扫描电镜技术(HR-FESEM)和快速冷冻干燥制样技术的发展,人们对核孔复合体的形态结构有了更深入的了解。综合起来,该复合体由环、辐、栓等结构亚单位组成(图 6-2)。由外向内有四种结构组分:

①胞质环(cytoplasmic ring),位于核孔边缘的胞质面一侧,又称外环,在环上有 8 条短纤维对称分布并伸向胞质。

②核质环(nuclear ring),位于核孔边缘的核质面一侧,又称内环,环上也连有 8 条纤维伸向核内,并且在纤维末端形成一个小环,这样整个核质环就像一个"捕鱼笼"(fish-trap)样的结构,也有人称为核篮(nuclear basket)结构。

③辐(spoke),由核孔边缘伸向核孔中央,呈辐射状排列,连接内外环,起支撑作用。

④中央栓(central plug),位于核孔的中心,推测其可能在核质交换中起一定作用,所以也被称为转运器(transporter)。

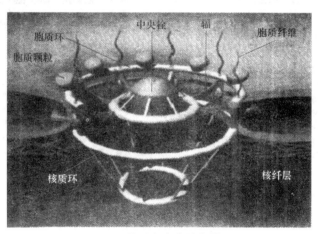

图 6-2 核孔复合体结构模型

核孔复合体主要由蛋白质构成,可能含有 100 余种不同的多肽,共 1000 多个蛋白质分子。其中 gp210 蛋白是一种定位于核孔的跨膜糖蛋白,其作用是介导核孔复合体与核被膜的连接,将核孔复合体锚定在孔膜上,对稳定核孔复合体的结构有重要作用。此外,它可能在内外核膜融合形成核孔及核孔复合体的核质交换功能活动中起一定作用。P62 代表一类功能性的核孔复合体蛋白,也参与核质交换活动,在维持核孔复合体行使正常功能中发挥作用。

核孔复合体在功能上可被认为是一种特殊的跨膜运输蛋白复合体,并且是一个双功能、双向性的亲水性核质交换通道。双功能表现在它有两种运输方式:被动扩散与主动运输。双向性表现在信号介导的核输入和信号介导的核输出(图 6-3)。

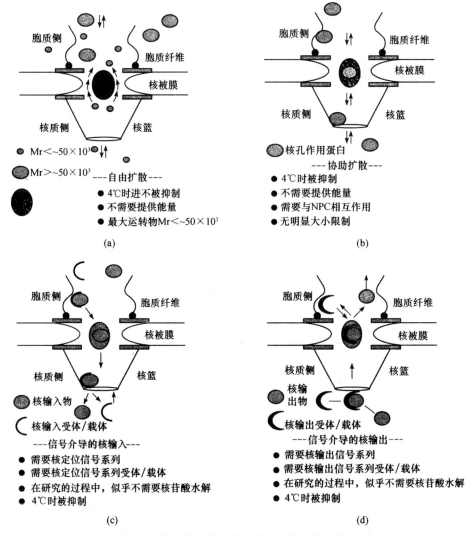

图 6-3　通过核孔复合体物质运输的功能示意图

(a)自由扩散;(b)协助扩散;(c)信号介导的核输入;(d)信号介导的核输出

1. 通过核孔复合体的被动扩散

核孔复合体作为被动扩散的亲水通道,通道功能有效直径为 9~10 nm,离子、小分子和 10 nm 以下的物质原则上可以自由通过。通过实验表明,相对分子质量小的分子(小于 5×10^3)注射于细胞质中,可自由扩散通过核被膜,相对分子质量为 1.7×10^4 的蛋白质在 2 min 内可达到核质间平衡,相对分子质量为 4.4×10^4 的蛋白质需 30 min 达到平衡,而相对分子质量大于 6.0×10^4 的球蛋白几乎不能进入核内,即不能经自由扩散通过核孔。因此,当低分子质量的溶质注入细胞质,它们通过简单扩散快速通过核孔。现在认为这样的溶质通过连接 NPC 的胞质环和核质环的辐之间的缝隙进行扩散。大分子蛋白(大多数重要的蛋白和核糖核蛋白)通过细胞质进入核的能力则与它们在细胞中所处的位置有关。当非核蛋白,如牛血清白蛋白,经放射性标记后注入细胞质,它将留在细胞质中。而对核质蛋白做相同的实验,标记蛋白很快进入细胞核。

2. 通过核孔复合体的主动运输

生物大分子的核质分配主要是通过核孔复合体的主动运输完成的,具有高度的选择性,并且是双向的。主动运输是一个信号识别与载体介导的过程,需要消耗能量。亲核蛋白(nucleophilic protein)是指在细胞质内合成后,需要或能够进入细胞核内发挥功能的一类蛋白质,亲核蛋白在向核内运输时,核孔复合体对它们是有选择性的。Robert Laskey 及其同事 1982 年发现核质蛋白(nucleoplasmin),它是一种丰富的亲核蛋白,具有明确的头、尾两个不同的结构域。用蛋白水解酶进行有限水解,可将其头尾分开。体外实验证明只要有一个尾部结构,就可将全部的头部带入细胞核。通过对核质蛋白的入核转运的进一步研究,发现了入核信号又称核定位信号(nuclear localization signal,NLS)。NLS 是存在于亲核蛋白内的一段特殊的氨基酸序列,富含碱性氨基酸残基,如 Lys、Arg,此外还常含有 Pro。典型的 NLS 由一个或两个短的带正电荷的氨基酸片段组成。例如,病毒 SV40 编码的 T 抗原含有一个 NLS,这个 NLS 由 8 个氨基酸残基构成:Pro—Pro—Lys—Lys—Lys—Arg—Lys—Val,如果该序列中的碱性氨基酸之一被非极性的氨基酸取代,则阻断了 T 抗原向核内转移,经免疫荧光技术检测,可见后者细胞核内无荧光,表明 T 抗原保留在细胞质中(图 6-4)。相反,如果该 NLS 融合到一个非核蛋白上,如血清白蛋白,将其注入细胞质后,被修饰的蛋白也能转移到核内。以后又发现一些其他亲核蛋白的 NLS 序列。这些内含的特殊短肽保证了整个蛋白质能够通过核孔复合体被转运到细胞核内。因此靶蛋白运输到细胞核的原理原则上与其他蛋白运输到细胞器,如线粒体或过氧化物酶体是相似的。在所有这些情况下,需要特殊的"定位"、"定向"序列,蛋白具有特殊的"地址",能被特异的受体识别,并通过该受体介导到细胞器中。所不同的是,NLS 序列可定位在亲核蛋白的不同部位,而且与输入其他细胞器的信号肽或导肽不同,在指导完成核输入后并不被切除。

近年来研究表明,带有 NLS 序列的亲核蛋白进入细胞核分为几个不同的阶段:

①结合:NLS 识别并结合核孔复合体,不消耗能量。

②转移:需 GTP 水解提供能量。该转运过程还有其他蛋白因子的参与,并受多个因素的影响,因此 NLS 只是亲核蛋白入核的一个必要条件。

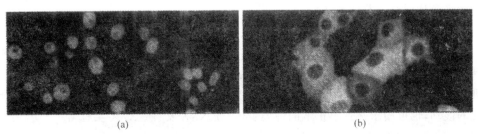

图 6-4 免疫荧光法显示含有或缺少作为核定位信号的短肽的 SV40 病毒 T 抗原的细胞定位

(a)野生型 T 抗原蛋白含有赖氨酸(Lys)丰富的序列,它可被输入核内的作用位点;(b)当 T 抗原蛋白带有一个改变的核定位信号时,即苏氨酸(Thr)代替赖氨酸(Lys),则 T 抗原保留在细胞质中

对于大分子通过 NPC 的出核转运机制了解甚少。多数输出核的分子是各种 RNA(mR-NA、rRNA 和 tRNA)它们在细胞核内合成,在细胞质发挥作用。这些 RNA 以核糖核蛋白(RNP)形式通过 NPC 输出核。RNP 的蛋白组分带有特定氨基酸序列,称为核输出信号(nuclear export signal,NES),由转运受体识别,并由输出蛋白携带穿过 NPC 到达细胞质。例如,由 RNA 聚合酶工转录的 rRNA 分子,总是在核仁中与从细胞质中转运来的核糖体蛋白形成核糖核蛋白颗粒,再转运出核,该过程需要能量。因此与核输入类似,核蛋白亚基和转录产物 RNA 的核输出也是一种由受体介导的信号识别的主动运输过程。

6.3　染色质

6.3.1　染色质的基本概念

1882 年,W. Flemming 提出了染色质(chromatin)这一术语,后来,1888 年 W. Waldeyer 正式提出染色体(chromosome)的命名。染色质、染色体是遗传信息的载体,历经一个多世纪的研究,对其已有了相当深入的认识。染色质是指间期细胞核内由 DNA、组蛋白、非组蛋白及少量 RNA 组成的线性复合结构,是间期细胞遗传物质存在的形式。染色体是指细胞在有丝分裂或减数分裂过程中,由染色质聚缩而成的棒状结构。因此,染色质与染色体是同一种物质在细胞周期中不同时期的两种表现形态。

染色质根据对碱性染料反应的差异,可分为常染色质(euchromatin)和异染色质(heterochromatin)。

常染色质是指间期核内染色质纤维折叠压缩程度低,处于伸展状态,用碱性染料染色时着色浅的那些染色质。构成常染色质的 DNA 主要是单一序列 DNA 和中度重复序列 DNA。常染色质状态是基因具有转录活性所必需的,但并非所有基因都具有转录活性,基因转录激活还需要其他条件。

异染色质是指间期核中,染色质纤维折叠压缩程度高,处于聚缩状态,用碱性染料染色时着色深的那些染色质。异染色质又分结构异染色质或组成型异染色质(constitutive heterochromatin)和兼性异染色质(facultative heterochromatin)。结构异染色质在细胞周期中除复制期以外均处于聚缩状态,形成多个染色中心。在中期染色体上多定位于着丝粒区、端粒、次缢痕及染色体臂的某些节段,具有显著的遗传惰性,不转录也不编码蛋白质,具有保护着丝粒、控制同源染色体配对以及调节作用。

兼性异染色质是指在某些细胞类型或一定的发育阶段,原来的常染色质聚缩,并丧失基因转录活性,变为异染色质。例如,雌性哺乳动物体细胞核内有两条 X 染色体,但其中只有一条具有转录活性。另一条 X 染色体保持固缩成为染色质块(图 6-5),称为巴氏小体(Barr body),以发现者名字命名。异染色质化的 X 染色体可用于性别鉴定,如检查羊水中的胚胎细胞可预测胎儿的性别;也可用于检查不正常的性染色体,如 XXX 女性、XXY 男性等。

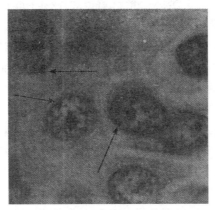

图 6-5　失活的 X 染色体

6.3.2　染色质的化学组成

真核生物染色质的主要成分是 DNA、组蛋白、非组蛋白及少量 RNA。其中 DNA 与组蛋白含量的比率相近似,非组蛋白蛋白质含量比率变动较大,而 RNA 的含量则较少(表 6-1)。下面主要对染色质 DNA 和染色质蛋白质进行叙述。

表 6-1　染色质的化学组成比率

成分	核酸		蛋白质	
比例	DNA	RNA	组蛋白	非组蛋白
	1	0.05	1	0.5~1.5

1. 染色质 DNA

凡是具有细胞形态的所有生物其遗传物质都是 DNA,只有少数病毒的遗传物质是 RNA。在真核细胞中每条未复制的染色体含有一个 DNA 分子。狭义而言,某一生物的细胞中储存于单倍染色体组中的总的遗传信息,组成该生物的基因组(genome)。真核细胞的 DNA 含量远远大于原核细胞,但基因组的大小与生物有机体的复杂性并不完全相关。在生物界存在有"C 值矛盾现象"(C-value paradox)。所谓 C 值是指物种单倍体基因组 DNA 的总量。真核生物中 C 值一般随生物进化而增加,但是某些生物出现反常现象,如肺鱼的 C 值为 112.2,两栖鲵是 84,而人的 C 值为 3.2。

染色质 DNA 存在重复序列(repeated sequence)。根据重复序列的频率可将 DNA 分为三类:非重复序列 DNA、中度重复序列 DNA 和高度重复序列 DNA。非重复序列 DNA 在基因组内一般只有一个拷贝(单一基因),如丝心蛋白基因、卵清蛋白基因。中度重复序列 DNA 的平均长度约为 300 bp,在基因组中有多个拷贝,所占比例大,包括组蛋白基因、rRNA 基因、tRNA 基因、5S RNA 基因等。在物种进化过程中,是基因组中可移动的遗传元件,并且影响基因表达。高度重复 DNA 序列由一些短的 DNA 序列呈串联重复排列,可进一步分为几种不同类型:

①卫星 DNA(satellite DNA),重复单位长 5~100 bp,主要分布在染色体着丝粒部位。

②小卫星 DNA(minisatellite DNA),重复单位长 12～100 bp,重复 3000 次之多,又称数量可变的串联重复序列,常用于 DNA 指纹技术(DNA finger-printing)做个体鉴定。

③微卫星 DNA(microsatellite DNA),重复单位序列最短,只有 1～5 bp,具高度多态性,在不同个体间有明显差别,但在遗传上却高度保守,因此可作为重要的遗传标记,用于构建遗传图谱(genetic map)及个体鉴定等。

DNA 分子一级结构具有多样性,其二级结构和高级结构也具有多态性。DNA 二级结构构型分三种:B 型 DNA(右手双螺旋 DNA),生理条件下,DNA 双螺旋最主要的存在形式,是活性最高的 DNA 构象;A 型 DNA,是 B 型 DNA 的重要变构形式,仍有活性;Z 型 DNA,呈左手螺旋,也是 B 型 DNA 的另一种变构形式,活性明显降低。在这几种构象的 DNA 结构特征中,沟(特别是大沟)的特征在遗传信息表达过程中起关键作用,因为它是调控蛋白识别遗传信息的位点。同时沟的宽窄及深浅也直接影响碱基对的暴露程度,从而影响调控蛋白对 DNA 遗传信息的识别。三种构型的 DNA 处于动态转变之中,通过构型转变来调节活性。此外,DNA 通过正、负超螺旋进一步扭曲盘绕形成特定的高级结构,DNA 二级结构的变化与高级结构的变化是相互关联的,这种变化在 DNA 复制、修复、重组与转录中具有重要的生物学意义。

2. 染色质蛋白质

与染色质 DNA 结合,并负责 DNA 分子遗传信息的组织、复制和阅读的蛋白质,分为组蛋白和非组蛋白两类。

组蛋白(histone)是真核生物染色质的主要结构蛋白,它在基因表达调控中也起重要作用。组蛋白是一类碱性蛋白,等电点一般在 pH0.0 以上,这是由于它们富含带正电荷的碱性氨基酸(如 Lys、Arg 等)所致。属碱性蛋白质,可与酸性的 DNA 紧密结合,这种结合是非序列特异性的。用聚丙烯酰胺凝胶电泳可以区分 5 种不同的组蛋白:H1、H2A、H2B、H3 和 H4。这 5 种组蛋白几乎存在于所有的真核细胞。从功能上 5 种组蛋白可分为两组:

①核小体组蛋白(nucleosomal histone),包括 H2A、H2B、H3 和 H4,它们有相互作用形成聚合体的趋势。这 4 种组蛋白没有种属及组织特异性,在进化上十分保守,帮助 DNA 卷曲形成核小体的稳定结构。

②H1 组蛋白。在进化上不如核小体组蛋白那么保守,有一定的种属和组织特异性。H1 组蛋白在构成核小体时起连接作用,它赋予染色质以极性。

非组蛋白(non-histone)主要是指与特异 DNA 序列相结合的蛋白质,又称序列特异性 DNA 结合蛋白(sequence specific DNA binding protein)。非组蛋白也称为酸性蛋白(acidic protein)以区别于碱性的组蛋白。近年来根据非组蛋白特异 DNA 序列亲和的特点,通过凝胶延滞实验(gelretardation assay),可以在细胞抽提物中进行检测。未结合蛋白质的 DNA 迁移最快,结合蛋白质的 DNA,有迁移延滞现象,结合蛋白质分子越大的 DNA,其迁移延滞现象越明显;再经放射自显影,可见一系列 DNA 带谱,每条带代表不同的 DNA-蛋白质复合物;然后再用细胞组分离法将其进一步分开。非组蛋白有以下特性:

①多样性和异质性。

②具有识别、结合的特异性。

③具有功能多样性,包括基因表达的调控和协助染色质高级结构的形成。

在真核细胞中迄今已发现诸多的特异 DNA 序列结合蛋白,根据它们与 DNA 结合的结构域不同,可将其分为不同的结合蛋白家族。下面是 DNA 结合蛋白的几种主要结构模式(图 6-6)。

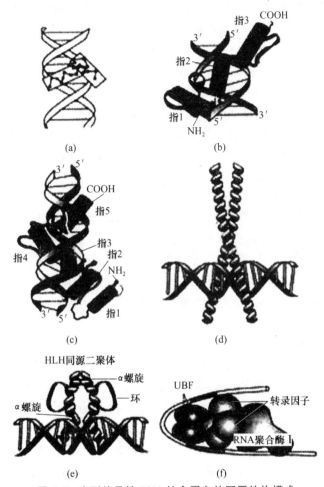

(a)

(b)

(c)

(d)

(e)

(f)

图 6-6　序列特异性 DNA 结合蛋白的不同结构模式

(a)α 螺旋-转角-α 螺旋;(b)、(c)锌指;(d)亮氨酸拉链;(e)螺旋-环-螺旋结构模式;(f)HMG 蛋白及其作用

(1)α 螺旋-转角-α 螺旋模式(helix-turn-helix motif)

该模式最早在原核基因的激活蛋白和阻遏蛋白中发现,也是最简单的 DNA 结合蛋白模式。这种蛋白与 DNA 结合形成对称的同型二聚体结构。构成二聚体的每个单位由 20 个氨基酸组成 α 螺旋-转角-α 螺旋结构,两个 α 螺旋相互连接构成转角,其中一个 C 端的 α 螺旋为识别螺旋(recognition helix),负责识别 DNA 大沟的特异碱基信息,另一个螺旋没有特异性,与 DNA 磷酸戊糖骨架接触,在与 DNA 特异结合时,以二聚体形式发挥作用,识别螺旋的氨基酸侧链与 DNA 特定碱基对间以氢键结合。

(2)锌指模式(zinc finger motif)

该模式的共同特点是以锌作为活性结构的一部分,同时都通过 α 螺旋结合于 DNA 双螺旋结构的大沟中。许多转录因子中都含有锌指结构。每个"手指"上的锌离子与两个半胱氨酸残基和两个组氨酸残基形成共价键。两个半胱氨酸残基是位于锌指一侧的双链 β 折叠的一部分,而两个组氨酸残基是位于锌指另一侧的短的 α 螺旋的一部分。这些蛋白通常含有多个指状结构,它们独立起作用,相互间有一定距离,以便于插入靶 DNA 相邻的大沟内。第一个发现的锌指蛋白是 TFⅢA,含 9 个锌指。其他锌指包括 Egr(参与细胞分裂相关基因的激活)和 GATA(参与心肌发育)。许多锌指蛋白的比较表明,锌指结构为多种氨基酸序列提供了识别各种 DNA 序列的结构框架。

（3）亮氨酸拉链模式(leucine zipper motif,ZIP)

其得名来自在约 35 个残基的 α 螺旋中,每 7 个氨基酸就有一个亮氨酸。由于 α 螺旋每 3.5 个残基重复一次,所以这些亮氨酸残基都在螺旋的同一个方向出现。像大多数其他的转录因子一样,这类蛋白与 DNA 特定的结合都是以二聚体形式发挥作用的。具有该类结构模式的转录因子有酵母转录激活因子(GCN4)、癌蛋白 Jun、Fos 以及增强子结合蛋白 C/EBP 等。

（4）螺旋—环—螺旋结构模式(helix-loop-helix motif,HLH)

顾名思义,这种结构模式由两个 α 螺旋和它们之间的环状结构组成。每个 α 螺旋由 15～16 个氨基酸残基组成,并含有几个保守的氨基酸残基。与上述亮氨酸拉链结构模式相似,HLH 同样形成蛋白二聚体并与靶 DNA 序列结合。研究表明,α 螺旋在 HLH 蛋白与 DNA 的结合过程中起重要作用。如缺少与 DNA 结合的 α 螺旋时,HLH 蛋白虽能形成异源二聚体,但不能与 DNA 牢固结合。参与引发肌肉细胞分化的二聚体转录因子 MyoD、原癌基因产物 Myc 等具有此类结构。

（5）HMG-盒结构模式(HMG-box motif)

HMG 盒以一组含量丰富的被称为高迁移率蛋白家族(high mobility group,HMG)的蛋白来命名。HMG 盒由 3 个 α 螺旋组成,形成可移动平台样的结构模式,具有弯曲 DNA 的能力。因此,具有 HMG 框结构的转录因子又称"构件因子"(architectural factor),它们通过弯曲 DNA,促进了结合位点附近的转录因子间的相互作用。SRY 是一种 HMG 蛋白,在男性性别分化中起关键作用。SRY 蛋白由 Y 染色体上的基因编码,在睾丸分化途径中激活基因转录。SRY 基因突变使其编码的蛋白不能结合 DNA,导致"性反转"。性反转个体虽然具有 XY 染色体但却发育成女性。另一种 HMG 蛋白为 UBF,它激活由 RNA 聚合酶Ⅰ所执行的 rRNA 基因的转录。UBF 以二聚体的形式结合 DNA,其两个亚基包含 10 个 HMG 框,通过与 DNA 上连续位点的相互作用,UBF 扭曲 DNA 双螺旋链,并使 DNA 缠绕在蛋白质分子上。DNA 环化使相距 120 bp 的两个调控序列靠近,导致一个或更多的转录因子协同结合,从而有利于进行转录。

6.3.3 染色质的基本结构单位——核小体

1974 年,Kornberg 等对染色质进行酶切和电镜观察,发现核小体(nucleosome)是染色质的基本结构单位,提出了染色质结构的"串珠"模型。

主要的实验证据有:

①铺展染色质的电镜观察。未经处理的染色质自然结构为 30 nm 的纤丝,经盐溶液处理后解聚的染色质呈现一系列核小体彼此连接的串珠状结构,串珠直径为 10 nm(图 6-7)。

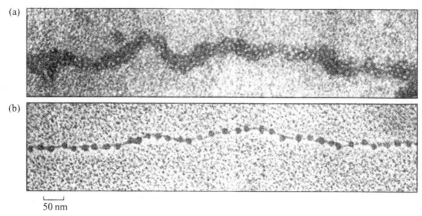

50 nm

图 6-7　处理前后的染色质丝的电镜照片

(a)自然结构:30 nm 的纤丝;(b)解聚的串珠结构

②用微球菌核酸酶(micrococcal nuclease)消化核小体链适当时间后,连接 DNA 被降解,获得了核小体的核心颗粒。

③应用 X 射线衍射、中子散射和电镜三维重建技术研究,发现核小体颗粒是直径为 11 nm、高 6.0 nm 的扁圆柱体,具有二分对称性(dyad symmetry),核心组蛋白的构成是先形成(H3)2·(H4)2 四聚体,然后再与两个 H2A·H2B 异二聚体结合形成八聚体(图 6-8)。

④SV40 微小染色体(minichromosome)分析与电镜观察结果基本一致,证明约 200 bp 构成一个核小体。

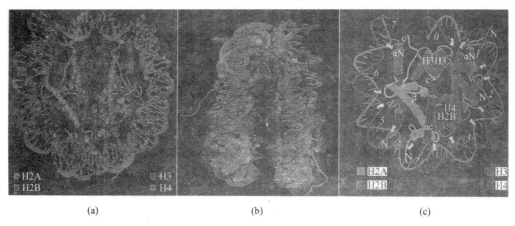

图 6-8　由 X 射线晶体衍射所揭示的核小体三维结构

(a)通过 DNA 超螺旋中心轴所显示的核小体核心颗粒 8 个组蛋白分子的位置;(b)垂直与中心轴的角度所见到的核小体核心颗粒的盘状结构;(c)半个核小体核心颗粒的示意模型,一圈 DNA 超螺旋(73 bp)和 4 种核心组蛋白分子,每种组蛋白由三个 α 螺旋和一个伸展的 N 端尾部组成

核小体结构要点:

①每个核小体单位包括 200 bp 左右的 DNA 超螺旋和一个组蛋白八聚体及一个分子 H1。

②组蛋白八聚体构成核小体的盘状核心结构,八聚体各含两个分子的 H2A、H2B、H3 和 H4。

③146 bp 的 DNA 分子超螺旋盘绕组蛋白八聚体 1.75 圈,组蛋白 H1 在核心颗粒外结合额外 20 bp DNA,锁住核小体 DNA 的进出端,起稳定核小体的作用。

④两个相邻核小体之间以连接 DNA(1inker DNA)相连,典型长度为 60 bp,不同物种变化值为 0～80 bp(图 6-9)。

⑤组蛋白与 DNA 之间的结合基本不依赖于核苷酸的特异序列,实验表明,核小体具有自组装(self-assembly)的性质。

⑥核小体沿 DNA 的定位受不同因素的影响,进而通过核小体相位改变影响基因表达。

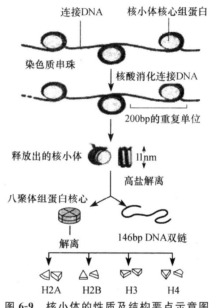

图 6-9　核小体的性质及结构要点示意图

6.3.4　染色质的包装

核小体的发现使在电镜下看到的 10 nm 左右的纤维得到了合理的解释,但是,在生活的细胞内染色质很少呈伸展的串珠样结构,而是由核小体链包装成更紧密有序的高一级结构,形成 30 nm 的染色质纤维。这些纤维是怎样形成的呢?染色质又如何进一步组装成更高级的结构,直至最终形成染色体的过程尚不是非常清楚,目前主要有两种模型。

1. 多级螺旋模型(multiple coiling model)

由 DNA 与组蛋白自组装成核小体,在组蛋白 H1 的介导下核小体彼此连接形成直径约 10 nm 的核小体串珠结构,这是染色质包装的一级结构。在组蛋白 H1 存在时,由核小体链螺旋盘绕,形成每圈 6 个核小体,外径 30 nm、内径 10 nm、螺距 11 nm 的螺线管(solenoid)(图 6-10)。组蛋白 H1 对螺线管的稳定起重要作用。螺线管是染色质包装的二级结构。Bak 等 (1977)在光镜和电镜下研究人胎儿成纤维细胞的染色体,分离出直径 0.4 μm 的 11～60 μm 长的染色质纤维,称其为单位线(unit fiber)。在电镜下观察其横切面,表明它是由螺线管进一步螺旋化形成的直径为 $0.4~\mu m$ 的圆筒状结构,称为超螺线管(supersolenoid),这是染色质包装的三级结构。由超螺线管进一步螺旋折叠,形成长 $2\sim10~\mu m$ 的染色单体,即染色质包装的四级结构,故又称染色体的四级结构模型。总之,由 DNA 到形成染色体经过四级包装,其 DNA 的压缩比例为:

$$DNA \xrightarrow{\text{压缩 7 倍}} 核小体 \xrightarrow{\text{压缩 6 倍}} 螺线管 \xrightarrow{\text{压缩 40 倍}} 超螺线管 \xrightarrow{\text{压缩 5 倍}} 染色单体$$

四级包装结构共压缩了 8400 倍。

图 6-10　核小体串珠结构如何包装成 30 nm 直径的螺旋管的图解

2. 骨架—放射环结构模型(scaffold radial loop structure model)

关于染色质的包装,虽然在一级结构和二级结构上已基本取得了一致的看法,但从直径 30 nm 的螺线管如何进一步包装成染色体尚有不同的看法。

Laemmli 和 Laemmli(1977)提出了染色质包装的放射环结构模型。该模型认为,30 nm 的染色线折叠成环,沿染色体纵轴锚定在染色体骨架上,由中央向四周伸出,构成放射环(图 6-11)。Pienta 和 Coffey(1984)对该模型进行了详细的描述:首先是直径 2 nm 的双螺旋 DNA 与组蛋白八聚体构建成连续重复的核小体,其直径为 10 nm。然后以 6 个核小体为单位盘绕成 30 nm 的螺线管。由螺线管形成 DNA 复制环,每 18 个复制环呈放射状平面排列,结合在核基质上形成微带(miniband)。微带是染色体高级结构的单位,大约 106 个微带沿纵轴构建成子染色体。

上述两种关于染色体高级结构的组织模型,前者强调螺旋化,后者强调环化与折叠。二者都有一些实验和观察的证据,然而染色体的超微结构具有多样性,染色体的结构模型也同样具有多样性。

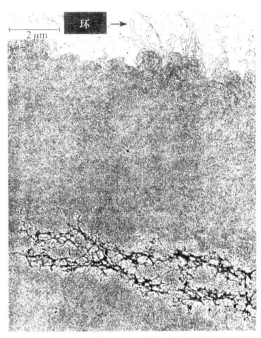

图 6-11　HeLa 细胞去除组蛋白的中期染色体电镜照片

6.4　染色体

6.4.1　中期染色体的形态结构

细胞分裂的中期染色体具有比较稳定的形态,它由两条相同的姐妹染色单体(chro— matid)构成,彼此以着丝粒相连。根据着丝粒在染色体上所处的位置,可将染色体分为 4 种类型(表 6-2,图 6-12):中着丝粒染色体(metacentric chromosome)两臂长度相等或大致相等;亚中着丝粒染色体(submetacentric chromosome);亚端着丝粒染色体(subtelo— centric chromosome)具微小短臂;端着丝粒染色体(telocentric chromosome)。

表 6-2　根据着丝粒位置进行的染色体分类

着丝粒位置	染色体符号	着丝粒比①	着丝粒指数②
中着丝粒	m	1.00～1.67	0.500～0.375
亚中着丝	sm	1.68～3.00	0.374～0.250
亚端着丝	st	3.01～7.00	0.294～0.125
端着丝粒	t	7.01～∞	0.124～0.000

注:①长臂长度 INN 长度;②短臂长度/染色体总长度。

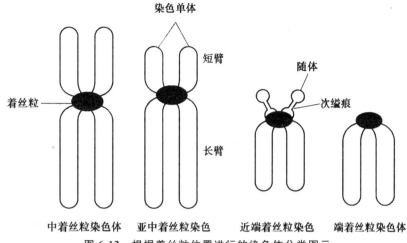

图 6-12　根据着丝粒位置进行的染色体分类图示

染色体各部的主要结构：

（1）着丝粒（centromere）与着丝点（动粒，kinetochore）

位于染色体臂的缢缩处或染色体端部，该缢缩处称为主缢痕（primary constriction）。它与纺锤丝相连，与染色体移动有关，在分裂后期时，使染色单体分开移向两极。着丝粒是一种高度有序的整合结构，可将其分为 3 个结构域：动粒结构域（kinetochore domain）、中央结构域（central domain）和配对结构域（pairing domain）（图 6-13）。动粒结构域位于着丝粒表面，具 3 层结构及其外的纤维冠（fibrous corona）。中央结构域包括着丝粒的大部分区域，是着丝粒区的主体，由富含高度重复序列的 DNA 构成，在人类基因组为高度重复的 α 卫星 DNA 组成。位于着丝粒内表面的配对结构域是中期两条染色单体的相互作用位点。虽然 3 种结构域具有不同的功能，但它们并不独自发挥作用，正是 3 种结构域的整合功能，才确保细胞在有丝分裂中染色体与纺锤体整合，发生有序的染色体分离。

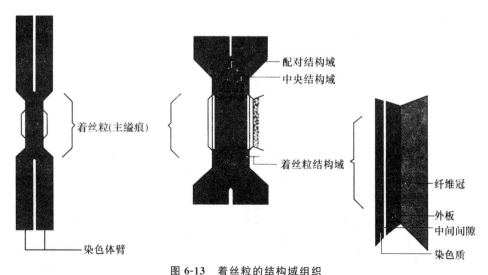

图 6-13　着丝粒的结构域组织

（2）次缢痕（secondary constriction）

除主缢痕外,在染色体上其他的浅染缢缩部位,它的数目、位置和大小是某些染色体所特有的形态特征,因此可作为鉴别染色体的标志。

（3）核仁组织区（nucleolar organizing region,NOR）

位于染色体的次缢痕部位,但并非所有的次缢痕都是 NOR。染色体 NOR 的 rRNA 基因所在部位（5S rRNA 基因除外）,与间期细胞核仁形成有关。

（4）随体（satellite）

指位于染色体末端的球形染色体节段,通过次缢痕与染色体主体部分相连。它是识别染色体重要形态特征之一,带有随体的染色体称为 sat 染色体。

（5）端粒（telomere）

位于每条染色体的端部,通常由富含嘌呤的串联重复序列组成,如 TTAGGG 重复上千次,为染色体端部的异染色质结构。其作用在于维持染色体的独立性和稳定性,与染色体在核内的空间排布及减数分裂时同源染色体的配对有关。近年来的研究表明,端粒的长度与细胞及生物个体的寿命有关。

6.4.2 染色体 DNA 的三种功能元件

在细胞世代中确保染色体的复制和稳定遗传,起码应具备 3 种功能元件（functional element）:一个 DNA 复制起点,使染色体能自我复制,维持其遗传的稳定性;一个着丝粒,使复制的染色体在细胞分裂时平均分配到两个子细胞中;最后,在染色体两端必须有端粒,使 DNA 能完成复制,并保持染色体的独立性和稳定性。构成染色体 DNA 的这 3 种关键序列（key sequence）,称为染色体 DNA 的功能元件（图 6-14）。采用分子克隆技术,可将真核细胞染色体的复制起点、着丝粒和端粒这 3 种关键序列分别克隆出来,再将它们互相搭配连接构成人工染色体（artificial chromosome）,或称人造微小染色体（artificial minichromosome）。

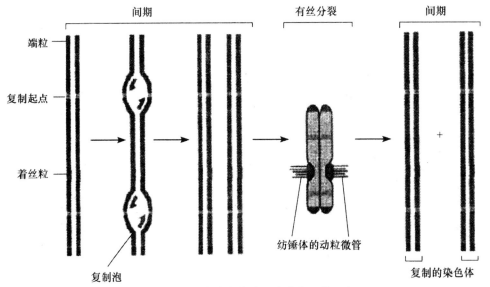

图 6-14 真核细胞染色体的三种功能元件示意图

1. 自主复制 DNA 序列（autonomously replicating DNA sequence，ARS）

应用 DNA 重组技术，将酵母的 DNA 片段（含遗传标记）重组到大肠杆菌的质粒中，以此重组质粒去转化酵母细胞，结果，重组质粒能在酵母细胞中复制、表达，而单纯的质粒则不能转化酵母细胞。这说明酵母 DNA 片段除具有遗传标记的基因外，还含有酵母染色体 DNA 自主复制起始序列。该序列首先在酵母基因组 DNA 序列中发现，它能使重组质粒高效表达，也能在酵母细胞中独立于宿主染色体而存在。对不同来源的 ARS 序列进行分析，发现它们都具有一段 11～14 bp 的同源性很强的富含 AT 的共有序列（consensus sequence），此序列及其上下游各约 200 bp 左右的区域是维持 ARS 的功能所必需的。大部分真核细胞的染色体具有许多 DNA 复制起始序列，以确保整个染色体能快速地复制。

2. 着丝粒 DNA 序列（centromere DNA sequence，CEN）

上述插入 ARS 的重组质粒，虽然能在酵母细胞中复制和表达，但由于缺少着丝粒，因此不能在酵母细胞有丝分裂时平均分配到子细胞中去。如果将酵母染色体着丝粒 DNA 序列再插入到这个 ARS 重组质粒中，结果这种新的重组质粒便能表现出正常染色体的行为——复制后分离。对不同来源的 CEN 序列分析结果表明，它们的共同特点是都有两个相邻的核心区，一个是 80～90 bp 的 AT 区，另一个是 11 bp 的保守区。如果一旦伤及这两个核心区序列，CEN 便丧失其生物学功能。

3. 端粒 DNA 序列（telomere DNA sequence，TEL）

如果将插入 ARS 和 CEN 序列的环状重组质粒 DNA 在单一位点切开，形成一个具有两个游离端的线性 DNA 分子，虽然可以在酵母细胞中复制并附着到有丝分裂的纺锤体上，但最终还是要从子细胞中丢失。这是因为环状 DNA 变成线性 DNA 分子后无法解决"末端复制问题"，即新合成的 DNA 链 5′端 RNA 引物被切除后变短的问题。真核细胞对这一问题的解决，有赖于每条染色体末端进化形成了特殊的端粒 DNA 序列及能够识别和结合端粒序列的蛋白质（端粒酶，telomerase）。端粒酶是一种反转录酶，以 RNA 为模板合成 DNA，但又与大多数反转录酶不同，端粒酶本身就含有作为模板的 RNA，能将新的重复单位加到突出链的 3′端。研究发现在人的生殖细胞和部分干细胞中有端粒酶活性，而在所有体细胞里则尚未发现端粒酶活性。肿瘤细胞具有表达端粒酶活性的能力，使癌细胞得以无限制增殖。

6.4.3　核型及染色体显带技术

核型（karyotype）是指染色体组在有丝分裂中期的表型，包括染色体数目、大小、形态特征的总和。核型分析通常是将显微摄影得到的染色体照片剪贴、分组排列、测量统计并进行分析的过程。由于染色体的长度随其包装紧密程度不同而异，因此一般论及染色体的长短是指其相对长度，即该染色体长度占整套单倍染色体组总长的百分数。如果将一个染色体组的全部染色体逐个按其形态特征绘制下来，再按长短、形态等特征排列起来的图像称为核型模式图（idiogram），它代表一个物种的核型模式。

核型分析主要是根据染色体的形态特征——着丝粒的位置和长度进行的，因此有时对染色体仍不易精确地识别和区分。1968 年瑞典学者 Casperson 首先应用荧光染料氮芥喹吖因（quinacrine mustard）处理染色体标本，在荧光显微镜下发现每条染色体沿其长轴出现宽窄和亮度不同的带纹,是为荧光带,而且每条染色体都有其特殊的带型(banding pattern)。通过带型可清楚地识别每条染色体,这样显带技术为深入研究染色体异常和基因定位等提供了基础,从此发展了多种显带技术。

经染色体显带技术处理所显示的染色体带纹类型,一类是染色体带分布在整个染色体长度上,如 Q、G 带和 R 带;另一类是局部性显带,如 C、N、F、cd、T 带等。Q 带(Q band)是用氮芥喹吖因或双盐酸喹吖因等荧光染料对有丝分裂中期的染色体进行染色,可使异染色质染色粒着色,从而在染色体的不同部位显示出不同的荧光带。在紫外线照射下呈现荧光亮带和暗带,一般富含 AT 碱基的 DNA 区段表现为亮带,富含 GC 碱基的 DNA 区段表现为暗带。G 带(G band)又称吉姆萨带(Giemsa band),是以胰酶或碱、热、尿素、去污剂等处理有丝分裂中期的染色体,然后用 Giemsa 染液染色后所呈现的染色体区带。它与 Q 带相似,但又不完全一致。R 带(R band)又称反带(reverse band),用低 pH4.0～4.5 的磷酸盐缓冲液,在 88℃ 恒温条件下处理中期染色体,以吖啶橙或 Giemsa 染色,结果所显示的带型和 G 带明暗相间带型正好相反。C 带(C band)主要显示着丝粒结构异染色质及其他染色体区段的异染色质部分,一般在着丝粒区、次缢痕处或端部。N 带(N band)又称核仁形成区带(nucleolus organizer region band),可在核仁形成区产生深色带纹。T 带(T band)又称端粒带(telomeric band),是中期染色体经吖啶橙染色后在端粒部位所呈现的带纹,可用于分析染色体末端的结构畸变。

核型和染色体带型具有种属特异性。染色体标准带型与核型是一个物种在进化上稳定的特征,特别是染色体带型在应用上具有更高的准确性。由于染色体带型能明确鉴别一个核型中的任何一条染色体,乃至一个易位片段,因此,通过核型和带型分析,可研究一些物种的分类和进化,以及研究遗传变异进行杂交育种,并应用染色体畸变染色体带型所显示的 SCE 作为手段和指标检测环境中的致突变物。

6.4.4 巨型染色体

巨型染色体(giant chromosome)是由于它比一般染色体巨大而得名。这类染色体包括多线染色体和灯刷染色体。

1. 多线染色体

多线染色体(polytene chromosome)是 1881 年由意大利细胞学家 Balbiani 首先在双翅目昆虫摇蚊幼虫的唾腺细胞中发现的。它存在于双翅目昆虫的唾腺、气管、肠和马氏管的细胞内,此外,在原生动物纤毛虫类的棘尾虫的大核内以及植物的助细胞和反足细胞中也发现了多线染色体。

多线染色体来源于核内有丝分裂(endomitosis),即核内 DNA 多次复制而细胞不分裂,复制后的子染色体不能分配到子细胞中,且有序地并行排列;又由于体细胞内同源染色体配对,紧密结合在一起从而阻止染色质纤维进一步聚缩,最终形成体积很大的多线染色体(图 6-15)。同种生物的不同组织以及不同生物的同种组织的多线化程度各不相同。在果蝇唾腺细胞中,染色体进行 10 次 DNA 复制,因而形成 $2^{10}=1024$ 条同源 DNA 拷贝,形成的多线染色体比同种有丝分裂染色体长 200 倍以上,4 条配对染色体其全长可达 2 mm。

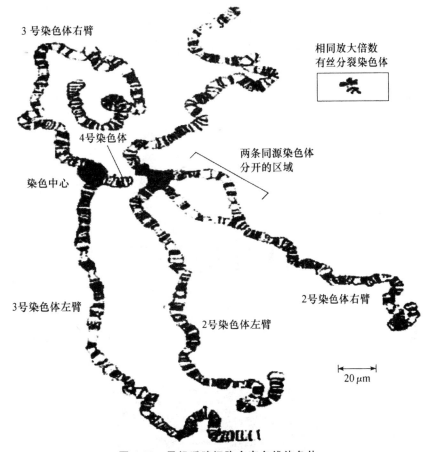

3号染色体右臂

相同放大倍数
有丝分裂染色体

4号染色体

两条同源染色体
分开的区域

染色中心

3号染色体左臂

2号染色体左臂

2号染色体右臂

20 μm

图 6-15　果蝇唾腺细胞全套多线染色体

　　在光镜下观察多线染色体,可见每条染色体上有一系列交替分布的带(band)和间带(interband)(图 6-16)。每条带和间带代表着一套 1024 个相同的 DNA 序列。带区的包装程度比带间高得多,估计有 85% 的 DNA 分布在带上,15% 的 DNA 分布在带间,所以带区为深染,而间带浅染。带和间带都含有基因,可能"持家基因"(housekeeping gene)位于间带,而有细胞类型特异的"奢侈基因"(luxury gene)位于带上。多线染色体上带的形态、大小及分布都相当稳定,每条带能按其宽窄和间隔予以识别,并给以标号,由此得到了多线染色体的,(带型)图(polytene chromosome map)。

　　在果蝇个体发育的某个阶段,多线染色体的某些带区变得疏松膨大而形成涨泡(puff)。最大的涨泡称为 Balbiani 环。用 [3]H 标记的尿嘧啶核苷掺入多线染色体,以放射自显影检测,发现涨泡被标记,说明涨泡是基因活跃的形态学标志(图 6-17)。控制果蝇多线染色体基因转录活性的主要因素之一是蜕皮激素,这种激素在幼虫发育期间具有周期性的变化,当机体从一个发育阶段向另一阶段进行时,新的涨泡出现,老的涨泡缩回。一定的涨泡在发育的一定时间出现和消失,即当转录单位被激活或失去活性,则产生不同的 mRNA 和蛋白质。因此,涨泡的出现、发育和消失过程直接反映了基因转录的活性谱。

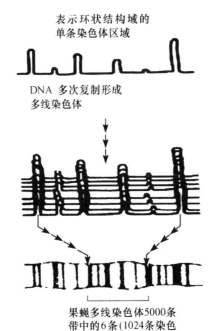

图 6-16　图解表明多线染色体上的带是如何通过同源染色体绊环区对应并行排列而成的

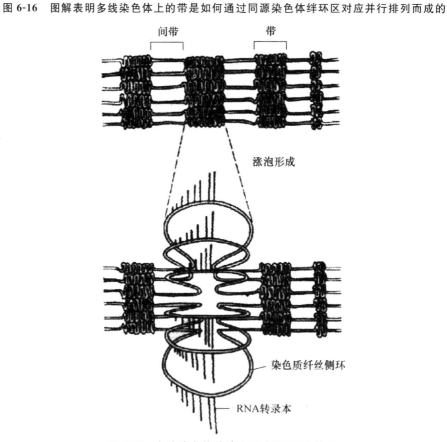

图 6-17　多线染色体的涨泡形成和 RNA 转录

2. 灯刷染色体

灯刷染色体(lampbrush chromosome)在 1882 年由 Flemming 在研究美西螈卵巢切片时首次报道,但由于其形态特殊而未肯定它是一种染色体。1892 年,Rukert 研究鲨鱼卵母细胞时,给灯刷染色体以正式命名。灯刷染色体几乎普遍存在于动物界的卵母细胞中,其中两栖类卵母细胞的灯刷染色体最典型(图 6-18)。在植物界,也有灯刷染色体报道,如一种大型单细胞藻——地中海伞藻有典型的灯刷染色体,高等植物如玉米、垂花葱在雄性配子减数分裂中出现不典型的灯刷染色体。

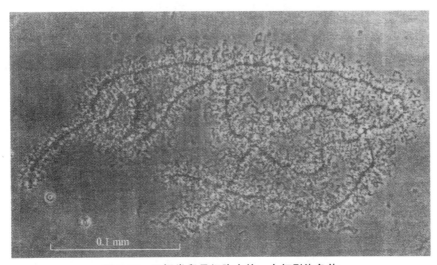

0.1 mm

图 6-18　两栖类卵母细胞中的一个灯刷染色体

灯刷染色体是卵母细胞进行减数第一次分裂时停留在双线期的染色体,它是一个二价体,包含 4 条染色单体。双线期染色体的主要特点是交叉(chiasma)现象明显,常可见两同源染色体间有几处交叉。这一状态在卵母细胞可维持数月或数年之久。

每条染色单体由一条染色质纤维构成,每条纤维分化为主轴以及主轴两侧数以万计的侧环,状如灯刷,故名灯刷染色体。大部分 DNA 包装于主轴上的染色粒中,没有转录活性,侧环是 RNA 转录活跃的区域。一个侧环往往是一个大的转录单位,有的是几个转录单位组合构成的。

6.5　核仁

核仁(nucleolus)是间期细胞核内最显著的结构。在光学显微镜下,核仁通常是匀质的球形小体,一个或多个。核仁的大小、形状和数目随生物的种类、细胞形状和生理状态而异。蛋白质合成旺盛、生长活跃的细胞如分泌细胞、卵母细胞等,核仁很大;不具蛋白质合成能力的细胞如肌肉细胞、休眠的植物细胞,其核仁很小,说明核仁与蛋白质合成关系密切。核仁中主要含蛋白质,为核仁干重的 80% 左右,RNA 为核仁干重的 10% 左右,DNA 含量较少,脂类含量极少。在细胞周期中,核仁又是一个高度动态的结构,在有丝分裂期间表现出周期性的消失与重建。真核生物的核仁具有重要功能,它是 rRNA 合成、加工和核糖体亚单位的组装场所。

6.5.1 核仁的结构

在电镜下显示出的核仁超微结构与胞质中大多数细胞器不同,在核仁周围没有界膜包裹,可识别出有3个特征性区域:纤维中心、致密纤维组分、颗粒组分(图6-19)。

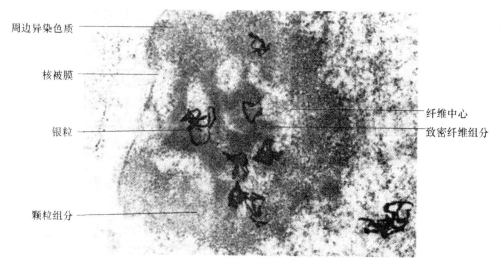

图 6-19 BHK—21 细胞核仁的电镜照片

银颗粒示 rRNA 转录部位

1. 纤维中心

在电镜下观察,纤维中心(fibrillar center,FC)是被密集的纤维成分不同程度地包围着的浅染的低电子密度区域。电镜细胞化学和放射自显影研究已经确证,在纤维中心存在 rDNA、RNA 聚合酶 I 和结合的转录因子,并且光镜和电镜水平的原位杂交也证明了这种 DNA 具有 rRNA 基因(rDNA)的性质。另外,有证据表明,FC 中的染色质不形成核小体结构,并无转录活性,也没有组蛋白存在,但存在嗜银蛋白,其中磷蛋白 C23 的存在已得到免疫电镜的证明,并认为它是和 rDNA 结合在一起的,可能与核仁中染色质结构的调节有关。

2. 致密纤维组分

致密纤维组分(dense fibrillar component,DFC)是核仁超微结构中电子密度最高的部分,染色深,呈环形和半月形包围 FC,由致密纤维组成,通常见不到颗粒。用 ^{3}H 作为 RNA 前体物对细胞进行脉冲标记,放射自显影观察及电镜原位分子杂交等实验表明,DFC 是 rDNA 进行合成 rRNA 并进行加工的区域,在该区域还存在一些特异性结合蛋白,如 fibrillarin、核仁素(nucleolin)和 Ag-NOR 蛋白。核仁素的存在,使核仁能被特征性地银染。由于 DFC 和 FC 在结构上非常靠近,有人认为应合在一起视为一个单位。

3. 颗粒组分

在代谢活跃的细胞的核仁中,颗粒组分(granular component,GC)是核仁的主要结构。该区域是由电子密度较高的、直径 15～20 nm 的核糖核蛋白(RNP)颗粒构成,可被蛋白酶和 RNase 消化,这些颗粒是正在加工、成熟的核糖体亚单位前体颗粒,间期核中核仁的大小差异主要是由颗粒组分数量的差异造成的。

除了上述 3 种基本核仁组分外，核仁被一些染色质包裹，称为核仁相随染色质（nucleolar associated chromatin）：一部分是包围在核仁周围的染色质，称为核仁周边染色质（perinucleolar chromatin），另一部分是伸入到核仁内的染色质，称为核仁内染色质（intranucleolar chromatin）。此外，应用 RNase 和 DNase 处理核仁，在电镜下看到的残余部分，称为核仁基质（nucleolar matrix）或核仁骨架。FC、DFC 和 GC 这 3 种组分都湮没在这种无定形的核仁基质中。

虽然核仁 3 种特征性区域的结构和它们以某种方式与 rRNA 的转录和加工有关的特性已被人们所共识，然而，关于 rRNA 基因转录的精确位点仍有许多争议。通常认为 PC 区域是 rDNA 基因的储存位点，DFC 与 FC 的交界处是 rDNA 进行转录的位点，GC 区域是核糖体亚基成熟和储存的位点。

6.5.2　核仁的功能

核仁的主要功能是合成、加工核糖体 RNA 和核糖体亚单位的装配。

1. rRNA 的合成

如前所述，蛋白质合成旺盛的细胞核仁大。蛋白质合成是在细胞质的核糖体进行的，而 rRNA 是在核仁中生成的。因此蛋白质合成旺盛的细胞，核仁中大量合成 rRNA，故核仁体积增大。

合成 rRNA 需要有 rRNA 基因，这种基因被定位在核仁组织区，该区域的基因编码 18S、28S 和 5.8S rRNA。通过实验表明，缺失核仁组织区（无核仁）的非洲爪蟾纯合突变型是致死的，胚胎发育一个星期后即死亡。因为它不能合成 rRNA 和形成核糖体。

由 rRNA 基因转录成 rRNA 的形态学过程，最早是 Miller 等（1969）在非洲爪蟾卵母细胞的核仁中看到的。他们首先从这种动物中分离出卵母细胞的核仁，低渗处理使核仁的颗粒状外层迅速散去，而由纤维状结构组成的核仁的核心部分张开，经福尔马林固定，制成电镜标本进行观察。结果发现，核仁的核心部分是由纠缠在一起的一根长 DNA 纤维组成。新生的 RNA 链从 DNA 长轴两侧垂直伸展出来，而且是从一端到另一端有规律地增长，构成箭头状，外形似"圣诞树"（Christmas tree）。沿 DNA 长纤维有一系列重复的箭头状结构单位，每个箭头状结构代表一个 rRNA 基因转录单位，所有的箭头具有相同的"极性"，都指向同一方向，表明了 rRNA 基因在染色质轴丝上串联重复排列的特征（图 6-20）。在箭头的结构间存在着裸露的不被转录的 DNA 间隔片段。由图可见，在 DNA 长轴和 RNA 纤维相连接的部位存在颗粒，即 RNA 聚合酶Ⅰ，它们一边读码一边沿 DNA 分子移动，结果使转录合成中的 RNA 逐渐加长，最终形成一个 18S、28S 和 5.8S rRNA 前体分子。

2. rRNA 前体的加工

每个 rRNA 基因转录单位在 RNA 聚合酶工作用下产生原初转录产物 rRNA 前体。但在不同的细胞中 rRNA 前体和最终剪切分子大小是不同的。如哺乳动物 rRNA 前体为 45S，果蝇为 38S，酵母为 37S，大肠杆菌为 30S。由于真核生物的 rRNA 加工过程比较缓慢，其中间产物可从各种细胞中分离出来，因此真核生物的 rRNA 加工过程比较清楚。

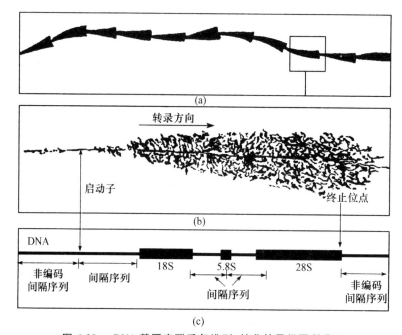

图 6-20　rRNA 基因串联重复排列,被非转录间隔所分开

(a)一个 NOR 铺展的电镜标本,可见 11 个转录单位;(b)一个 rDNA 转录单位的放大图;

(c)一个 rDNA 单位的基因图谱示意图

用 ^{3}H 标记 HeLa 细胞的 RNA,则可通过凝胶电泳分离到 45S rRNA 前体及其加工后产物。实验表明,rRNA 前体 45S(约 13 kb)约在几分钟内合成,在核仁中很快被甲基化,然后 45S rRNA 分裂为较小的组分约 41S、32S 和 20S 等中间产物,20S 很快裂解为 18S rRNA,迅速被释放至细胞质中。32S 中间产物保留在核仁颗粒组分并被剪切为 28S 和 5.8S rRNA。真核生物中的 5S rRNA 基因(120 bp)不定位在 NOR,由 RNA 聚合酶Ⅲ所转录,经适当加工后即参与到核糖体大亚单位的组装。

在核糖体生物发生过程中,rRNA 前体被广泛修饰和加工,涉及一系列的核酸降解切割以及碱基修饰。与其他 RNA 转录物相比,rRNA 前体有两个特点,即含有大量甲基化的核苷酸和假尿嘧啶残基。甲基基团和假尿嘧啶的功能还不十分清楚,推测这些修饰核苷酸可能在某种程度上保护 rRNA 前体免受酶的切割,促进 rRNA 折叠成最终的三维结构或促进 rRNA 与其他分子的相互作用。rRNA 前体的加工是在大量的核仁小 RNA 的帮助下完成的,这些 RNA 与特定的蛋白质包装成小分子核仁核糖核蛋白颗粒(small nucleolar ribonucleoprotein,snoRNP)。

3. 核糖体亚单位的组装

实验表明,45S rRNA 前体被转录后很快与蛋白质结合,因此,在细胞内 rRNA 前体的加工成熟过程是以核蛋白方式进行的。根据带有放射性标记的核仁组分分析,发现完整的 45S rRNA 前体首先与蛋白质结合被包装成 80S 核糖核蛋白颗粒(RNP)。在加工过程中,该颗粒再逐渐丢失一些 RNA 和蛋白质,然后剪切形成两种大小不同的核糖体亚单位前体,最后在核仁中形成大、小亚单位被输送到细胞质中。放射性脉冲标记和示踪实验表明,首先成熟的核糖体小亚单位(含 18S rRNA)出现在细胞质中,而核糖体大亚单位的组装(包含 28S、5.8S 和 5S rRNA)则完成较晚(图 6-21)。因此在核仁中包含较多的未成熟的核糖体大亚单位。其他被加工下来的蛋白质和小的 RNA 存留在核仁中,可能起着催化核糖体构建的作用。

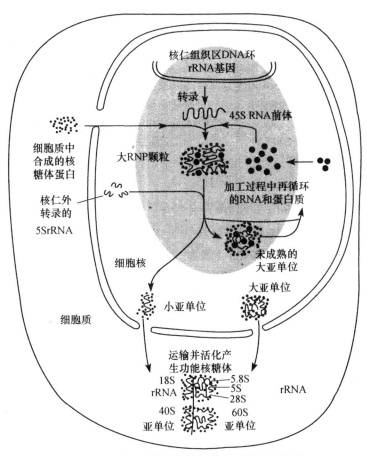

图 6-21　核仁在核蛋白体合成与组装中的作用

一般认为,核糖体的成熟作用发生在细胞质,即大、小亚单位被转移到细胞质后才能形成功能单位。这可能与阻止有功能的核糖体与细胞核中加工不完全的 hnRNA 发生作用有关。

6.5.3　核仁周期

在细胞周期中,核仁是一种高度动态的结构。在有丝分裂过程中其形态和功能上发生了一系列的变化(图 6-22)。当细胞进入有丝分裂时,核仁变形和变小,然后随着染色质凝集,核仁消失,所有 rRNA 合成停止,致使在中期和后期中没有核仁;进入有丝分裂末期,核仁组织区 DNA 解凝集,重新开始 rRNA 合成,极小的核仁重新出现在核仁组织区附近,而重现的核仁物质可能由一些小的核仁前体物聚集而来。

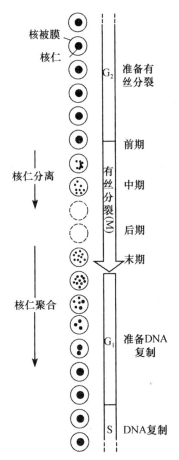

图 6-22　人的细胞周期不同时相中核仁的变化图解

在细胞周期中核仁周期性变化的分子过程还不是十分清楚,但研究表明,核仁的动态变化是 rDNA 转录和细胞周期依赖性的。在细胞周期的间期,核仁结构整合性的维持,以及有丝分裂后核仁结构的重建,都依赖 rRNA 基因的转录活性。

6.6　核基质与核体

在真核细胞的核内除染色质、核膜与核仁外,还有一个以蛋白质成分为主的网架结构体系。这种网架结构最初由 Berezney 和 Coffey 等(1974)从大鼠肝细胞核中分离出来。他们用核酸酶(DNase 和 RNase)与高盐溶液对细胞核进行处理,将 DNA、组蛋白和 RNA 抽提后发现核内仍残留有纤维蛋白的网架结构,他们将其命名为核基质(nuclear matrix),也有被称为核骨架(nuclear skeleton)。目前对核基质或核骨架的概念有两种理解:狭义概念仅指核基质,即细胞核内除了核被膜、核纤层、染色质与核仁以外的网架结构体系;广义概念应包括核基质、核纤层(或核纤层—核孔复合体结构体系),以及染色体骨架。

核基质的主要成分是纤维蛋白,并含有少量的 RNA。通常认为 RNA 在核基质结构之间起着某种联结和维系作用,它对保持核基质三维网络的完整性可能是必需的。在分离的核基质中常含有少量的 DNA,但一般认为是核基质结构与 DNA 有功能的结合。组成核基质的蛋白成分较为复杂,并且在不同类型的细胞中也有差异。除了组成核基质的蛋白外,还发现有不少与核基质结合的蛋白,如与 DNA、RNA 代谢合成有关的 DNA 多聚酶、RNA 多聚酶;与细胞信号转导有关的蛋白,如蛋白激酶 C 和钙调素结合蛋白等;癌基因与抑癌基因产物如 C-Myc 蛋白、RB 蛋白等。这些核基质结合蛋白与核基质蛋白一起共同完成核基质多种生物学功能。

近年来研究表明,细胞核内许多生命活动与核基质的作用密切相关,如提出了核基质可能是 DNA 复制的基本位点。DNA 以袢环(100p)形式锚定(anchor)在核基质纤维上,Pardolla等(1980)、Berezney 和 Buchholtz(1981)分别以 3T3 成纤维细胞和小鼠再生肝细胞为材料,不仅证实了 DNA 袢环固定在核基质上,而且实验也显示了新合成的 DNA 结合在核基质上,然后逐步转移,电镜放射自显影的实验也表明了 DNA 复制的位点结合于核基质上。现认为核基质可能是 DNA 复制的空间支架,DNA 袢环的根部结合在核基质上。DNA 袢环与 DNA 复制有关的酶和因子,如 DNA 聚和酶等锚定在核基质上形成 DNA 复制体进行 DNA 复制和合成。近年来也有人提出核基质还可能是细胞核内 hnRNA 的加工场所。

此外,一些学者认为核基质参与了染色体构建过程。Pienta 和 Coffey(1984)提出 DNA袢环与核基质共同构建染色体的模型。这个模型表明,核基质可能对于间期 DNA 有规律的空间构型起着维系和支架的作用,它们参与了染色质高级包装的过程。有人认为核基质的某些结构组分可能转变为染色体骨架,也有人将核基质与染色体骨架完全等同起来,因此,迄今为止,有关分裂期染色体骨架与间期核基质的关系仍有待进一步深入研究。

核基质的研究已有了很大进展,一系列工作表明核基质与 DNA 复制、RNA 转录与加工、染色体构建等密切相关,但仍有许多方面,如在核基质的结构组分和生化功能、核基质空间构型与 DNA 复制、转录装置结构及染色体构建的作用等许多问题,均有待进一步研究。

第7章 核糖体

7.1 核糖体的基本类型与成分

7.1.1 核糖体的基本类型

核糖体的分类有多种。基本上是依据核糖体存在的部位,分为三种类型:细胞质核糖体、线粒体核糖体(比一般细胞质核糖体小,沉降系数约为 55S,由 35S 和 25S 的大、小亚基组成)和叶绿体核糖体[含有 4 种 rRNA,分别为 20S、16S、4.5S 及 5S;含有 20 种(烟草)或 31 种(地钱)tRNA;约 90 多种多肽]。按存在的生物类型分为两种类型,即原核生物核糖体[图 7-1(a)]和真核生物核糖体[图 7-1(b)]。在此详细介绍一下按生物类型进行分类的基本特点(表 7-1)。

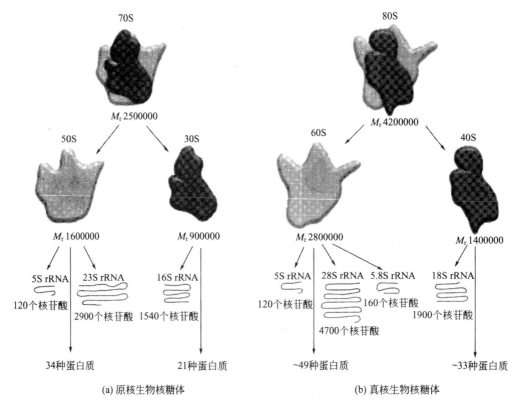

(a) 原核生物核糖体   (b) 真核生物核糖体

图 7-1 原核生物核糖体

表 7-1　原核生物核糖体和真核生物核糖体的基本特点比较

基本特点	原核生物核糖体	真核生物核糖体
沉降系数	70S	80S
分子质量/kDa	2.5×10^3	$(3.9 \sim 4.5) \times 100$
亚基组成	50S	60S
	30S	40S
丰度	$15 \times 10^2 \sim 18 \times 10^3$ 个/细胞	$10^6 \sim 10^7$ 个/细胞
其他		游离核糖体(free ribosome)和附着核糖体(内质网)

7.1.2　核糖体的化学成分

核糖体无膜结构,主要由核糖体蛋白(ribosomal protein,r 蛋白质;占 49%;分布于核糖体表面)和核糖体 RNA(ribosomal RNA,rRNA;占 60%;分布于核糖体内部)构成。真核与原核生物核糖体的大小亚基在蛋白质与 RNA 组成上具有较大的差别,具体见表 7-2。

表 7-2　典型的原核与真核生物核糖体的化学组成

成分组成	原核生物	真核生物
基本组成比例	rRNA 约占 2/3	rRNA 约占 3/5
	r 蛋白质约为 1/3	r 蛋白质约为 2/5
大小亚基	50S 大亚基	60S 大亚基
	30S 小亚基	40S 小亚基
大亚基组分	31 种蛋白质	49 种蛋白质
	2 种 rRNA(2 3S 和 5 S)	3 种 rRNA(28S,5.8S,5S)
小亚基组分	21 种蛋白质	33 种蛋白质
	1 种 rRNA(16S)	1 种 rRNA(18S)

核糖体 RNA(rRNA)是组成核糖体的主要成分。在大肠杆菌中,rRNA 量占细胞总 RNA 量的 75%~85%,而 tRNA 占 15%,mRNA 仅占 3%~5%。rRNA 一般与核糖体蛋白质结合在一起,形成核糖体。如果把 rRNA 从核糖体上除掉,核糖体的结构就会发生塌陷。rRNA 是单链,包含不等量的 A 与 U、G 与 C,但广泛存在着双链区域。在双链区,碱基因氢键相连,表现为发夹式螺旋。

7.2　核糖体的形态结构与生物发生

因核糖体的重要功能所在,所以有关其结构的研究一直为重点。自 20 世纪 60 年代以来,人们主要运用电子显微镜术(EM)、中子衍射技术(neuton scattering)、双功能试剂交联法、不同染料间单态-单态能量转移(singlet-singlet energy transfer)测定、免疫学方法和活性核糖体

颗粒重建等方法对 *E. coli* 核糖体进行了大量的研究,完成了对 *E. coli* 核糖体 54 种蛋白质氨基酸序列及三种 rRNA 一级和二级结构的测定,初步认识了核糖体颗粒的基本构造(architecture)。

7.2.1 核糖体的结构

1. 大小亚基的大小与结构

核糖体具有三维构象,且每个核糖体均由大小两个亚基所构成(图 7-2)。大亚基略呈半对称性皇冠状,由凹陷的半球形主体和三个大小与形状不同的突起组成,中间的突起称为"鼻",呈杆状,两侧的突起分别称为柄(stalk)和脊(ridge),大小为 11.5 nm;<23 nm×23 nm。小亚基呈长条形,是一扁平不对称颗粒,由头和体组成,分别占小亚基的 1/3 和 2/3。在头和体之间的部分是颈,并有 1~2 个突起称为叶或平台,大小为 5.5 nm×22 nm×22 nm。大小亚基结合在一起形成核糖体,其凹陷部位彼此对应而形成一个隧道,为蛋白质翻译时 mRNA 的穿行通道。

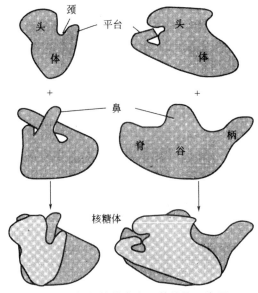

图 7-2 核糖体的大小亚基结构示意图

2. 16S rRNA 的空间结构

Kleinsmith(1995)测定了大肠杆菌 16S rRNA 的序列,共 1542 个核苷酸。计算机分析发现不同生物来源的 16S rRNA 的一级结构是非常保守,二级结构(图 7-3)具有更高的保守性,即臂环结构(stem—loop structure)。测定 rRNA 的空间排列方式的方法主要有电镜法和交联法。在电镜下,16S rRNA 的排列呈 V 型,一臂较另一个臂稍厚和长。一般来说,rRNA 骨架不发生大的构象改变。

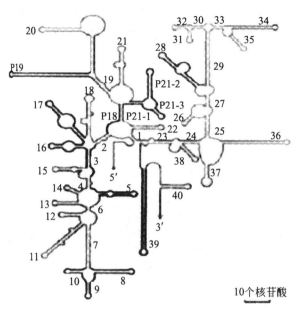

图 7-3　*E. coli* 核糖体小亚 16S rRNA 的二级结构

3. Ll l-rRNA 空间结构高分辨率的三维图像及复合物的晶体

通过电泳和层析等技术,已经鉴定了 *E. coli* 大亚基中的 33 个蛋白和小亚基的 21 种蛋白质,分别命名为 L1～L33 和 S1～S21,并获得了 L11-rRNA 复合体晶体(图 7-4)。这一结果为前人用各种实验技术所获得的种种结论提供了直观、可靠且比人们的预料更为精巧复杂和可能的作用机制证据,从而为揭开核糖体这一高度复杂的分子机器的运转奥秘迈出了极重要的一步。

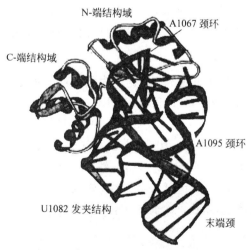

图 7-4　L11-rRNA 复合物的三维结构

E. coli 是极为简单并易研究的细菌模式生物。因此通过物理、化学以及显微技术的研究,揭示了原核生物的核糖体的空间结构以及核糖体蛋白质和 rRNA 相互关系,即建立了细菌核糖体结构模型(图 7-5),确定了哪些蛋白质定位于大小亚基中。免疫电镜法对核糖体的功能

域进行了研究,如小亚基中有与 mRNA 和 tRNA 结合的位点;大亚基中有催化肽键形成的位点与 GTP 水解等区域;抗菌素与起始因子或延长因子能竞争性(或相互拮抗性)地与核糖结合。

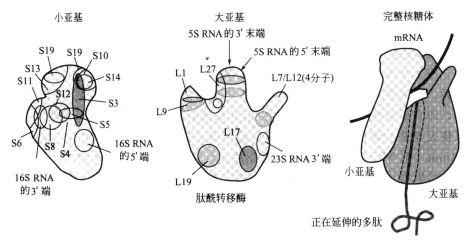

图 7-5　*E.coli* 核糖体的结构模型

7.2.2　核糖体的生物发生

1. 基因的过量扩增

生命活跃的细胞,需大量形成蛋白质,此时需要大量的核糖体,因而需合成大量的 rRNA 和核糖体蛋白质。为了适应蛋白质的大量需求,细胞在进化中形成两种机制:增加编码 rRNA 基因的拷贝数以及通过形成大量的核而进行基因扩增。如非洲爪蟾卵母细胞的 rRNA 的拷贝数可以在发育早期形成 50 多万个拷贝数,而在相同生物的其他类型细胞里只有几百个拷贝数,这些为卵母细胞在受精后的发育过程中大量的核糖体需求而创造了有利条件。

2. rRNA 基因的转录与加工

关于核糖体的形成则以真核细胞 80S 核糖体为例进行说明。真核细胞的大小亚基是在核中形成。真核生物的染色体中 28S,18S 和 5.8S rRNA 基因是串联分布的,基因间有间隔区分开;而 5S rRNA 基因为独立存在。有关 rRNA 的合成参见第八章核仁的部分。

虽然原核生物没有细胞核和核仁,但还是与真核生物在核糖体的形成中具有很多相似点。原核生物的 rRNA 基因也是多拷贝,转录成前体,然后经加工成成熟的 rRNA。但是在基因重复次数上较真核生物的 rRNA 基因重复次数要少,并且细菌中的 5S rRNA 基因与其他两种 rRNA 基因位于同一染色体上,组成一个转录单位,排列顺序为 16S-23S-5S。

3. 核糖体的装配

核糖体的自我装配(self-assembly)过程于 1968 年被认识,该过程不需其他任何因子参与,只要把 rRNA 和相应的蛋白质加入反应系统即可。如加入 16S rRNA 和 21 种蛋白质(S1~S21),即可装配成有天然活性的 30S 小亚基。因此,核糖体是自我装配的细胞器。r 蛋白质与 rRNA 合成加工成熟后就开始核糖体大小亚基的装配。真核生物核糖体亚基装配地点为核仁;而原核生物核糖体亚基装配则在细胞质进行。

　　编码核糖体亚基的蛋白质基因在细胞核内转录与加工成熟后,运送到细胞质中合成蛋白质,再将合成的蛋白质运送回细胞核的核仁。在此 28S、5.8S 及 5S rRNA 与蛋白质结合,形成 RNP,为大亚基前体,再加工成熟后,经核孔入胞质为大亚基;18S rRNA 也与蛋白质结合,经核孔入胞质为小亚基。首先是前体 rRNA 即大小亚基在胞质中以解离状态存在。$Mg^{2+} > 0.001 \ mol/L$ 时,可合成完整的单核糖体;当 $Mg^{2+} < 0.001 \ mol/L$ 时,则又重新解离。

　　(1)原核小亚基的装配

　　图 7-6 为 30S 蛋白质与 16S rRNA 的反应示意图,共需要三个步骤。

　　①大约 2/3 的蛋白质在较低温度条件下先与 16S rRNA 结合,形成一个中间颗粒,沉降系数为 21S。

　　②当温度上升到 37℃ 后,核糖体中间物发生构象改变,不增加蛋白质但沉降系数改变为 26S。

　　③由于构象变化,产生一些新结合位点。其余的蛋白质(占 1/3)再次在较低温度条件下与 26S 颗粒结合,形成完整的有功能的 30S 颗粒。

　　特点是:有 7 种蛋白质(S4,S8,S15,S17,S20,S7,S13)直接地与 16S rRNA 结合。只有它们与 rRNA 一级结合以后,其他蛋白质才能结合上去。某些蛋白质如 S3、S6、S10、S14、S18 和 S21 属于三级结合,即它们依赖于二级结合完成以后才能最后结合上去。

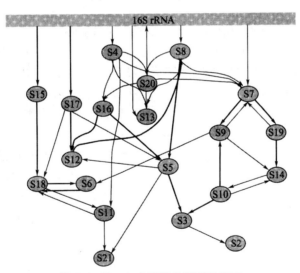

图 7-6　*E. coli* 小亚基的装配示意图

　　(2)原核大亚基的装配

　　与小亚基的装配不同,*E. coli* 大亚基的装配过程需要孵育条件(在 44℃、4mmol/L Mg^{2+} 存在)和四步装配过程:

　　①由两种 rRNA(23S、5S)和大约 20 种蛋白质组成 33S 颗粒。

　　②当温度上升到 44℃ 时,沉降系数从 33S 增至 41S。

　　③41S 与另一些蛋白质结合,转变为 48S。

　　④温度上升到 50℃,48S 转变为有活性的 50S 大亚基。特点是两种蛋白质(L24 和 L3)能

够起始装配过程。在中间物 33S 颗粒中,L20 和 L24 为绝对必需的。但在形成 41S 颗粒后,这些蛋白质从 41S 颗粒中移除。

7.3 核糖体的功能

核糖体的功能就是将 mRNA 上的遗传密码(核苷酸顺序)翻译成多肽链上的氨基酸顺序。合成的多肽链从 N 端开始,C 端结束。因此,它是肽链的装配机,即细胞内蛋白质合成的场所。

7.3.1 核糖体的功能活性位点

原核生物核糖体中存在四个活性部位(图 7-7),在蛋白质合成中起到专一的识别作用。

(1)A 位点(A site)

氨基酸位点。主要分布在大亚基上,是与新掺入的氨酰基-tRNA 结合的部位,可接受氨酰基-tRNA。

(2)P 位点(P site)

肽酰基位点。主要分布在大亚基上,是与延伸中的肽酰 tRNA 结合的部位,即释放 tRNA 的部位。

(3)E 位点(exit site)

是脱氨酰 tRNA 离开 A 位点到完全从核糖体释放出来的一个中间停靠点,只是暂时的停留点。E 位点被占据时,A 位点与氨酰基 tRNA 的亲和力降低,可防止与另一个氨酰 tRNA 的结合。直到核糖体准备就绪,E 位点空出,才会接受下一个氨酰 tRNA。

(4)mRNA 结合位点

蛋白质的起始合成,mRNA 首先要同小亚基进行结合,故推测在核糖体上必然存在与 mRNA 结合的位点。原核生物的核糖体中,与 mRNA 结合位点位于 16S rRNA 的 3′端。mRNA 与核糖体 16S rRNA 结合的序列称为 SD 序列,它是 1974 年由 Shine 和 Dalgarno 共同发现,故以首字母命名。SD 序列是 mRNA 中 5′端富含嘌呤的短核苷酸序列,一般位于 mRNA 的起始密码 AUG 的上游 5~10 个碱基处,并且同 16S rRNA3′端的序列互补。真核生物没有 SD 序列,mRNA 同核糖体小亚基的结合主要依赖于 mRNA 5′端甲基化帽子结构的识别。

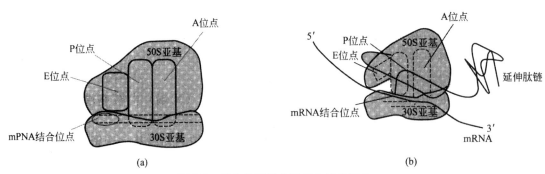

图 7-7 核生物核糖体的四个活性部位

(a)图表示一个翻译过程当中的核糖体,两条虚线代表 mRNA 存在的位置;(b)图,各结合位点都位于大小亚基之间

7.3.2 蛋白质合成中核糖体两组分功能的初步研究

1. 核糖体中 rRNA 的功能

基于研究,rRNA 基因而非 r 蛋白质基因突变的突变株,会对蛋白质合成抑制剂具有抗性;在整个进化过程中 rRNA 的结构比核糖体蛋白的结构具有更高的保守性。基于以上的研究,因此认为在核糖体中 rRNA 是起主要作用的结构成分。因为 rRNA 具有肽酰转移酶的活性;为 tRNA 提供结合位点(如 A 位点、P 位点和 E 位点);为多种蛋白质合成因子提供结合位点;在蛋白质合成起始时参与同 mRNA 选择性地结合以及在肽链的延伸中与 mRNA 结合;核糖体大小亚单位的结合、校正阅读(proof reading)、无意义链或框架漂移的校正,以及抗菌素的作用等都与 rRNA 有关。

2. 核糖体中 r 蛋白的功能

在 *E. coli* 中,核糖体蛋白的突变甚至缺失,但是对蛋白质的合成并没有产生"全"或"无"的影响。目前还很难确定哪一种蛋白具有催化功能,但是核糖体蛋白质并非无一作用,因为它们对于 rRNA 折叠成有功能的三维结构是十分重要的。在蛋白质合成中,某些 r 蛋白可能对核糖体的构象起"微调"作用。核糖体的结合位点作用,甚至可能在催化作用中,核糖体蛋白与 rRNA 可能共同行使功能。

7.4 多聚核糖体与蛋白质的合成

7.4.1 多聚核糖体

1. 多聚核糖体(polyribosome 或 polysome)的概念

核糖体在细胞内并不是单个独立地执行功能,而是由多个甚至几十个核糖体串联在一条 mRNA 分子上高效地进行肽链的合成,这种具有特殊功能与形态结构的核糖体与 mRNA 的聚合体称为多聚核糖体(图 7-8)。

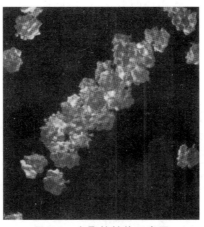

图 7-8 多聚核糖体示意图

2. 多聚核糖体的形成

在 mRNA 的起始密码子部位,核糖体亚基装配成完整的起始复合物,然后向 mRNA 的 3'端移动,直到到达终止密码子处。当第一个核糖体离开起始密码子后,空出的起始密码子的位置足够与另一个核糖体结合时,第二个核糖体的小亚基就会结合上来,并装配成完整的起始复合物,开始蛋白质的合成。同样,第三个核糖体、第四个核糖体……依次结合到 mRNA 上形成多聚核糖体。根据电子显微照片推算,多聚核糖体中,每个核糖体间相隔约 80 个核苷酸(图 7-9)。

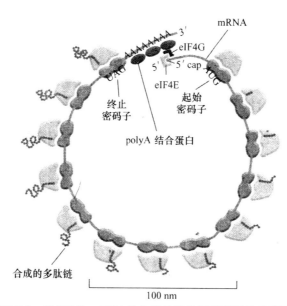

图 7-9 真核生物 mRNA 被多聚核糖体同时翻译的示意图

原核生物在 mRNA 合成的同时,核糖体就结合到 mRNA 上,基因转录和蛋白质翻译是同时并几乎在同一部位进行,所分离的多聚核糖体常常与 DNA 结合在一起。

3. 多聚核糖体的生物学意义

由于蛋白质的合成是以多聚核糖体的形式进行,因此,同一条 mRNA 被多个核糖体同时翻译成蛋白质,大大提高了蛋白质合成的速率,更重要的是减轻了细胞核的负荷,减少了基因的拷贝数,也减轻了细胞核进行基因转录和加工的压力。

不论细胞内合成多肽分子质量的大小或是 mRNA 的长短如何,单位时间内所合成的多肽分子数目都大体相等。

7.4.2 蛋白质的合成

蛋白质生物合成是一个复杂而重要的生命活动,它在细胞中有粗细的结构基础,进行得十分迅速有效,是依靠分子水平上的严密组织和准确控制进行的。

蛋白质合成不仅要有合成的场所,而且还必须有 mRNA、tRNA、20 种氨基酸原料和一些蛋白质因子及酶。Mg2+、K+等参与,并由 ATP、GTP 提供能量,合成中 mRNA 是编码合成蛋白质的模板,tRNA 是识别密码子,转运相应氨基酸的工具。核糖体则是蛋白质的装配机,它不仅组织了 mRNA 和 rRNA 的相互识别,将遗传密码翻译成蛋白质的氨基酸顺序,而且控制了多肽链的形成,下面以真核生物为例简述蛋白质合成的过程。

蛋白质生物合成过程可分成两个阶段。

1. 氨基酸的激活和转运阶段

在胞质中进行,氨基酸本身不认识密码,自己也不会到核糖体上,必须靠 tRNA。

氨基酸＋tRNA→氨基酰 tRNA 复合物

每一种氨基酸均有专一的氨基酰 tRNA 合成酶催化,此酶首先激活氨基酸的羟基,使它与特定的 tRNA 结合,形成氨基酰 tRNA 复合物。所以,此酶是高度专一的,能识别并作用于对应的氨基酸与其 tRNA,而 tRNA 能以反密码子识别密码子,将相应的氨基酸转运到核糖体上合成肽链。

2. 在多聚核糖体上的 mRNA 分子上形成多肽链

氨基酸在核糖体上的聚合作用,是合成的主要内容,可分为三个步骤(图 7-10):

(1)多肽链的起始

mRNA 从核到胞质,在起始因子 eIF 和 Mg^{2+} 以及 GTP 的作用下,40S 亚基与带帽的 mRNA 5′端接触,并沿着 mRNA"扫描"一直到抵达第一个 AUG 处再开始翻译,甲硫氨酰 tRNA 的反密码子与 mRNA 上的起始密码 AUG 互补配对,接着大亚基结合上去,形成起始复合物。GTP 水解,elf 释放,甲硫氨酸分子占据 P 位点,确定读码框架。

(2)多肽链的延伸

包括 3 个步骤:

①氨酰 tRNA 与延伸因子 EF-1、2 和 GTP 形成的复合物结合。

②延伸因子 EF-1 将氨酰 tRNA 放在 A 位点,mRNA 上的密码子决定酰胺 tRNA 的种类,到位后 EF-1 上的 GTP 水解,EF-1 连同结合在一起的 GDP 离开核糖体。

(注:原核生物延伸因子 EF-Tu 不与甲酰甲硫氨酰-tRNA 发应,因此起始的 tRNA 不能送在 A 位点,所以 mRNA 中间的 AUG 密码子不能被起始的 tRNA 识读。)

③肽链生成与移位,肽酰转移酶在延伸因子 EF1 及其结合的 GTP 作用下,促使形成二肽酰 RNA,使肽酰 tRNA 从 A 位转移 NP 位。原 P 位点无载的 tRNA 移到 E 位点后脱落,A 位点空出,如此反复循环,就使 mRNA 上的核苷酸顺序转变为氨基酸的排列顺序。

(3)多肽链的终止与释放

肽链的延长不是无限止的,当 mRNA 上出现终止密码时(UGA、UAA 和 UGA),就无对应的氨基酸运入核糖体,肽链的合成停止,释放因 eRF 和 GTP 结合到核糖体上抑制转肽酶作用,并促使多肽链与 tRNA 之间水解脱下,顺着大亚基中央管全部释放出,离开核糖体,同时大、小亚基与 mRNA 分离,可再与 mRNA 起始密码处结合,也可游离于胞质中或被降解,mRNA 也可被降解。

这时在一个核糖体上氨基酸聚合成肽链,每一个核糖体一秒钟可翻译 40 个密码子形成 40 个氨基酸肽键,其合成肽链效率极高。可见,核糖体是肽链的装配机。

原核生物蛋白质合成与真核生物的基本相同。关于蛋白质合成过程的细节及其与核糖体的关系,详见生物化学中的专题阐述。

（注：原核生物多肽链的起始是甲酰甲硫氨酸 tRNA 的反密码子识别并与 mRNA 的 AUG 配对形成起始复合物）

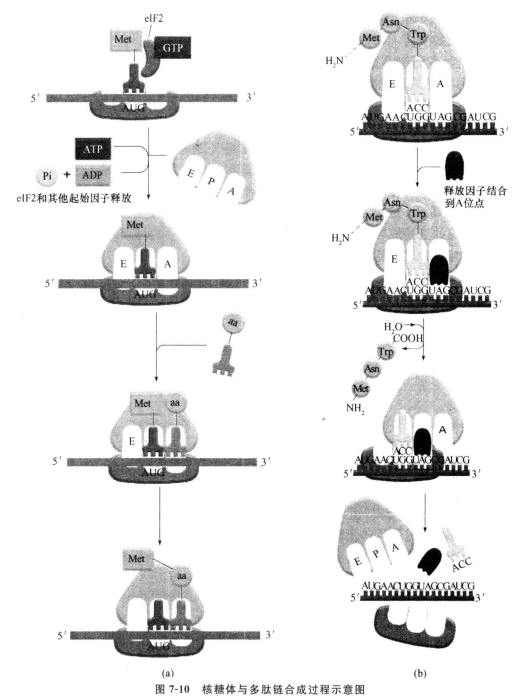

(a)　　　　　　　　　　　　　　　(b)

图 7-10　核糖体与多肽链合成过程示意图

（a）在起始因子和 GTP 的作用下，甲硫氨酸 tRNA 与小亚基结合的 mRNA 的起始密码子 AUG 结合，位于 P 位点。GTP 水解释放能量，并释放起始因子，大亚基与小亚基结合，氨酰 tRNA 结合到 A 位点，肽酰转移酶催化形成新的肽键，核糖体沿着 5′→3′方向向前移动 3 个核苷酸的位置，空出 A 位点，下一个氨酰 tRNA 又结合 A 位点，如此循环延长肽链；（b）多肽合成的最后阶段。释放因子结合到 A 位点终止翻译，完整的多肽链释放，核糖体大小亚基分离，这一系列反应需要蛋白因子和 GTP 水解提供能量

7.4.3　核糖体的异常改变和功能抑制

电镜下,多聚核糖体的解聚和粗面内质网的脱离都可看作是蛋白质合成降低或停止的一个形态指标。

多聚核糖体的解聚:是指多聚核糖体分散为单体,失去正常有规律排列,孤立地分散在胞质中或附在粗面内质网膜上。一般认为,游离多聚核糖体的解聚将伴随着内源性蛋白质生成的减少。脱离是指粗面内质网上的核糖体脱落下来,分布稀疏,散在胞质中,RER 上解聚和脱离将伴随外输入蛋白合成。

正常情况下,蛋白质合成旺盛时,细胞质中充满多聚核糖体,RER 上附有许多念珠线状和螺旋状的多聚核糖体,当细胞处于有丝分裂阶段时,蛋白质合成明显下降,多聚核糖体也出现解聚,逐渐为分散孤立的单体所代替。

在急性药物中毒性(四氯化碳)肝炎和病毒性肝炎,以及肝硬化患者的肝细胞中,经常可见到大量多聚核糖体解聚呈离散单体状,固着多聚核糖体脱落,分布稀疏,导致分泌蛋白合成减少,所以,患者血浆白蛋白含量下降。

另外,一些药物、致癌物可直接抑制蛋白质合成的不同阶段,有些抗菌素,如链霉素、氯霉素、红霉素等对原核与真核生物的敏感性不同,能直接抑制细菌核糖体上蛋白质的合成作用。有的抑制在起始阶段,有的抑制肽链延长和终止阶段,有的阻止小亚基与 mRNA 的起-始结合,如四环素抑制氨基酰 tRNA 的结合和终止因子,氯霉素抑制转肽酶,阻止肽链形成,红霉素抑制转位酶,不能相应移位进入新密码。所以,抗菌素的抗菌作用就是干扰了细菌蛋白合成而抑制细菌生长来起作用的。

7.4.4　RNA 在生命起源中的地位及其演化过程

生命是自我复制的体系。最早出现的简单生命体中的生物大分子,应该既具有信息载体功能又具有酶的催化功能。生物三种大分子 DNA、RNA 和蛋白质中,只有 RNA 分子既具有信息载体功能又具有酶的催化功能,因此,推测 RNA 可能是生命起源中最早的生物大分子。

为了避免先有蛋还是先有鸡的无休止争论,从根本上探索生命的起源,人们从化学进化和生物学进化的角度,提出了 RNA 学说。即认为生物大分子的进化过程可分为四个阶段:前 RNA 世界,RNA 世界,RNA—蛋白质世界和 DNA—RNA—蛋白质世界(图 7-11)。

认为生命起源于 RNA,其主要根据有:

①研究表明,许多病毒只含单链 RNA 而不含 DNA。

②研究发现,一些 RNA 具有酶的催化活性,如原核生物 70S 的核糖体中的大亚基中的 23S rRNA 就具有肽酰转移酶的活性。

③由于 RNA 酶的发现,人们提出了从多核苷酸到多肽的学说。

④在真核生物基因组中发现了断裂基因,即外显子与内含子相间出现基因结构形式。

⑤RNA 各种编辑变换的发现,使人们对 RNA 功能的多样性有了更多的认识。

⑥在一些病毒(如 HIV,即 AIDS 病毒)中发现了反转录现象。

⑦生物分子的功能与其结构(主要是三维结构)密切相关。

生命的基本特征是能够携带遗传信息,能够自我复制和能够催化生命过程的生物化学反应,并且为了适应环境的变化在生命进程中要能够不断地从低级到高级进化。以上结果正好说明 RNA 具有体现这些特征的功能。不过,迄今为止,RNA 学说很大程度上是建立在 RNA 催化作用的若干实验的基础上的,而对于作为原初信息载体则缺乏更多的实验事实的支持。

蛋白质的催化功能在"RNA 世界"假说中,核酸酶的功能在于利用它本身以外的 RNA 作为模板延长已有的 RNA 片段的长度,RNA 可能负责原始体系中的 RNA 复制。随着生物的进化,蛋白质以其侧链的多样性和构象的多变性取代 RNA 成为主要催化剂。

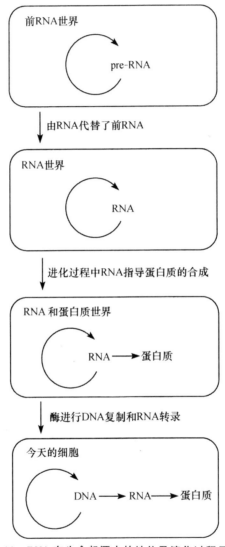

图 7-11 RNA 在生命起源中的地位及演化过程示意图

DNA 作为遗传信息的载体在"RNA 世界假说"中进化的猜想是正确的,早期的细胞中 RNA 是储存遗传信息的载体,而不是 DNA。在进化过程中 RNA 先于 DNA 产生的证据是二者的化学组成不同。核糖像葡萄糖或者其他的碳水化合物很容易在实验室模拟原始地球大气的条件下通过甲烷的化学反应获得,而脱氧核糖很难获得。现在细胞中的脱氧核糖主要是通过蛋白酶的催化形成,因此,表明核糖比脱氧核糖产生的早。尽管 DNA 后来出现,但是 DNA 比 RNA 更适合作为永久遗传信息的储存仓库。特别是糖磷酸骨架中的脱氧核糖使 DNA 链的比 RNA 链更具有化学的稳定性,因此很长的 DNA 链不会被破坏。其次,DNA 双链比 RNA 单链结构稳定;DNA 链中胸腺嘧啶代替了 RNA 链中的尿嘧啶,使之易于修复。

今天,在拥有大量的生物学实验结果和定性分析以及部分定量规律的条件下,生物学的研究正在从现象的描述走向机制的阐明,从直观走向抽象,从分散走向综合,从定性走向定量。在这样的格局下,对生命起源的研究,将会极大地推动对现实生命现象、生命过程、遗传信息流、大分子结构与功能,以及与人类生存和发展息息相关的重大科学问题的揭示和解决。

第8章 细胞骨架

8.1 细胞骨架概述

细胞除了具有遗传和代谢两个主要特性之外,还有两个特性,就是它的运动性和维持一定的形态。细胞的运动是生物进化的重要成就。初始的细胞可能是不动的,只能靠气流带动迁移。随着多细胞生物的进化,形成了可运动的器官。在成年的生物体内,仍有细胞是运动的,如保卫细胞要消灭外来生物的感染,必须能够出击。

体内的大多数细胞是稳定的,但是形态要发生很大的变化,如肌细胞的收缩、神经轴的伸长、细胞表面突起的形成、细胞有丝分裂时的缢缩等。大多数运动是发生在细胞内的,如染色体分离、胞质环流和膜泡运输等。细胞内外的运动性是生长和分化的基本要素,并且是受严格控制的。细胞所有运动都是机械运动,需要燃料(ATP)和蛋白质,将贮存在 ATP 中的能量转变成动力。细胞骨架是细胞运动的轨道,也是细胞形态的维持和变化的支架。

8.1.1 细胞骨架的组成和分布

细胞骨架是细胞内以蛋白质纤丝为主要成分的网络结构,由主要的 3 类蛋白质纤丝(filament)构成,包括微管、微丝、中间纤维。每一种蛋白质纤丝都是由不同的蛋白质亚基组成,如微管蛋白是微管的亚基、肌动蛋白是肌动蛋白纤丝的亚基,而中间纤维则是由一类纤维蛋白家族组成的。各种纤丝都是由上千个亚基装配成不分支的线性结构,有时交叉贯穿在整个细胞之中。

微管主要分布在核周围,并呈放射状向胞质四周扩散;微丝主要分布在细胞质膜的内侧;而中间纤维则分布在整个细胞中(图 8-1)。虽然各种蛋白质纤维在细胞内具有相应的位置,

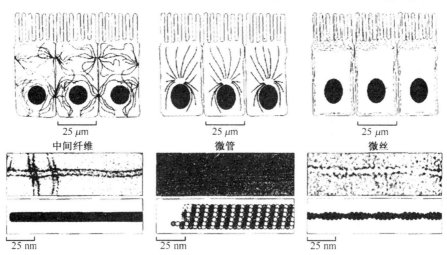

图 8-1 细胞骨架的 3 类主要成分及其分布

但不是绝对的。

8.1.2　细胞骨架的功能

细胞骨架对于维持细胞的形态结构及内部结构的有序性以及在细胞运动、物质运输、能量转换、信息传递和细胞分裂等一系列方面起重要作用。

作为支架(scaffold)。为维持细胞的形态提供支持结构,例如红细胞质膜的内部主要是靠以肌动蛋白纤维为主要成分的膜骨架结构维持着红细胞的结构。

在细胞内形成一个构架(framework)结构。为细胞内的各种细胞器提供附着位点。胞质溶胶中具有各种功能不同的细胞器,而且每种细胞器的数量又多,如果这些细胞器都漂浮在胞质溶胶中,作用时势必会互相干扰,而细胞骨架为这些细胞器提供附着位点,所以细胞骨架是胞质溶胶的组织者,将细胞内的各种细胞器组成各种不同的体系和区域网络。

为细胞内的物质和细胞器的运输及运动提供机械支撑。例如从内质网产生的膜泡向高尔基体的运输。由胞吞作用形成的吞噬泡向溶酶体的运输等通常都是以细胞骨架作为轨道的;在有丝分裂和减数分裂过程中染色体向两极的移动以及含有神经细胞产生的神经递质的小泡向神经细胞末端的运输都要依靠细胞骨架的机械支持。

为细胞从一个位置向另一位置移动提供力。一些细胞的运动,如假足的形成也是由细胞骨架是供机械支持。典型的单细胞靠纤毛和鞭毛进行运动,细胞的这种运动器官主要是由细胞骨架构成的。

为信使 RNA 提供锚定位点,促进 mRNA 的翻译。用非离子去垢剂提取细胞成分可发现细胞骨架相当完整,许多与蛋白质合成有关的成分同不被去垢剂溶解的细胞骨架结合在一起。

参与细胞的信号转导。有些细胞骨架成分常同细胞质膜的内表面接触,这对于细胞外环境中的信号在细胞内的转导起重要作用。

是细胞分裂的机器。有丝分裂的两个主要事件,核分裂和胞质分裂都与细胞骨架有关,细胞骨架的微管通过形成纺锤体将染色体分开,而肌动蛋白丝则将细胞一分为二。

细胞骨架的字义概念往往会给人以错觉,认为它是不动的框架结构。其实,它与人类社会所见和所说的框架的意义完全不同。首先,细胞骨架不是惰性结构,而是一种高度动态的组织,它们的装配、去装配和再装配都很快。第二,在细胞骨架的诸多功能中,最基本的两个功能是:使细胞维持一定的形态和使细胞具有运动的能力,包括机体的运动和细胞器的移动,其他作用都是在这两个功能的基础上拓展的,而细胞骨架的动态性质则是最重要的。

另外细胞骨架在起作用时需要一些相关蛋白质的参与,这些蛋白质虽然不属于细胞骨架的组成部分,但是对于细胞骨架行使功能具有重要作用。

8.1.3　细胞骨架的研究方法

由于细胞骨架在细胞运动、物质运输、能量转换、信息传递和细胞分化等一系列方面起重要作用,所以对细胞骨架的研究是近代细胞生物学中最活跃的研究领域之一。

1. 荧光显微镜在细胞骨架研究中的应用

荧光显微镜主要用来研究细胞骨架的动力学。例如,细胞骨架的蛋白质亚基能够同小分子的荧光染料共价结合,使细胞骨架带上荧光标记并发出荧光。这样就可以追踪细胞骨架蛋白在细胞活动中的作用,包括装配、去装配、物质运输等。这种方法还有一个好处,就是在活细胞时就可以观察。

另外,也可用荧光抗体研究以很低浓度存在的蛋白质在细胞内的位置,因为标记的荧光抗体同特异的蛋白质具有很高的亲和性,只要有相应的蛋白质存在,就一定会有反应,因为这种反应是特异的,通过荧光显微镜观察就可确定。荧光抗体既可以直接注射活细胞进行反应,也可以加到固定的细胞或组织切片中进行反应和分析。用这种方法对微管、肌动蛋白纤维、中间纤维进行了成功定位(图 8-2)。

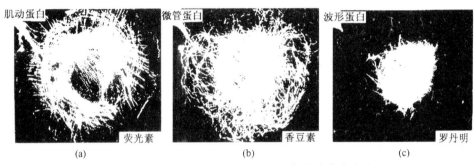

图 8-2　相同细胞中微管、微丝和中间纤维的荧光定位

3 种不同荧光染料探针同相应的蛋白纤维结合从而使细胞内的纤维被染色。(a)含有肌动蛋白的纤维被蘑菇毒素鬼笔环肽标记;(b)含微管蛋白的微管被微管蛋白的抗体标记;(c)中间纤维被抗波形蛋白的抗体标记。3 种混合的荧光标记物,各自的光都不强,并且各自的荧光波长不同。检查时,用不同的滤光片,每次滤去两种光。

2.电视显微镜

强化光学显微镜功能的一种方法就是用照相机将细胞的活动记录在胶片上并可在电视屏幕上显示,即电视显微镜(video microscope)。这种显微镜的照相机具有特别的反差、数码和计算机处理等 3 个特点。用这种照相机能够使显微镜观察比自身分辨率低的物质,并进行照相,如观察直径为 25 nm 的微管、直径为 40 nm 的运输泡等。这一技术的发展导致一种观察分子发动机(molecular motor)移动方法的产生。在典型的实验中,将微管样品放在载玻片上,然后通过聚焦的激光束系统将含有分子发动机的样品直接放到微管上,在合适的条件下,可在电视屏幕上观察分子发动机能够以 ATP 为能量来源沿着微管移动(图 8-3)。

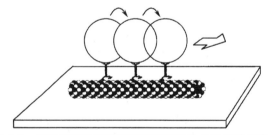

图 8-3　用电视显微镜观察到的微管发动机的运动示意图

3.电子显微技术的应用

细胞骨架的一个很特别的性质是在非离子去垢剂,如 Triton X-100 处理时保持非溶解状态。当用这类去垢剂处理细胞时,可溶性的物质、膜成分被抽提出来,留下细胞骨架,并且同活细胞中的结构完全一样。根据这一特性,采用金属复型技术在电子显微镜下观察到细胞骨架的基本排列(图 8-4)。

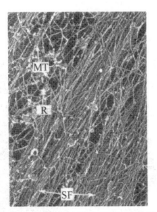

图 8-4　细胞骨架的电子显微镜检查

用非离子去垢剂 Triton X-100 处理成纤维细胞,并进行冰冻干燥
和金属复型的细胞骨架。SF 表示的是成束的微丝,MT 表示微管;R 是多聚核糖体。

8.2　微丝

微丝(microfilament)遍布整个细胞,其在细胞内不仅长度变化非常大,还可相互之间交联成束状和网络状。因而微丝能通过自身的组装与解聚调控细胞的形态并执行不同的功能。

8.2.1　微丝的结构

微丝的主要结构成分肌动蛋白(actin)是含量最丰富、高度保守的真核细胞内蛋白,在肌细胞中肌动蛋白的含量占细胞总蛋白质量的 10% 左右。即使是非肌细胞中,肌动蛋白也占细胞总蛋白的 1%～5%,像纤毛这样的特殊结构中,肌动蛋白的浓度高于典型细胞中的 10 倍。

体内的肌动蛋白根据存在形式分为单体肌动蛋白(G-actin)和纤维状肌动蛋白(F-actin)。单体肌动蛋白呈碟状,由 375 个氨基酸残基组成,分子质量约为 42 kDa,内含一个 ATP/ADP 结合位点和一个 Mg^{2+} 结合位点。三维结构显示肌动蛋白分子一端的裂缝是 ATP 酶进出端,能结合 ATP 和 Mg^{2+},常被作为负极。而像合页一样能调控裂缝大小的底部,常被称为正极(图 8-5a)。醋酸双氧铀负染后进行电镜观察,发现单体肌动蛋白组装形成一线性结构,即肌动蛋白丝(actin filament)。两条纤维状肌动蛋白丝构成了电镜下呈右手双股螺旋、直径 7～9nm、螺距 36 nm 的微丝(图 8-5b)。用 X 射线衍射技术分析后发现,微丝中每个肌动蛋白单体周围都有 4 个亚基上下左右围绕。肌动蛋白的极性决定了最终微丝的极性(图 8-5c)。

不同的肌动蛋白异构体序列上的差别很小,但它们执行的功能却相差很大。肌动蛋白编码基因家族高度保守,序列比对发现,阿米巴和动物细胞肌动蛋白的相似性高达 80%。但是不同生物编码肌动蛋白基因的数量差别较大,如一些单细胞生物(棒状细菌、酵母等)仅有 1 或 2 个肌动蛋白基因;而多细胞生物,如人类有 6 个肌动蛋白基因,一些植物细胞肌动蛋白基因的数量多达 60 多个。脊椎动物中 6 个肌动蛋白基因分别编码肌细胞的 4 个 α-肌动蛋白以及

非肌细胞中的 β—肌动蛋白和 γ—肌动蛋白。这些异构体有着不同的功能:α—肌动蛋白与收缩结构有关;γ—肌动蛋白组成了细胞内应力纤维(stress fiber);β—肌动蛋白则位于细胞运动的最前沿,并形成聚集的微丝。

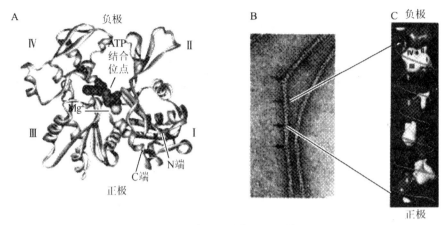

图 8-5 肌动蛋白单体和微丝的结构

A. 肌动蛋白单体三维结构,1分子 ATP 和 Mg^{2+} 结合在分子中间;B. 微丝的电镜照片;C. 微丝的分子模型

8.2.2 微丝的组装

1. 微丝组装的基本特征

由于单体肌动蛋白有一个 ATP/ADP 结合位点,因而单体肌动蛋白有两种存在形式:ATP 结合单体肌动蛋白和 ADP 结合单体肌动蛋白。单体肌动蛋白结合的 ATP 或 ADP 能影响肌动蛋白分子的构象,因而单体肌动蛋白所结合的 ATP/ADP 的转换对微丝的组装起着非常重要的作用。在单体肌动蛋白溶液中添加 Mg^{2+}、K^+ 和 Na^+,会诱导单体肌动蛋白聚集组装成纤维状肌动蛋白,而当这些离子浓度下降时,纤维状肌动蛋白则解聚成单体肌动蛋白。这种体外形成的纤维状肌动蛋白丝与从细胞内分离的微丝无任何区别,提示在微丝组装中可能不需要其他的辅助蛋白。单体肌动蛋白组装成纤维状肌动蛋白丝的过程中,伴随着 ATP 的水解,但这一过程只影响组装的动力学,而单体肌动蛋白与微丝的结合过程并不需要 ATP 水解供能。

细胞内的微丝伴随细胞生理的变化,不断地缩短或延长,这样细胞内由微丝组成的束状或网络状结构就处于动态变化中,同样在不断地形成或解体。微丝体外组装需要三个连续阶段(图 8-6)。

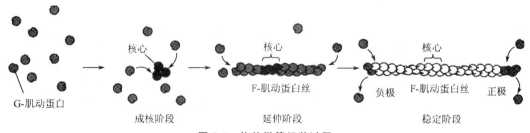

图 8-6 体外微管组装过程

（1）成核阶段

这个阶段的标志是单体肌动蛋白聚集成短的、不稳定的多聚体，这一过程较慢。当 2 或 3 个肌动蛋白单体聚集在一起时，即可作为一个稳定的核心，诱导形成微丝。如果在单体肌动蛋白溶液中加入纤维状肌动蛋白核心可加快成核反应（图 8-7）。

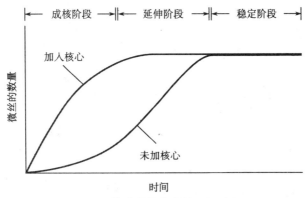

图 8-7　体外微管组装的时间过程

（2）延伸阶段

这一时期单体肌动蛋白迅速添加到核心的两端。随着纤维状肌动蛋白丝的延伸，单体肌动蛋白的浓度迅速下降直至出现纤维状肌动蛋白丝/单体肌动蛋白的平衡点。

（3）稳定阶段

单体肌动蛋白在纤维状肌动蛋白丝的两端不断交替更新，但纤维状肌动蛋白丝的总体长度不变。

当到达稳定阶段后，未组装的单体肌动蛋白的浓度就被称为临界浓度（critical concentration，C_c），它决定了微丝的组装与解聚。体外单体肌动蛋白的 C_c 浓度为 0.1μmol/L，高于这一浓度单体肌动蛋白将组装成纤维状肌动蛋白丝，低于这一浓度纤维状肌动蛋白丝解聚。ATP 结合的肌动蛋白单体结合到微丝上时，由于肌动蛋白具有 ATP 酶活性，所结合的 ATP 被缓慢水解成 ADP。因而多数微丝是由 ADP 结合的纤维状肌动蛋白组成，但 ADP 结合纤维状肌动蛋白经常出现在负极，而正极常被 ATP 结合纤维状肌动蛋白覆盖，这一结果也叫做 ATP 帽（ATP cap）。正端带有这样的 ATP 帽的微丝比较稳定，可以持续组装，所以实际上微丝两端单体聚集的速度不同，正极的聚集比负极快 5～10 倍。以肌球蛋白修饰的单体肌动蛋白作为核心证明了微丝两端不同的延伸速度，正极组装快（图 8-8）。

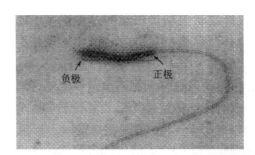

图 8-8　肌球蛋白修饰显示微丝两极不均等的组装过程

　　微丝两端不同的延伸速率是由微丝两极不同的 C_c 值引起的(图 8-9)。假如将微丝的正极用蛋白质封闭起来,那么微丝的延伸只能在负极进行。相反,如果封闭的是负极,则延伸只能发生在正极。实验结果显示负极 C_c(C_c^-)浓度高于聚集的正极(C_c^+)约 6 倍。因此推断,在 ATP 结合纤维状肌动蛋白的浓度低于 C_c^+ 时,微丝延伸停止。当单体肌动蛋白的浓度高于 C_c^- 一时,微丝两端均延伸,此时表现出正极组装快于负极。而当单体肌动蛋白的浓度处于正负极的 C_c 值时,稳定阶段出现,此时微丝正极组装,负极解聚。这时尽管不断有新的肌动蛋白掺入,但微丝的长度不变,这种动态稳定和平衡现象称为踏车运动(tread miling)(图 8-10)。

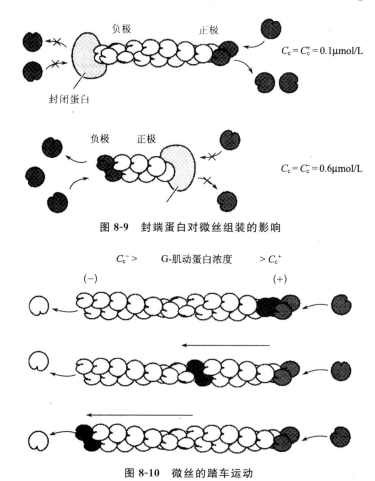

图 8-9　封端蛋白对微丝组装的影响

图 8-10　微丝的踏车运动

2. 微丝特异性药物

　　细胞松弛素(cytochalasins)是真菌分泌的生物碱,可以切断微丝,并结合在微丝正极阻止单体肌动蛋白的聚集。由于细胞松弛素不影响微丝的解聚,因而最终导致微丝的解体。所以细胞在用细胞松弛素处理后除肌细胞中的细肌丝结构外,其他所有由肌动蛋白组成的结构均消失。

　　鬼笔环肽(philloidin)是一种从毒蘑菇鬼笔鹅膏中提取的剧毒环状多肽,与微丝有强的亲和力。其与细胞分裂素的作用正好相反,鬼笔环肽可稳定微丝的结构,抑制其解聚,但不影响其组装。

8.2.3　非肌肉细胞中的微丝结合蛋白

纯化的肌动蛋白在体外能聚集成肌动蛋白丝，但它们之间由于不能相互作用，因而没有生物学活性。细胞内的微丝结合蛋白（microfilament-associated protein，MAP）通过影响肌动蛋白丝的组装与解聚、物理特性及相互作用，进而调控肌动蛋白丝组装成束或网络状。非肌肉细胞中的微丝结合蛋白主要包括微丝成核蛋白、微丝束状蛋白、微丝网络状结构蛋白、结合单体肌动蛋白的微丝结合蛋白及稳定纤维状肌动蛋白的封端蛋白及膜结合蛋白等。

微丝成核蛋白：肌动蛋白相关蛋白家族（actin-related protein，Arp）存在于多种真核生物中。Arp2/3 能刺激肌动蛋白在体外的组装。细胞中分离的 Arp2/3 能与抑制蛋白结合，并且 Arp2/3 呈 70°与微丝结合后，产生了新生微丝的成核位点（图 8-11）。已存在的微丝与新生微丝结合在一起就产生了一个分支的网络状结构，在这一结构中 Arp2/3 就位于分支点。因而，新生微丝末端的延伸就形成了推动质膜向前的运动力（图 8-12）。肌动蛋白网络形成蛋白（细丝蛋白）稳定这一结构，而肌动蛋白切丝蛋白使这一结构解聚。

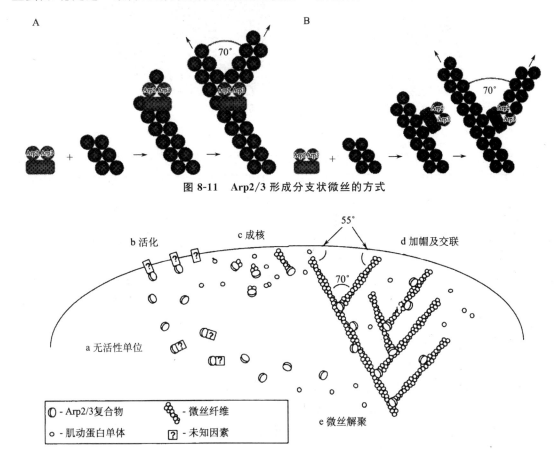

图 8-11　Arp2/3 形成分支状微丝的方式

图 8-12　非肌细胞细胞质膜前缘肌动蛋白的组装

介导微丝成束状和网络状的结合蛋白：微丝束状和网络状结构通常是由几种不同的微丝结合蛋白参与而构成的稳定结构。这类蛋白质上的肌动蛋白结合位点决定了微丝结合成束或是网络状。一些单体的微丝结合蛋白如丝束(毛缘)蛋白(fimbrin)和成束蛋白(fascin)有两个微丝结合结构域,所以能将微丝聚集成束。而介导微丝成网络状的结合蛋白却只有一个肌动蛋白结合位点。微丝的网络状结构充满了细胞质,赋予细胞质胶状特性。由于这些蛋白质通常与膜蛋白结合,因而细胞皮层中的网络状结构与细胞质膜结合。在形成网络状纤维结构的蛋白质中,不同蛋白质基序的重复排列决定了臂的长度,因而决定了纤维的空间排布和方向性(图 8-13)。

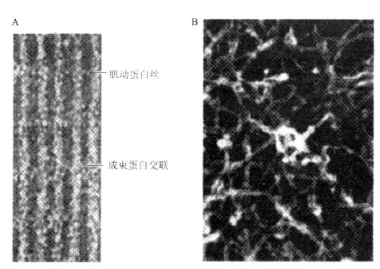

A 肌动蛋白丝

成束蛋白交联

B

图 8-13 微丝交联蛋白相互结合形成微丝

A. 成束蛋白交联时微丝相互聚集成束;B. 如细丝蛋白等长的、柔韧性强的交联蛋白引起微丝形成网络状

单体结合蛋白:动物细胞中大约 40% 的肌动蛋白是以单体形式存在。什么因素导致了细胞内单体肌动蛋白的浓度高于 C_c 值呢? 胸腺素 $\beta4$ 在细胞质中含量丰富并能结合 ATP 结合单体肌动蛋白。胸腺素 $\beta4$ 等比例结合在 ATP 结合单体肌动蛋白的负极,导致 ATP 结合单体肌动蛋白—胸腺素无法聚集在纤维状肌动蛋白上。细胞质中另一种能等比例结合 ATP 结合肌动蛋白的是抑制蛋白。多数情况下,抑制蛋白结合细胞内大约 20% 的单体肌动蛋白,这个浓度远远低于作为有效抑制蛋白的浓度。抑制蛋白属鸟苷酸交换因子(nucleotide-ex-change factor,GEF),它结合 ADP 结合单体肌动蛋白后能促进 ADP 转换成 ATP。由于抑制蛋白结合在单体肌动蛋白的正极,因而抑制蛋白引起 ADP-肌动蛋白单体从微丝上释放,进而补充 ATP-肌动蛋白库。此外,抑制蛋白与质膜上的成分相互作用参与细胞与细胞的信号转导过程,这一过程也是调控细胞质膜微丝组装的主要因素(图 8-14)。

能产生新的微丝末端的结合蛋白:这些微丝结合蛋白将微丝分裂成小片段,产生了新的微丝组装的生长点,进而调控微丝的长度。在类似变形虫的运动中,中心细胞质向前流动,当到达细胞前沿后变成凝胶状。细胞质由流动状向凝胶状改变的现象依赖变形虫向前移动中新的微丝组装和滞后部位原有微丝的解聚,已有微丝的解聚和微丝网络的组装需要凝溶胶蛋白(gelolin)和切丝蛋白(cofilin)的帮助。

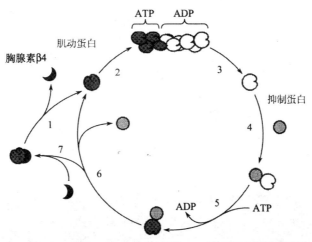

图 8-14　抑制蛋白和胸腺素 $\beta4$ 调控 G—肌动蛋白聚集的机制

8.2.4　肌肉细胞中的微丝结合蛋白

肌球蛋白(myosin)不仅能与微丝结合还能与一些细胞器或囊泡结合,同时利用 ATP 水解产生的能量沿着微丝运动,因而这类分子常被称为分子马达(molecular motor)。肌球蛋白约有 10 余种,其中Ⅰ型和 V 型参与细胞骨架和细胞膜的相互作用,如膜泡运输等。Ⅱ型主要参与肌丝滑动。植物细胞特有的肌球蛋白有三种:Ⅷ、Ⅺ和 ⅩⅢ。Ⅺ型肌球蛋白是绿藻和高等植物中胞质环流中运动最快的一类肌球蛋白。几乎所有的肌球蛋白都由重链、轻链、颈部和尾部组成。重链头部的 ATP 酶活性是肌动蛋白结合位点,通过颈部的 ATP 水解作用周期性地调控 ATP 的结合与水解,进而驱动肌球蛋白分子沿着微丝运动。特别是细胞皮层及神经细胞生长锥前端等富含微丝的部位,多以此种形式进行物质运输。细胞内肌球蛋白几乎都沿微丝的负极向正极运动,只有Ⅵ型肌球蛋白比较特殊,其沿微丝的正极向负极运动。由于肌球蛋白分子结构及其功能上的差异,常将Ⅱ型肌球蛋白称为传统的肌球蛋白,其他的各种类型均称为非传统的肌球蛋白。

(1)Ⅱ型肌球蛋白

Ⅱ型肌球蛋白存在于多种细胞中。在肌细胞中,Ⅱ型肌球蛋白约占肌肉总蛋白的一半,其分子质量约为 45 kDa。其由 1 或 2 条重链和几条轻链组成,重链常相互缠绕形成长约 140 nm、直径 2 nm 的双股 α 螺旋。重链由头、颈和尾部组成。在无肌动蛋白时,肌球蛋白能缓慢地将 ATP 水解成 ADP 和焦磷酸。然而当肌球蛋白和肌动蛋白结合时,肌球蛋白头部的 ATP 水解酶活性是未与肌动蛋白结合的肌球蛋白的 4～5 倍。肌动蛋白激活的这一过程确保了肌球蛋白头部的 ATP 酶调控二者结合的最大速率(图 8-15)。

与头部紧接的是 α 螺旋颈部。轻链结合在重链的颈部,具有调节功能。轻链调控头部构象及结构域活性的改变,由此引起头部运动。不同类型的肌球蛋白最大的差别在于轻链的数量和种类。Ⅱ型肌球蛋白含有两条不同的轻链,一条为轻链,一条为调节轻链,二者都是钙结合蛋白。

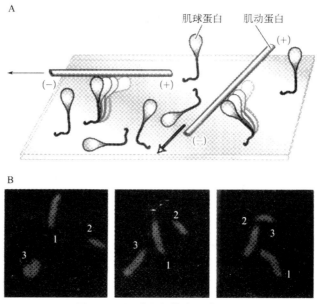

图 8-15 肌球蛋白体外运动实验

A. 肌球蛋白通过尾部被固定在玻片上后在 ATP 存在时, 肌球蛋白的运动就导致玻片的滑动; B. 通过荧光显微镜的显微摄影技术观察到 3 条微丝在 30 min 内的运动

在骨骼肌中Ⅱ型肌球蛋白的尾部相互缠绕形成高度稳定的棒状结构, 头部在棒状结构的两端, 中间是空白区, 这种排列特点构成了粗肌丝(图 8-16B)。此外, Ⅱ型肌球蛋白在非肌肉细胞中参与胞质分裂过程中收缩环的形成和张力纤维的活动。

(2)非传统型的肌球蛋白

1973 年, Pollard 和 Korn 在原生动物 Acanthamoeba 中分离出一种特殊的肌球蛋白样蛋白。与肌肉中的肌球蛋白不同, 这种小的肌球蛋白只有一个头部, 并且在体外无法组装成纤维。目前将与传统的Ⅱ型肌球蛋白不同的一系列肌球蛋白都称为非传统型肌球蛋白。

Ⅰ型肌球蛋白的结构比较特殊, 由于它的重链缺少 α 螺旋序列, 因而Ⅰ型肌球蛋白是一个单体(图 8-16A)。肌球蛋白行使何种功能依赖其尾部与细胞不同部位的结合, Ⅰ型肌球蛋白的尾部和细胞质膜结合, 介导质膜和皮层中微丝之间的互作, 因而其可改变细胞形态。

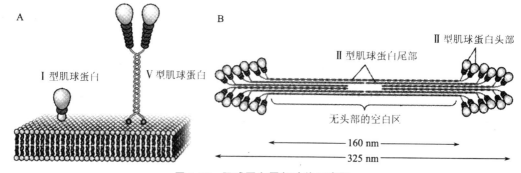

图 8-16 肌球蛋白尾部功能示意图

　　V 型肌球蛋白由 2 条重链组成,具有 2 个头部。V 型肌球蛋白的颈部长达 23 nm,是 II 型肌球蛋白的 3 倍,其在微丝上的步移幅度可涵盖 13 个肌动蛋白的长度,达 36 nm,从而介导转运货物沿微丝的运动。V 型、VI 型和 XI 型肌球蛋白的尾部结合在细胞质膜或细胞内细胞器膜上,因而这些分子行使与膜相关的功能。

8.2.5　微丝的功能

1. 支持作用

　　维持细胞形态:细胞质靠近细胞质膜的部分是微丝富集的区域,这些微丝相互交联形成网络状结构,这一区域常被称为细胞皮层(cell cortex)。细胞皮层通过微丝结合蛋白与细胞质膜构成一个整体,为质膜提供支撑作用,借此维持细胞形态。

　　微绒毛:小肠上皮细胞在面向肠腔一侧细胞质膜突起形成了微绒毛(microvili)(图 8-17)。微绒毛的核心是高度有序、平行排列的束状微丝,正极指向微绒毛的顶端,负极终止于端网结构(terminal web)。微丝束是微绒毛的支撑结构,不含肌球蛋白、原肌球蛋白和 α—辅肌动蛋白,不具有收缩功能。例如,绒毛蛋白、毛缘蛋白等微丝结合蛋白起着微丝束的形成及维持微丝束结构等重要作用。

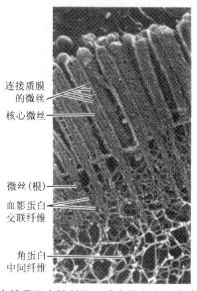

图 8-17　电镜显示变性剂处理后小肠上皮细胞的顶部结构

　　应力纤维:应力纤维是真核细胞中存在的一种较为稳定的由微丝组成的束状纤维结构。体外培养的细胞常需形成一种特殊的黏着斑,进而将细胞与细胞外基质黏附在一起。这时细胞内常含有大量平行排列的微丝束,其上还有多种微丝结合蛋白,如 II 型肌球蛋白、α 辅肌动蛋白、原肌球蛋白和钙调结合蛋白等。应力纤维在细胞质中通过与肌球蛋白分子的相互作用也具有收缩功能,但不参与细胞运动,而是赋予细胞以韧性和强度及维持细胞的形状,在细胞的形态发生、细胞分化及组织形成过程中具有重要作用。

2. 参与细胞运动

　　微丝在运动细胞的前沿组装对细胞的迁移至关重要。通过调控细胞内肌动蛋白的组装和解聚,细胞产生了运动的动力。细菌和病毒可通过两种方式从宿主细胞中释放:宿主细胞裂解后被释放出来;通过微丝聚集的一端逃离出来(图 8-18)。在感染的哺乳动物细胞中,它们在细胞质中以每分钟 11 μm 的速度运动。这些运动的病毒和细菌后尾随着一段短的微丝,形状看起来就像快速上升的羽毛,表明肌动蛋白的运动为病毒和细菌的移动提供动力。对细菌突变体的研究显示,细菌质膜蛋白与细胞内 Arp2/3 的相互作用,促进了肌动蛋白在细菌附近聚集形成了细菌后面长长的尾巴。

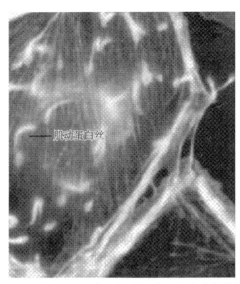

图 8-18 疫荧光显示肌动蛋白在李斯特杆菌感染的成纤维细胞中的运动

细胞的运动总是有极性的,也就是说有些结构总是位于细胞运动的前面,而有些结构总是在后面。细胞的这种运动依赖于微丝的组装与解聚。微丝在细胞运动前缘突出部位的质膜处组装,并相互交联形成束和网络状,称为片状伪足(lamellipodium),有时形成前端纤细的丝状伪足(filopodium)。外界信号刺激细胞后,细胞内微丝的聚集形成了细胞运动方向(图 8-19)。细胞运动经历了 4 个阶段:

①伸展。片状伪足向前伸展形成突起。

②新的黏附位点形成。突起处与基质之间形成黏着斑,将新突起部位固定在基质上。

③移位。这时细胞中大量的细胞质开始向前流动。

④去黏附。细胞尾部的黏着斑结构消失,尾部与基质脱离后自由的尾部向突起方向移动(图 8-19)。

3.胞质分裂环

肌球蛋白和微丝构成了非肌肉细胞中的收缩(contractile ring),收缩环由大量平行排列但极性方向相反的微丝组成。肌球蛋白在极性相反的微丝之间的滑动促进了收缩环的收缩,最终在有丝分裂末期将子细胞一分为二。如果抑制其作用细胞,最终由于缺少胞质分裂而形成一个多核体。研究表明缺少 Ⅱ 型肌球蛋白的细胞不能正确组装胞质分裂环。细胞分裂完成后,收缩环即消失。

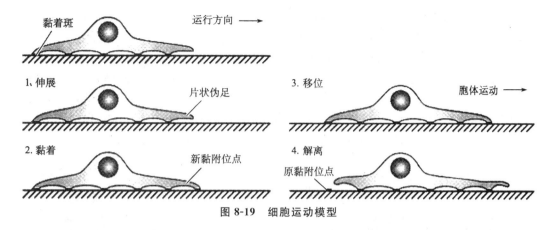

图 8-19 细胞运动模型

4. 肌肉细胞的收缩舒张

肌肉细胞在长期的进化过程中形成了一种特殊的功能——收缩。骨骼肌中肌纤维是肌肉收缩的结构基础。肌纤维是长 $1\sim40$ mm、宽 $10\sim50$ μm 的多核圆柱状结构。细胞质中有规律重复排列的纤维束组成了一个特异性结构，称为肌小节（sarcomere）（图 8-20）。静息肌肉中长约 2 μm 的肌小节组成了肌原纤维（myofibrils）。肌小节是骨骼肌的结构和功能单位。电镜显示肌小节主要有两种类型的纤维：Ⅱ型肌球蛋白组成的粗肌丝和肌动蛋白组成的细肌丝。

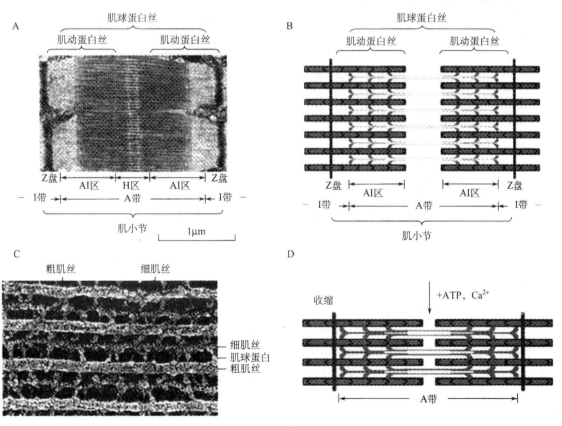

图 8-20 肌小节的结构

197

细肌丝除肌动蛋白外还包括原肌球蛋白(tropomyosin,TM)和肌钙蛋白(troponin,TN)。原肌球蛋白在肌细胞中占总蛋白的 5%～10%,分子质量为 64 kDa,分子长约 40 nm,由两条平行的多肽链形成 α 螺旋结构。原肌球蛋白位于肌动蛋白组成的螺旋沟内,一个原肌球蛋白的长度相当于 7 个肌动蛋白单体,对肌动蛋白与肌球蛋白头部的结合行使调节功能。肌钙蛋白分子质量为 80 kDa,含有 3 个亚基,分别是 TN-T、TN-I、TN-C。TN-C 是肌钙蛋白与钙结合的位点,TN-T 与原肌球蛋白有高度亲和力,TN-I 能抑制肌球蛋白头部 ATP 酶的活性。细肌丝中每隔 40 nm 有一个肌钙蛋白复合体结合到原肌球蛋白上(图 8-21)。

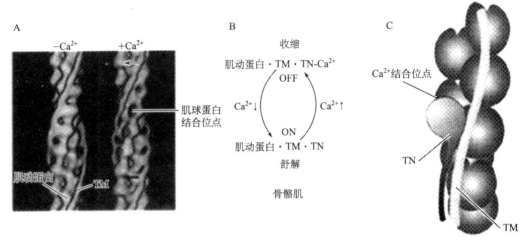

图 8-21　原肌球蛋白和肌钙蛋白与肌动蛋白丝结合的模式图

粗肌丝表面的肌球蛋白头部与细肌丝上的肌动蛋白结合构成了细肌丝和粗肌丝之间的横桥,二者之间的滑动是肌肉收缩的动力(图 8-20B)。

在 ATP 的驱动下,肌球蛋白可沿着肌动蛋白运动(图 8-22)。肌球蛋白头部能容纳 1 分子 ATP,在 ATP 酶的催化下 ATP 水解成 ADP 和焦磷酸。ATP/ADP 结合与肌球蛋白后引起肌球蛋白不同的构象。在无 ATP 结合时,肌球蛋白头部口袋关闭,此时暴露出与肌动蛋白结合的位点,肌球蛋白头部与微丝紧紧的结合在一起。当 ATP 进入肌球蛋白的结合位点后,肌球蛋白头部的裂缝开启,与微丝结合的位点丢失,故与微丝的结合减弱。与微丝脱离后,肌球蛋白头部结合的 ATP 水解,引起头部构象的改变,将肌球蛋白头部带到一个更接近微丝正极的新位点,并与此位点上的肌动蛋白结合。当 ATP 水解成 ADP 和焦磷酸时,肌球蛋白的头部经历了第二种构象的改变,使肌球蛋白重新恢复到与肌动蛋白结合的状态。由于肌球蛋白与微丝结合,这种构象的改变导致了肌球蛋白沿微丝运动。肌球蛋白释放 ADP,重新回到最初的状态。

在肌球蛋白丝与肌动蛋白丝的相对滑动中,原肌球蛋白和肌钙蛋白对二者具有调节作用(图 8-21a 和图 8-21b)。TN-C 通过 TN-T 和 TN-I 调控原肌球蛋白在肌动蛋白丝表面的位置。因而在肌钙蛋白和钙离子的调控下,原肌球蛋白有两种构象:开启和关闭。在缺少 Ca²⁺时(关闭构象),肌球蛋白结合在细肌丝上,此时原肌球蛋白—肌钙蛋白复合物阻止肌球蛋白沿细肌丝的滑动。TN-C 结合 Ca²⁺后(开启构象),触发了原肌球蛋白轻微运动,此时原肌球蛋白位移到肌动蛋白双螺旋沟的深处,暴露出肌球蛋白与肌动蛋白的结合位点。在 Ca²⁺ 浓度大于

10^{-6} mol/L 时解除了原肌球蛋白—肌钙蛋白复合物的抑制现象,收缩进行。

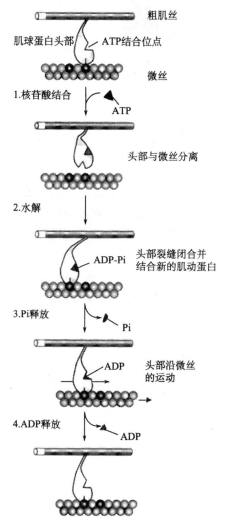

图 8-22　肌球蛋白沿肌动蛋白滑动模型

5. 介导膜泡运输

在对细胞质的早期研究中发现一些膜泡在细胞质中沿直线运动,并且时走时停,有时运动方向也会发生改变。膜泡运输的这种运动方式显然不是由扩散引起的,推断细胞内必定存在一些运输货物的通路,而最有可能的是微丝和微管。与之相适应的是,细胞在进化过程中产生了一种专门转运货物的大分子,即马达分子(motor molecule)。肌球蛋白是微丝的马达分子,肌球蛋白通过的尾部结合膜泡,头部沿着微丝运动,从而沿着微丝运载囊泡在细胞内的运转(图 8-23)。

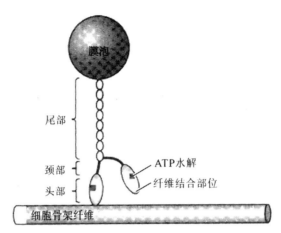

图 8-23　马达蛋白沿细胞骨架运动模型

对阿米巴的研究提供了Ⅰ型肌球蛋白参与膜泡运输的线索。随后在不同的阿米巴中克隆了 3 个Ⅰ型肌球蛋白基因,发现编码的蛋白位于细胞不同膜结构中。ⅠA 型肌球蛋白与细胞质中小膜泡相关。ⅠC 型肌球蛋白位于细胞质膜和收缩液泡上,收缩液泡通过与质膜的融合调控细胞内的渗透压。如果用抗体阻断ⅠC 型肌球蛋白的作用,液泡不能运至质膜,无法控制液泡的体积,最终引起细胞破裂。

Ⅴ型肌球蛋白参与细胞内膜泡运输。酵母中肌球蛋白Ⅴ型基因的突变能破坏蛋白质的分泌,引起膜泡在细胞质中积累。脊椎动物脑组织中富含聚集在高尔基体附近的Ⅴ型肌球蛋白。如果其基因发生突变则化学递质的传递就会受阻,最终引起死亡。Ⅵ型肌球蛋白也参与膜泡的运输。

6. 胞质环流

在液泡发达的植物细胞中,细胞质的流动是围绕中央液泡进行的环形流动模式,这种流动称为胞质环流(cyclosis)。例如,体积较大的绿藻 Nitella 和 Chara 中,细胞质在细胞内不间断地做环状运动,并且流动速度非常快,可达每分钟 4.5 mm。胞质环流现象源于微丝的动态变化,可能与细胞代谢活动有关。

8.3　微管

8.3.1　微管的结构

微管(microtubule)为外径 25 nm、内径约 14 nm 的中空圆柱形结构,长度可以从几个微米直到几百微米不等。构成微管的主要成分为微管蛋白,目前发现的微管蛋白有 α、β、γ、δ、ε、ζ 及 η 七种。其中真核生物中普遍存在 α、β、γ 三种微管蛋白,从衣藻、草履虫等单细胞生物中分离出 δ、ε、ζ 和 η 四种微管蛋白。

真核细胞中 α 和 β 微管蛋白序列高度保守,二者组成的异二聚体是所有微管结构的主要组成成分。尽管第三种 γ 微管蛋白不是组成微管的亚单位,但它帮助 $\alpha\beta$ 微管蛋白结合在微管组织中心(microtubule organizing center,MTOC),进而形成微管。$\alpha\beta$异二聚体可结合两分子的 GTP。α微管蛋白上结合的 GTP 不能被水解,而 β 微管蛋白上结合的 GTP 能被水解成 GDP。微管的延长和解聚主要取决于微管蛋白结合的 GTP 或 GDP。当微管末端结合的为 GTP 时微管趋向延伸,而当微管末端结合的为 GDP 时微管趋向解聚。由于 $\alpha\beta$ 异二聚体中只有 β 微管蛋白上的 GTP 存在水解的特点,因而将微管中 β 微管蛋白暴露一端称为正极,相反旷微管蛋白暴露的一端称为负极。α-和 β 微管蛋白组成 8 nm 的 $\alpha\beta$ 异二聚体,游离的 $\alpha\beta$ 异二聚体微管蛋白相互聚集形成短的原纤丝,最终 13 根原纤丝合拢形成中空管状的微管(图 8-24)。

在细胞中微管有三种组装形式:单体微管、二联体微管和三联体微管。多数情况下,细胞质中的微管均为单体微管,由 13 根原纤丝组成,这类微管在低温和秋水仙素作用下容易解聚,属于不稳定微管。二联体微管构成了细胞鞭毛、纤毛等运动器官。这类微管由两个单体微管组成,一个单体微管有 13 根原纤丝,而另一个只有 10 根原纤丝,二者共用了 3 根原纤丝组成了一个融合体。三联体微管常见于中心体和基体,是细胞内二联体微管附着的位点。在第二根微管共用单体微管的 3 根原纤维后,第三个微管又共用了第二根微管的 3 根原纤维。二联体和三联体微管都属于稳定微管,对低温和秋水仙素的作用不敏感。

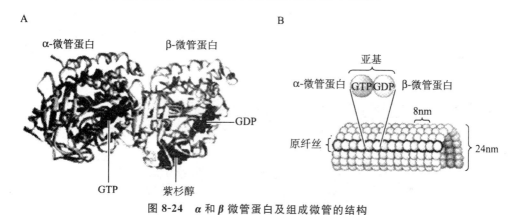

图 8-24　α 和 β 微管蛋白及组成微管的结构

8.3.2　微管的组装

1. 微管组装的基本特征

极性的 $\alpha\beta$-异二聚体组装成了微管,微管的组装和稳定依赖温度的变化。例如,微管在 4℃解聚成 $\alpha\beta$-异二聚体。当温度升高到 37℃并有 GTP 存在时,微管异二聚体聚合。

微管的组装与微丝的组装有一些共同特点。

①在 $\alpha\beta$-微管蛋白浓度高于临界浓度 C_c 时,二聚体组装成微管;反之,解聚。

②不管是 GTP 还是 GDP,二者的结合引起 β-微管蛋白 C_c 改变,导致微管在正极或负极组装。

③当 $\alpha\beta$-微管蛋白浓度高于临界浓度 C_c 时,二聚体在正极组装。

④当 $\alpha\beta$-微管蛋白浓度高于 C_c^+ ,但低于 C_c^- 时,微管的组装出现踏车现象,正极组装、负极解聚。

由于细胞内组装的微管蛋白浓度(10~20 μmol/L)远远高于组装的 C_c 值(0.03 μmol/L),

因而微管蛋白基本上以聚集体形式存在。微管中 13 根原纤维的取向是相同的,此时,微管正极结合的是 GTP,而 GTP 与异二聚体结合力高,因而会有更多的异二聚体结合。而负极由于 GTP 水解成 GDP,GDP 同异二聚体的亲和力下降,故负极主要解聚。如果此时组装和解聚的速度相同,则出现踏车现象。除了 GTP 水解的原因外,当 $\alpha\beta$-微管蛋白浓度高于 C_c^+ 但低于 C_c^- 时,微管的组装也会出现与微丝相似的踏车现象。

　　细胞内微管的长度在延伸和缩短之间出现震荡变化,通常微管延伸的速度远远慢于微管缩短,这种现象称为动态不稳定(dynamic instability)。微管的动态不稳定是由微管正极的帽子结构引起的。当结合 GTP 的异二聚体聚集到微管上后 β-微管蛋白结合的 GTP 水解成 GDP。如果组装的速率快于 GTP 水解的速率,那么产生的微管末端就覆盖了 GTP 帽,这时微管在正极组装的速率较负极快 2 倍。随着游离异二聚体在细胞内浓度的下降,β-微管蛋白结合的 GTP 不断被水解成 GDP,使得此前的 GTP 帽变成了 GDP 帽导致微管解聚能力提高,微管延伸的速率降低,导致微管缩短。解离的异二聚体的浓度在细胞内不断上升,β-微管蛋白上的 GDP 重新被 GTP 替代,导致了微管组装趋势增高。细胞内 GTP/GDP 结合的微管蛋白比例及浓度的周期性改变是微管动态不稳的原因。电镜下微管组装的末端是不平坦的,因为有些原纤丝组装的快,有些慢。微管解聚时微管末端常呈散开状态,就像原纤丝之间的侧向相互作用被打破一样。当末端散开且侧向稳定的相互作用消失,原纤丝末端的微管蛋白亚基解聚(图 8-25)。

A 微管组装(延长)

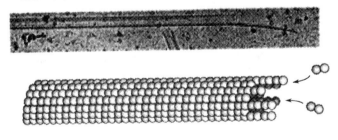

B 微管解聚(缩短)

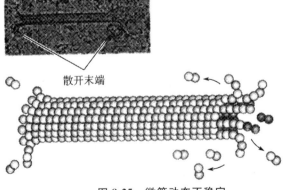

散开末端

图 8-25　微管动态不稳定

2. γ-微管蛋白及中心体在微管组装过程中的作用

1988 年，Boveri 首先发现了中心体(centrosome)。中心体是动物细胞特有的结构，由中心粒(centriole)和中心粒旁基质(peri-centriolar matrix，PCM)组成(图 8-26A)。中心粒是一圆柱形结构，直径 0.2 μm，长度约为 0.4 μm。中心粒的放射状辐将 9 组三联体微管连接构成了中空的车轮状结构。中心粒成对出现，相互间呈直角排列(图 8-26B)。间期细胞中心体位于细胞核附近，而在有丝分裂期中心体构成了有丝分裂纺锤体的两极。不管细胞处在何种时期，中心体都是细胞内微管起始组装的位点，称为微管组织中心(图 8-26C)。微管组织中心处的微管主要是 γ-微管蛋白，它们组成一种约 25S 的复合物，称为 γ 微管蛋白环状复合体(γ-tu-bulin ring complex)。在这一结构中 4 个未知蛋白环形排列，13 个 γ-微管蛋白也以左手螺旋形成环状排列。每一个 γ-微管蛋白与 αβ-异二聚体中的 α-微管蛋白结合，因而决定了最后组装的微管只能由 13 根原纤丝组成。同时 α-微管蛋白与 γ 微管蛋白的结合决定了微管负极指向微管组织中心，将 GTP 能水解的 β 微管蛋白一端暴露在外形成正极，建立了微管的极性。也就是说，所有的细胞中微管的负极指向微管组织中心，正极指向微管组织中心的远端。微管的这种组装结构也决定了细胞内的微管组装首先在微管组织中心处开始，然后在正极延伸。微管组织中心决定了微管成核反应，这一过程相对较慢，形成的微管较短，是微管组装的限速步骤。一旦成核反应结束，即进入延伸阶段，此时二聚体以较快的速度结合在已形成微管的正极，不断延长。

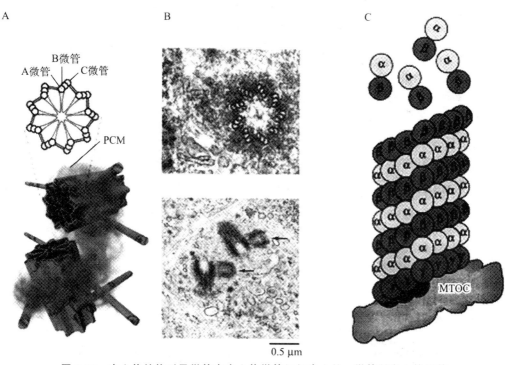

图 8-26　中心体结构以及微管在中心体微管组织中心处 γ 微管蛋白上的组装

并不是所有的动物细胞中的中心体都是微管附着位点。例如，神经细胞轴突中的微管就没有结合在中心体上。然而，人们却认为轴突中微管在中心体起始形成后从微管组织中心处释放出来,通过马达蛋白被转移到轴突部位。另外,植物细胞和某些动物细胞中虽然未发现中心体,如卵母细胞,但它们却能形成纺锤体结构。这些细胞在缺失中心体的情况下如何形成纺锤体现在还是未解之谜。

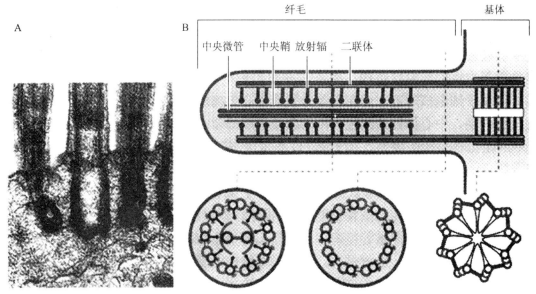

图 8-27　纤毛纵切面的电镜图(A)和模式图(B)

细胞中除了中心体能作为微管组织中心外,鞭毛和纤毛在细胞内附着的部位是基体。基体与中心粒在结构上基本一致,也属于三联体微管。其中 A 和 B 微管形成了相应的纤毛中的轴丝,C 微管终止于纤毛板或基板(图 8-27)。

3. 微管的特异性药物

秋水仙素(colchicine)是一种生物碱,能与微管特异性结合,抑制微管组装。秋水仙素在 β 微管蛋白上有两个结合位点。结合有秋水仙素的微管蛋白可以装配到微管末端,但阻止了其他微管蛋白的加入。但不同的秋水仙素浓度对细胞造成的影响不同,高浓度的秋水仙素处理细胞后,细胞内的微管全部解聚,而低浓度的秋水仙素处理细胞后,微管保持稳定,并将细胞阻断在有丝分裂中期。

紫杉醇(taxol)是红豆杉属植物中的一种次生代谢产物。紫杉醇能促进微管的装配,并使已形成的微管稳定。紫杉醇只结合在组装的微管上,不与游离的 $\alpha\beta$-异二聚体结合。紫杉醇结合在微管上后,导致细胞内游离的异二聚体的浓度急剧上升,干扰了细胞的各种功能,使细胞停滞在有丝分裂期。

8.3.3　微管结合蛋白

微管结合蛋白(microtubule-associated protein,MAP)占微管结构的 $10\% \sim 15\%$,它不是微管结构的组成成分,但在微管组装后结合在微管表面,帮助稳定微管结构及介导微管与其他细胞成分相互作用。微管结合蛋白有一个结合区和一个突出区。结合区介导了微管结合蛋白与微管的结合,突出区决定了微管成束时彼此间的距离。

根据氨基酸序列不同微管结合蛋白可分为两类：Ⅰ型和Ⅱ型。Ⅰ型微管结合蛋白包括 MAP1A 和 MAP1B，它们含有多个 Lys-Lys-Glu-X 氨基酸重复序列。带负电荷的微管蛋白通过此序列与微管结合蛋白结合后电荷被中和，从而稳定了微管的结构。Ⅱ型微管结合蛋白包括 MAP2、MAP4 和 Tau，它们有 3 或 4 个与微管蛋白结合的 18 个氨基酸重复序列（图 8-28）。微管结合蛋白多数存在于脑组织的轴突和树突中，只有 MAP3 和 MAP4 广泛存在于各种细胞中。

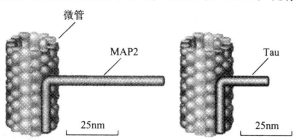

图 8-28　微管结合蛋白 MAP2 和 Tau 的结构

由此可知，微管结合蛋白具有多方面的功能：

①使微管间交联形成束状结构，也可以使微管同其他细胞结构交联，如质膜、微丝和中间丝等。例如，神经细胞轴突中 Tau 含量丰富，有利于保持维管束结构。此外在神经细胞分化过程，抑制 Tau 蛋白的表达即可抑制轴突的形成而树突不受影响。

②调节微管组装的作用。细胞内 cAMP 依赖的蛋白激酶（cAMP-dependent-protein-kinase）可磷酸化 MAP2，磷酸化的 MAP2 可抑制微管组装。

③沿微管运输囊泡和颗粒。

④微管结合蛋白横向连接微管，提高了微管空间结构的稳定性，使微管能抵御某些化学物质（秋水仙素）和物理因素（低温）的影响而不至于解聚。

8.3.4　微管马达蛋白

细胞内除了能稳定微管结构的微管结合蛋白外，还有介导细胞内物质运输的微管马达蛋白。微管马达蛋白有两种：驱动蛋白（kinesin）和胞质动力蛋白（cytoplasmic dynein）。微管马达蛋白的运动都是单向的，一种分子介导一个方向的运动，保证了细胞内物质运输的方向性（图 8-29）。

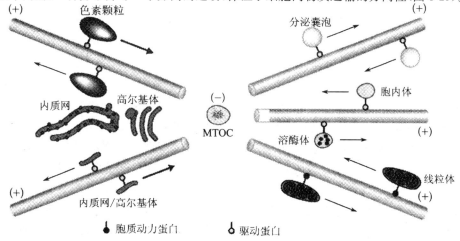

图 8-29　驱动蛋白与胞质动力蛋白介导细胞内物质运输模型

1985 年,在鱿鱼的轴质中首先分离出了分子质量为 380 kDa 的驱动蛋白。驱动蛋白是一个由两条重链和两条轻链组成的柱状四聚体。驱动蛋白的两条重链构成了球形的头部具有 ATP 酶的作用并能与微管结合,而两条轻链形成的尾部则能结合运输物质(图 8-30)。驱动蛋白是类驱动蛋白(kinesinlike protein)超家族的成员,这个家族的蛋白质具有相似的头部、不同的尾部,提示驱动蛋白介导不同的物质运输。驱动蛋白沿微管的负极向正极运动,每走一步向正极移动两个微管蛋白(8 nm)的距离。

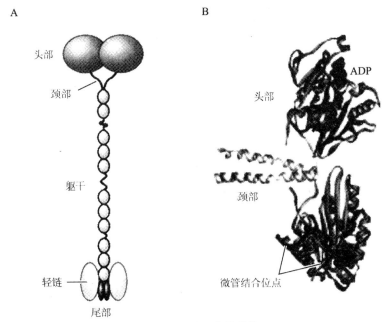

A B

头部

颈部

躯干

轻链

尾部

头部

颈部

ADP

微管结合位点

图 8-30　驱动蛋白的结构

1963 年在鞭毛和纤毛中首次发现了胞质动力蛋白,但 20 年后才在哺乳动物中鉴定出胞质动力蛋白。胞质动力蛋白分子质量为 1200 kDa 的多亚基蛋白复合体,由 2 条重链和 4 条轻链及 3 条中等链组成(图 8-31)。重链形成了具有 ATP 酶活性的头部,其能沿微管的正极向负极运动,参与纺锤体的定位,有丝分裂时染色体向两极的运动及细胞内膜泡和细胞器的运动等。由于不同的马达蛋白沿微管的不同方向运动,因而物质在细胞内的运动是定向的。

微管马达蛋白沿微管的运动就像人类走路一样,总有一只脚与地面接触,两只脚不断交替向前产生了运动。由于马达蛋白的两个头部都具有 ATP 酶的活性,因而马达蛋白沿微管运动时,总有一个头部与微管结合,从而保证了马达蛋白在运动时不会从微管上掉下来(图 8-32)。下面以驱动蛋白为例简要阐述其运动机制。驱动蛋白的运动主要包括头部与 ATP 的结合、ATP 水解、ADP 释放及构象恢复等过程。静息状态驱动蛋白的两个头部总是一个在前(既不结合 ATP 也不结合 ADP),一个在后(结合 ADP)。当前面的驱动蛋白头部结合 ATP 时导致构象发生改变,使在后面的马达蛋白头部越过前面的马达蛋白头部向微管正极移动。这时两个头部均与微管结合,但两个头部位置发生了改变。原来在前面的驱动蛋白头部现在变成了后面驱动蛋白头部。此时走在后面的驱动蛋白头部结合的 ATP 水解成 ADP 后致使其与微管分离,而此时走在前面的驱动蛋白头部结合的 ADP 释放,使驱动蛋白恢复到静息状态(前面的驱动蛋白头部结合位点是空的,而后面的驱动蛋白头部结合 ADP)。如果前面的驱动蛋白头部再次结合 ATP 后,又一轮的循环开始。如此不断重复,导致驱动蛋白沿微管向正极运动,驱动蛋白头部每水解 1 分子 ATP 向前移动一步(8 nm 的 $\alpha\beta$ 异二聚体长度)。

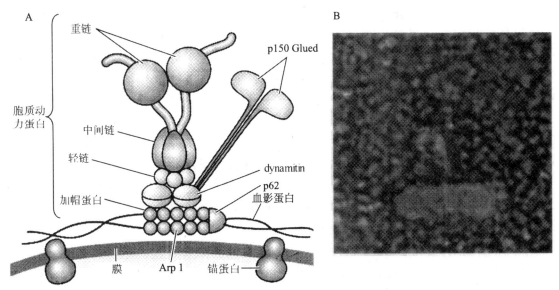

图 8-31　动力蛋白与动力蛋白结合蛋白二聚体结构

A. 动力蛋白与动力蛋白激活蛋白结合,动力蛋白激活蛋白的 Arp1 亚基形成微小纤维与质膜下的血影蛋白结合,p50 亚基与微管和囊泡结合;B. 电镜下二者的结构

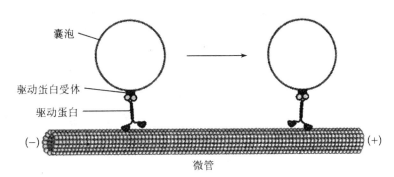

图 8-32　驱动蛋白介导的细胞内膜泡运输模式图

8.3.5　微管的功能

1. 维持细胞形态

微管是一种中空的刚性纤维,具有抗压和抗弯曲的特性,为细胞提供了机械支撑力。当用秋水仙素处理细胞破坏微管后,细胞阻滞在有丝分裂期呈圆形。而当去除秋水仙素的作用后,细胞内的微管重新组装,进入细胞周期并呈特定形态,表明微管在维持细胞形态方面起着重要作用。这也是在制作染色体核型时常用秋水仙素处理细胞的原因。

2. 为细胞内细胞器的定位提供位点

动物细胞中的微管以微管组织中心为中心向细胞质膜方向呈放射状分布,直至细胞质膜下方。细胞内微管马达蛋白介导了细胞器的分布。例如,内质网膜通过驱动蛋白沿微管向正极的运动,使内质网在细胞质基质中向细胞四周拉伸,最终呈扁平囊状。同样细胞内高尔基体的分布也依赖于微管马达蛋白——胞质动力蛋白的作用。胞质动力蛋白沿微管向负极运动过程中将高尔基体拉向细胞核附近,定位于中心体周围。秋水仙素处理细胞后,由于微管结构的破坏,细胞内高尔基体和内质网的正常空间结构丧失,致使高尔基体分解成小囊泡,散布于细胞质基质中,与核膜相连的内质网则聚集在细胞核附近。

3. 细胞内物质的运输

真核细胞内具有复杂的内膜系统,从而使细胞质高度分区化。微管是细胞内的细胞器及物质定向运输的主要通道,如神经元轴突内的物质运输。轴突内的物质运输分为两类:慢速运输(slow transport)和快速运输(fast transport)。前者的运输速度为 $1\sim3$ mm/d,后者的运输速度为 $100\sim400$ mm/d。慢速运输主要运输的物质是微管蛋白、肌动蛋白、神经丝蛋白、乙酰转移酶等,属于大批量运输。快速运输主要运输的是与膜更新相关的蛋白质,如轴突膜、突触小泡膜、前突触膜的蛋白质成分等。细胞的分泌颗粒和色素颗粒的运输也是由微管介导的。细胞质是一个黏性介质,妨碍其中的大分子以扩散方式运动。微管正极指向细胞质膜,负极位于细胞核附近的中心体上的这种细胞内分布特点使得多种病毒将微管作为进出细胞核的通路,以中心体作为病毒颗粒组装位点。能引起微管解聚的试剂可阻断细胞内物质运输途径及病毒的入侵和病毒颗粒的组装。

4. 鞭毛和纤毛的运动

微管组成了细胞的两个主要运动器官即鞭毛(flagellum)和纤毛(cilium)。鞭毛和纤毛之间没有明显的界定,通常将数量少、长度长($150\ \mu m$)、以波浪式运动的称为鞭毛。而纤毛通常数量多,长度较短($5\sim10\ \mu m$),运动方式无规律。像单细胞生物,如鞭毛虫和纤毛虫、藻类等,纤毛和鞭毛的运动是它们运动的主要形式。而多细胞生物中,如呼吸道的上皮细胞通过纤毛的运动运输物资。此外,鞭毛和纤毛还可以帮助细胞锚定在某个地方,使细胞不易移动。

鞭毛和纤毛都有微管相互连接构成的轴丝(axoneme)结构。轴丝是由膜包裹的微管组成的有规律的 9+2 结构(图 8-33)。9 组二联体微管在最外圈,中央是 2 个单体微管。与中心体上微管的组装一样,所有的轴丝微管都是正极指向胞外,即纤毛或鞭毛的顶端。9 组二联体微管中一条为完整微管,称为 A 微管;而另外一条则少 3 根原纤丝,称为 B 微管。9 组二联体微管之间通过连接蛋白相互连接形成微管最外圈。其中 A 微管上又有 9 个长约 15 nm、粗约 5 nm 形成的 24 nm 间隙的两个短臂,位于外侧的称为外臂,内侧的为内臂。短臂的主要成分是动力蛋白,由完整的 A 微管形成指向邻近的 B 微管,它们与相邻二联体 B 微管的相互作用是鞭毛或纤毛弯曲的结构基础。轴丝 9+2 结构中央的 2 个单体微管外面包裹一层蛋白质鞘称为中央鞘(central sheath)。中央鞘与 9 组二联体微管之间由放射辐连接。放射辐是由外圈二联体微管的 A 微管上伸出,靠近中央鞘时放射辐一端膨大,形成辐头。2 个单体微管均为完全微管。

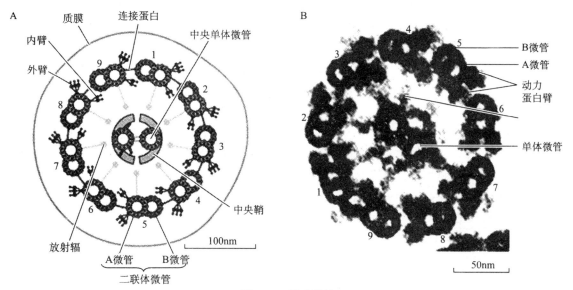

图 8-33　纤毛结构

　　纤毛和鞭毛外侧的二联体微管穿过基板与基体相连。三联体基体微管中每组微管多了一条 C 管，A 和 B 微管的延伸形成了鞭毛和纤毛中的二联体微管。三联体微管中没有中央的 2 个单体微管(图 8-27)。组成轴丝的蛋白质主要是微管蛋白、动力蛋白和连接蛋白。轴丝中二联体微管缺少秋水仙素的结合位点，并且 A 微管蛋白与 B 微管蛋白也有差异，而单体微管上有一个秋水仙素的结合位点。动力蛋白是一种 ATP 酶，由 2 或 3 个球形头部组成，是 A 微管上短臂的主要成分。动力蛋白分为 I 型和 II 两种类型。A 微管短臂中 I 型动力蛋白提供了 ATP 酶活性，它是纤毛运动时的动力来源。由于动力蛋白的头部与基部之间具有柔韧的颈部，头部方向的改变是纤毛和鞭毛运动的基础。用抗动力蛋白抗体处理纤毛，动力蛋白的失活引起了纤毛运动的丧失。

　　相邻二联体之间的相互滑动是鞭毛和纤毛运动的最好解释。滑动模型(sliding microtubule model)的主要内容是：

　　①鞭毛和纤毛 A 微管上的动力蛋白头部与相邻二联体 B 微管结合。

　　②动力蛋白上结合的 ATP 水解，释放 ADP 和焦磷酸。

　　③动力蛋白头部构象发生改变，使相邻二联体微管向(＋)极运动。

　　④此时，动力蛋白又重新结合 ATP，动力蛋白头部与 B 微管分离。

　　⑤ATP 水解提供的能量使动力蛋白恢复至静息状态。

　　⑥带有水解产物的动力蛋白头部与 B 微管上的另一位点结合，开始下一次循环。通过动力蛋白的周期性循环带动二联体微管之间的滑动，最终引起纤毛和鞭毛的运动。此时一侧的动力蛋白有活性，而另一侧则处于失活状态，由于二联体之间有连接蛋白，因而最终引起的是纤毛和鞭毛向一侧弯曲。如果两侧的动力蛋白交替出现活性，则导致鞭毛和纤毛向不同的方向弯曲，这便构成了纤毛和鞭毛运动的主要形式。

　　5. 纺锤体与染色体的运动

　　有丝分裂时微管组成的纺锤体包括：极微管、星体微管和纺锤体微管。纺锤体微管的不断解聚牵动染色体向纺锤体两极运动。星体微管与细胞质膜结合后将纺锤体两极固定在细胞的两个相反方向,这时通过极微管的不断延伸将纺锤体由最初的圆形变为有丝分裂后期的椭圆形,为最终的细胞分裂做准备。

8.4 中间纤维

中间纤维(intermediate filaments,IF)直径为 10 nm 左右,介于微丝和微管之间。由于其直径约为 10 nm,故又称 10 nm 纤维。IF 在细胞中围绕着细胞核分布,成束成网,并扩展到细胞质膜并与细胞质膜相连。微管与微丝都是由球形蛋白装配起来的,而中间纤维则是由长的杆状的蛋白质装配的。IF 是一种坚韧的耐久的蛋白质纤维。它相对较为稳定,既不受细胞松弛素影响,也不受秋水仙素的影响。与微丝、微管不同的是中间纤维是最稳定的细胞骨架成分,它主要起支撑作用。

8.4.1 中间纤维的类型

IF 的结构相当稳定,即使用含有去垢剂和高盐溶液抽提细胞,中间纤维仍然保持完整无缺的形态。IF 的成分比微丝和微管都复杂。中间纤维具有组织特异性,不同类型细胞含有不同 IF 蛋白质。肿瘤细胞转移后仍保留源细胞的 IF,因此可用 IF 抗体来鉴定肿瘤的来源。如乳腺癌和胃肠道癌含有角蛋白,因此可断定它来源于上皮组织。大多数细胞中含有 1 种中间纤维,但也有少数细胞含有 2 种以上,如骨骼肌细胞含有结蛋白和波形蛋白。

可根据组织来源的免疫原性将 IF 分为 5 类:角蛋白(keratin)、结蛋白(desmin)、胶质原纤维酸性蛋白(glial fibrillary acidic protein)、波形纤维蛋白(vimentin)、神经纤丝蛋白(neurofilament protein)。此外细胞核中的核纤肽(1amin)也是一种中间纤维。

(1)角蛋白

分子量为 40~70 kD,主要分布于表皮细胞中,在人类上皮细胞中有 20 多种不同的角蛋白,分为 α 和 β 两类。β 角蛋白又称胞质角蛋白(cyto~keratin),分布于体表、体腔的上皮细胞中。α 角蛋白为头发、指甲等坚韧结构所具有。根据组成氨基酸的不同,亦可将角蛋白分为酸性角蛋白(I 型)和中性或碱性角蛋白(Ⅱ型),角蛋白组装时必须由 I 型和 Ⅱ 型以 1:1 的比例混合组装成异二聚体,才能进一步形成中间纤维。

(2)结蛋白

又称骨骼蛋白(skeletin),分子量约为 52 kD,分布于肌肉细胞中,它的主要功能是使肌纤维连在一起。

(3)胶质原纤维酸性蛋白

又称胶质原纤维(glial filament),分子量约为 50 kD,分布于星形神经胶质细胞和周围神经的施旺细胞,主要起支撑作用。

(4)波形纤维蛋白

分子量约为 53 kD,广泛存在于间充质细胞及中胚层来源的细胞中,波形纤维蛋白一端与核膜相连,另一端与细胞表面的桥粒或半桥粒相连,将细胞核和细胞器维持在特定的空间。

(5)神经纤丝蛋白

神经纤丝蛋白是由三种分子量不同的多肽组成的异聚体,三种多肽是 NF-L(10w,60～70 kD)、NF-M(medium,105～110 kD)、NF-H(heavy,135～150kD)。神经纤丝蛋白的功能是提供弹性使神经纤维易于伸展和防止断裂。

8.4.2　中间纤维的结构与组装

中间纤维蛋白分子由一个 310 个氨基酸残基形成的 α 螺旋杆状区,以及两端非螺旋化的球形头(N 端)、尾(C 端)部构成。杆状区是高度保守的,由螺旋 1 和螺旋 2 构成,每个螺旋区还分为 A、B 两个亚区,它们之间由非螺旋式的连结区连结在一起(图 8-34)。头部和尾部的氨基酸序列在不同类型的中间纤维中变化较大,可进一步分为:H 亚区:同源区。V 亚区:可变区。E 亚区:末端区。

图 8-34　中间纤维的通用结构图

IF 的装配过程与 MT、MF 相比较显得更为复杂。根据 X 衍射、电镜观察和体外装配的实验结果推测,中间纤维的组装过程如下(图 8-35):

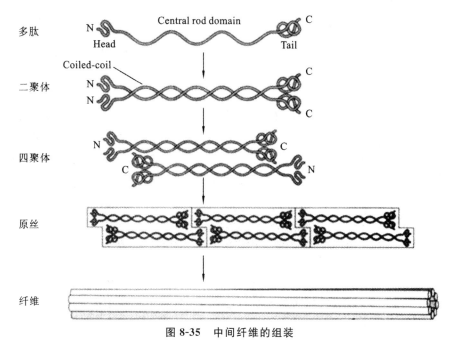

图 8-35　中间纤维的组装

①首先两个单体形成两股超螺旋二聚体(角蛋白为异二聚体)。

②随后两个二聚体反向平行组装成四聚体,三个四聚体长向连成原丝。

③紧接着两个原丝组装成原纤维。

④最后 8 根原纤维组装成中间纤维,横切面具有 32 个单体。

由于 IF 是由反向平行的 α 螺旋组成的,所以和微丝、微管不同的是,它没有极性。另外,细胞内的中间纤维蛋白绝大部分组装成中间纤维,而不像微丝和微管那样存在蛋白库,仅约50％的处于装配状态。此外IF的装配与温度和蛋白浓度无关,不需要ATP或GTP。微管和微丝的组装都是通过单一的途径进行的,并且在装配过程中要伴随核苷酸的水解。而中间纤维组装的方式有很多种,并且不需要水解核苷酸。中间纤维亚基蛋白合成后,基本上全部组装成中间纤维,游离的单体很少。但是在某些细胞(如进入有丝分裂的细胞和刚刚结束有丝分裂的细胞)中也能看到中间纤维的动态平衡的特性。在这些细胞中,中间纤维在有丝分裂前解聚,有丝分裂后在新的子细胞中进行重新装配。在另外一些情况下(如含有角蛋白的表皮细胞),在整个细胞分裂过程中,IF都保持聚合状态。

8.4.3 中间纤维结合蛋白

IF之间的相互作用或IF同细胞其他结构间的相互作用是由中间纤维结合蛋白(intermediate filament—asso ciated p rotein,IFAPs)所介导的,这些结合蛋白能够将中间纤维相互交联成束(也称张力丝,tonofilaments),张力丝可进一步相互结合或是同细胞质膜作用形成中间纤维网络。与肌动蛋白结合蛋白、微管结合蛋白不同,没有发现有中间纤维切割蛋白、加帽蛋白,也没有发现有与中间纤维有关的马达蛋白。IFAPs的一个可能作用是将中间纤维同微丝、微管交联起来形成大的细胞骨架网络。

8.4.4 中间纤维的功能

目前对中间纤维的功能了解较少,主要原因是迄今没有找到一种能够同中间纤维特异结合的药物。目前已了解的功能有以下几个方面。

(1)为细胞提供机械强度支持

从细胞水平看,IF在细胞质内形成一个完整的支撑网架系统。向外与细胞膜和细胞外基质相连,向内与细胞核表面和核基质直接联系,中间纤维直接与MT、MF及其他细胞器相连,赋予细胞一定的强度和机械支持力。如结缔组织中的波形蛋白纤维从细胞核到细胞质膜形成一个精致的网络,这种网络或同质膜或与微管锚定在一起。

(2)参与细胞连接

中间纤维参与黏着连接中的桥粒连接和半桥粒连接,在这些连接中,中间纤维在细胞中形成一个网络,既能维持细胞形态,又能提供支持力。

(3)中间纤维维持细胞核膜稳定

在细胞核内膜的下面有一层由核纤层蛋白组成的网络,对于细胞核形态的维持具有重要作用。此外,中间纤维在胞质溶胶中也组成网络结构,分布在整个细胞中,维持细胞的形态。

(4)结蛋白及相关蛋白对肌节的稳定作用

在肌细胞中,有一个由结蛋白(desmin)纤维组成的网状结构支撑着肌节。结蛋白纤维除在z线形成一个环外,还与IFAPs,包括平行蛋白(paranemin)、踝蛋白与质膜交联在一起。长长的结蛋白纤维穿过相邻的Z线,由于结蛋白纤维位于肌节的外围,所以它不参与肌收缩,但是具有结构上的功能,可维持肌节的稳定(图8-36)。在转基因鼠中,如果缺少结蛋白,不能形成健全的肌组织。

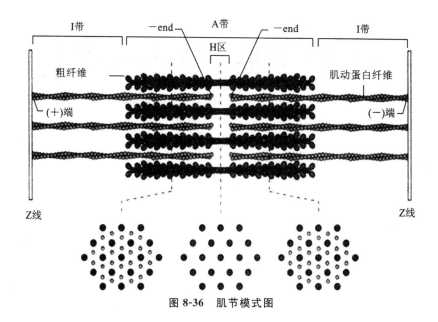

图 8-36　肌节模式图

第9章 细胞周期和细胞分裂

9.1 细胞周期概述

9.1.1 细胞周期概念

细胞周期指由细胞分裂结束到下一次细胞分裂结束所经历的过程,所需的时间叫细胞周期时间。根据细胞周期运转过程特征,人为分为四个阶段,即 G_1 期,指从有丝分裂完成到 DNA 复制之前的时间;S 期(synthesis phase),指 DNA 复制的时期;G_2、期,指 DNA 复制完成到有丝分裂开始之前的一段时间;M 期又称 D 期(mitosis or division),细胞分裂开始到结束。细胞周期一般分为间期(由 G_1 期、S 期和 G_2 期组成)和分裂期(M 期)(图 9-1)。

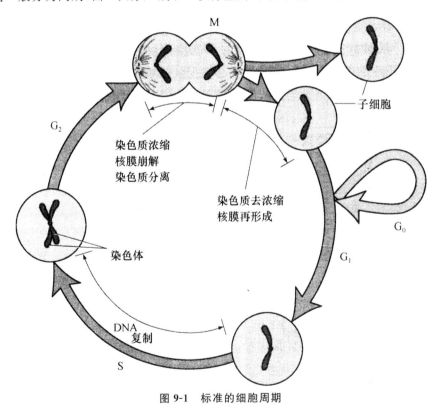

图 9-1 标准的细胞周期

一个标准的细胞周期一般包括 4 个时期:DNA 合成期(S),细胞分裂期(M)和界于二者之间的 G_1 期和 G_2 期;细胞周期从 G_1 期开始,到 M 期结束

按照细胞增殖的特征,可将高等动物的细胞分为三类,即连续分裂细胞,在细胞周期中连

续运转(也称周期细胞),如表皮生发层细胞、部分骨髓细胞;休眠细胞,暂不在细胞周期中运转的细胞,但在适当的条件下可重新进入细胞周期,称 G_0 期细胞,如淋巴细胞、肝、肾细胞等;不分裂细胞,指不可逆地脱离细胞周期,不再分裂的细胞,又称终端细胞,如神经、肌肉、多形核细胞等。

不同类型细胞的 G_1 期长短不同,是造成细胞周期长短差异的主要原因。

9.1.2　细胞周期时间的测定

细胞种类众多,繁殖速度有快有慢,细胞周期长短差别很大。细胞周期的时间长短与物种的细胞类型有关。例如,小鼠十二指肠上皮细胞的周期为 10 h,人类胃上皮细胞 24 h,骨髓细胞 18 h,培养人的成纤维细胞 18 h,CHO 细胞 14 h,HeLa 细胞 21 h。细胞周期长短与细胞所处的外界环境也有密切关系。就环境温度而言,在一定范围之内,温度高,细胞分裂繁殖速度加快,温度低,则分裂繁殖速度减慢。

在某些工作中,常常会涉及细胞周期时间长短的测定。细胞周期测定方法多种多样。在此简单介绍较常用的方法。

1. 脉冲标记 DNA 复制和细胞分裂指数观察测定法

这种方法主要适用于细胞种类构成相对简单,细胞周期时间相对较短,周期运转均匀的细胞群体。测定原理:

首先,应用 ^{3}H-TdR 短期饲养细胞,数分钟至半小时后,将 ^{3}H-TdR 洗脱,置换新鲜培育液并继续培养。随后,每隔半小时或 1 h 定期取样,做放射自显影观察分析,从而确定细胞周期各个时相的长短。其结果分析方法如图 9-2 所示。经 ^{3}H-TdR 短暂标记后,凡是处于 S 期的细胞均被标记。置换新鲜培养液后培养一定时间,被标记的细胞将陆续进入 M 期。最先进入 M 期的标记细胞是被标记的 S 期最晚期细胞。所以,从更换培养液培养开始,到被标记的 M 期细脑开始出现为止,所经历的时间为 G_2 期时间(T_{G_2})。从被标记的 M 期细胞开始出现,到其所占 M 期细胞总数的比例达到最大值时,所经历的时间为 M 期时间(T_M)。从被标记的 M 期细胞数占 M 期细胞总数的 50% 开始,经历到最大值,再下降到 50%,所经历的时间为 S 期时间(T_S)。从被标记的 M 期细胞开始出现并逐渐消失,到被标记的 M 期细胞再次出现,所经历的时间为一个细胞周期总时间(T_C)。

① 待测细胞经 ^{3}H-TDR(胸腺嘧啶核苷)标记后,所有 S 期细胞均被标记。

② S 期细胞经 G_2 期才进入 M 期,所以一段时间内标记的有丝分裂细胞所占的比例(PLM)为零。

③ 开始出现标记 M 期细胞时,表示处于 S 期最后阶段的细胞,已渡过 G_2 期,所以从 PLM =0 到出现 PLM 的时间间隔为 T_{G_2} 。

④ S 期细胞逐渐进入 M 期,PLM 上升,到达到最高点的时候说明来自处于 S 最后阶段的细胞,已完成 M 期,进入 G1 期。所以从开始出现 M 到 PLM 达到最高点(≈100%)的时间间隔就是 M 期的持续时间(T_M)。

⑤ 当 PLM 开始下降时,表明处于 S 期最初阶段的细胞也已进入 M 期,所以出现标记的分裂细胞(LM)到 PLM 又开始下降的一段时间等于 S 期持续的时间(T_S)。

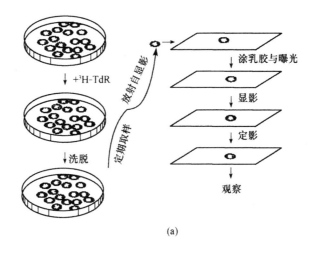

(a)

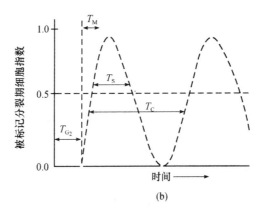

(b)

图 9-2　放射性核素脉冲标记法测定细胞周期时间

(a)用放射性核素³H-TdR 标记细胞；(b)放射自显影结果分析

⑥从 LM 出现到下一次 LM 出现的时间间隔就等于一个细胞周期持续的时间（T_C）。根据 $T_C = T_{G_1} + T_S + T_{G_2} + T_M$，即可求出的 T_{G_1} 长度。

事实上由于一个细胞群体中 R 和各时期不尽相同，第一个峰常达不到 100%，以后的峰会发生衰减，PLM 不一定会下降到零，所以实际测量时，常以 $\left(T_{G_2} + \dfrac{1}{2}T_M\right) - T_{G_2}$ 的方式求出 T_M。

2. 流式细胞仪测定法

流式细胞分选仪是一种快速测定和分析流体中细胞或颗粒物各种参数的大型实验仪器。它可以逐个地分析细胞或颗粒物的某个参数，也可以结合各种细胞标记技术，同时分析多个参数，如细胞种类、DNA、RNA、蛋白质含量以及这些物质在细胞周期中的变化等。还可以用作对某个细胞群体中的各种细胞进行分拣。

流式细胞分选仪在细胞周期研究中应用广泛。从 DNA 含量着眼，G_1 期和 G_2/M 期细胞含有固定的 DNA 含量，分别为 1C 和 2C（$2n$ 和 $4n$），S 期细胞的 DNA 含量介于 1C 和 2C 之间

（图 9-3）。应用流式细胞分选仪测定细胞周期，可以通过监察细胞 DNA 含量在不同时间内的变化，从而确定细胞周期时间长短，也可以通过直接标记 DNA 复制，如同应用上述放射性核素标记技术，经过统计细胞数量和被标记的分裂期细胞百分比，对细胞周期进行综合分析。如果应用流式细胞分选仪技术并结合细胞周期同步化，综合分析细胞周期时间，将会使实验结果分析更加简便可靠。例如，应用某些药物处理，将细胞抑制在细胞周期中的某个特定时期。然后，将细胞从抑制中释放出来，所有细胞将会同步运转。应用流式细胞分选仪测定这些细胞的周期时间，实验既简单可靠，同时还可以通过改变某些因素，或加入某些物质，从而研究这些物质因素对细胞周期的影响。

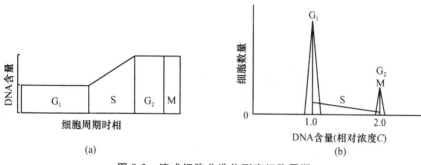

图 9-3　流式细胞分选仪测定细胞周期

（a）细胞周期中 DNA 含量变化；（b）用流式细胞分选仪测定每个细胞群体的处于不同时期的细胞数量和 DNA 含量，采用不同时间连续分析，即可综合分析细胞周期及各个时期的长短

除上述两种方法外，还有其他一些方法。例如，在仅需要测定细胞周期总时间时，只要通过在不同时间里对细胞群体进行计数，就可以推算出细胞群体的倍增时间，即细胞周期总时间。又如，应用缩时摄像技术，不仅可以得到准确的细胞周期时间，还可以得到分裂间期和分裂期的准确时间。

9.1.3　细胞同步化

细胞同步化（synchronization）是指在自然过程中发生或经人为处理造成的细胞周期同步化，前者称自然同步化，后者称为人工同步化。

1. 自然同步化

在自然界中已经存在一些细胞群体处于细胞周期的同一时期的例子。

①多核体：如一种黏菌（Physarrn polycephalum）的变形体 Plasmodia，只进行核分裂而不进行细胞质分裂，结果形成多核体结构。所有细胞核在同一细胞质中进行同步分裂，细胞核数量最终可以多达 10^8 个，细胞直径可达 5～6cm。疟原虫也具有类似的情况。

②某些水生动物的受精卵：如海胆卵可以同时受精，最初的 3 次细胞分裂是同步的，再如大量海参卵受精后，前 9 次细胞分裂都是同步化进行的。

③增殖抑制解除后的同步分裂：如真菌的休眠孢子移入适宜环境后，它们一起发芽，同步分裂。

2. 人工同步化

细胞周期同步化也可以人工选择或人工诱导，统称为人工同步化。人工选择同步化是指人为地将处于不同时期的细胞分离开来,从而获得不同时期的细胞群体。

(1)选择同步化

1)有丝分裂选择法

使单层培养的细胞处于对数增殖期,此时分裂活跃,有丝分裂细胞变圆隆起,与培养皿的附着性低,此时轻轻振荡,M 期细胞脱离器壁,悬浮于培养液中,收集培养液,再加入新鲜培养液,依法继续收集,则可获得一定数量的中期细胞。其优点是,操作简单,同步化程度高,细胞不受药物伤害,缺点是获得的细胞数量较少(分裂细胞占 1‰~2‰),要获得足够数量的细胞,其成本大大高于采用其他方法(图 9-4)。

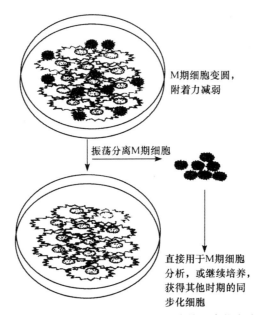

M期细胞变圆,
附着力减弱

振荡分离M期细胞

直接用于M期细胞
分析,或继续培养,
获得其他时期的同
步化细胞

图 9-4 从培养细胞中收集 M 期细胞的同步化方法

2)细胞沉降分离法

不同时期的细胞体积不同,而细胞在给定离心场中沉降的速度与其半径的平方成正比,因此可用离心的方法分离。其优点是可用于任何悬浮培养的细胞,缺点是同步化程度较低。

人工选择同步化的另一个方法是密度梯度离心法。有些种类的细胞,如裂殖酵母,不同时期的细胞在体积和重量上差别显著,可以来用密度梯度离心方法分离出处于不同时期的细胞。这种方法简单省时,效率高,成本低。但缺点是对大多数种类的细胞并不适用。

(2)诱导同步化

在同种细胞组成的一个细胞群体中,不同的细胞可能处于细胞周期的不同时期,为了某种目的,人们常常需要整个细胞群体处于细胞周期的同一个时期。许多动物细胞同步化可以通过人工诱导而获得,即通过药物诱导,使细胞同步化在细胞周期中某个特定时期。目前应用较广泛的诱导同步化方法主要有两种,即 DNA 合成阻断法和分裂中期阻断法。

1)DNA 合成阻断法

选用 DNA 合成的抑制剂,可逆地抑制 DNA 合成,而不影响其他时期细胞的运转,最终可将细胞群阻断在 S 期或 G/S 交界处。5—氟脱氧尿嘧啶、羟基脲、阿糖胞苷、氨甲蝶呤、高浓度

ADR、GDR 和 TDR,均可抑制 DNA 合成使细胞同步化。其中高浓度 TDR 对 S 期细胞的毒性较小,因此常用 TDR 双阻断法诱导细胞同步化。在细胞处于对数生长期的培养基中加入过量 TDR(如 HeLa,2tool/L;CHO,7.5 mol/L)。S 期细胞被抑制,其他细胞继续运转,最后停在 G_1/S 交界处。移去 TDR,洗涤细胞并加入新鲜培养液,细胞又开始分裂。当释放时间大于 TS 时,所有细胞均脱离 S 期,再次加入过量 TDR,细胞继续运转至 G_1/S 交界处,被过量 TDR 抑制而停止(图 9-5)。优点是同步化程度高,适用于任何培养体系。可将几乎所有的细胞同步化。缺点是产生非均衡生长,个别细胞体积增大。

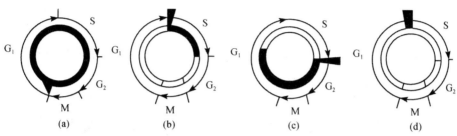

图 9-5　应用过量的 TdR 阻断法进行细胞周期同步化

(a)处于对数生长期的细胞;(b)第一次加入 TdR,所有处于 S 期的细胞立即被抑制,其他细胞运行到 G_1/S 交界处被抑制;(c)将 TDR 洗脱,解除抑制,被抑制的细胞沿细胞周期运行;(d)在解除抑制的细胞到达 G_1 期终点前,第二次加入 TDR 并继续培养,所有的细胞被抑制在 G_1/S 交界处。

2)中期阻断法

利用破坏微管的药物将细胞阻断在中期,常用的药物如秋水仙素、秋水仙胺和诺考达唑(nocodazole)等,可以抑制微管聚合,因而能有效地抑制细胞分裂器的形成,将细胞阻断在细胞分裂中期。通过轻微振荡,将变圆的分裂期细胞洗脱,经过离心,可以得到大量的分裂中期细胞。将分裂中期细胞悬浮于新鲜培养液中继续培养,它们可以继续分裂并沿细胞周期同步运转,从而获得 G_1 期不同阶段的细胞。此方法的优点是操作简便,效率高。缺点是这些药物的毒性相对较大,若处理的时间过长,所得到的细胞常常不能恢复正常细胞周期运转,可逆性较差。

在实际工作中,人们常将几种方法并用,以获得数量多、同步化效率高的细胞。

9.2　细胞周期调控

真核细胞周期有两个基本事件:一是 S 期进行染色体复制,二是 M 期将复制的染色体分到两个子细胞中去。为确保细胞周期基本事件有条不紊地进行,细胞周期不仅存在着 G_1/S 转换和 G_2/M 转换两个重要的控制点,而且发展了一系列调控机制,对细胞周期运转进行严格的监控。

9.2.1　MPF 的发现及其作用

MPF 最早发现并被命名于 20 世纪 70 年代初期。MPF,即卵细胞促成熟因子(maturation-promoting factor),或细胞促分裂因子(mitosis-promoting factor),或 M 期促进因子(M phase-promoting factor)。随着研究工作的深入,不仅逐步鉴定了 MPF 构成,同时也逐步证明了其在细胞周期调控中的重要作用。

1. 染色体超前凝集实验——细胞促分裂因子

Rao 和 Johnson(1970,1972)将 HeLa 细胞同步于不同阶段,然后与 M 期细胞混合,在灭活仙台病毒介导下,诱导细胞融合,并继续培养一定时间。他们发现,与 M 期细胞诱导 PtKG₁ 期细胞染色体诱导 PtKS 期细胞染色体诱导 PtKG₂ 期细胞染色体融合的间期细胞发生了形态各异的染色体凝集,并称之为染色体超前凝集(premature chromosome condensation,PCC)。此种染色体则称为超前凝聚染色体。不同时期的间期细胞与 M 期细胞融合,产生的PCC 的形态各不相同。G₁ 期 PCC 为细单线状;S 期 PCC 为粉末状;G₂ 期 PCC 为双线染色体状(图 9-6)。PCC 的这种形态变化可能与 DNA 复制状态有关。不仅同类 M 期细胞可以诱导PCC,不同类的 M 期细胞也可以诱导 PCC 产生,如人和蟾蜍的细胞融合时同样有这种效果,这就意味着 M 期细胞具有某种促进间期细胞进行分裂的因子,称为细胞促分裂因子。

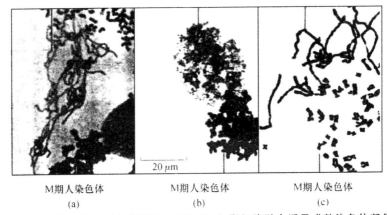

图 9-6　人类 M 期细胞与袋鼠(PtK)G₁、S、G₂ 期细胞融合诱导成熟染色体凝集

(a)M 期细胞与 G₁ 期细胞融合;(b)M 期细胞与 S 期细胞融合;(c)M 期细胞与 G₂ 期细胞融合

2. 非洲爪蟾卵细胞质注射实验——促成熟因子(MPF)

1971 年,Masui 和 Markert 用非洲爪蟾卵做实验,明确提出了 MPF 这一概念。在黄体酮作用下,生发泡破裂(germinal vesicle break down,GVBD),染色质凝集,进行第一次减数分裂。用细胞质移植实验研究发现,将黄体酮诱导成熟的卵细胞的细胞质注射到卵母细胞中,可以诱导后者成熟;再将后者的细胞质少量注射到一的新的卵母细胞中,新的卵母细胞仍被诱导成熟;再将刚被诱导成熟的卵细胞的细胞质少量注射到另一些新的卵母细胞中,仍然可以诱导卵母细胞成熟(图 9-7)。研究结果说明,在成熟的卵细胞的细胞质中,必然有一种物质,可以诱导卵母细胞成熟。他们将这种物质称作促成熟因子,即 MPF。

在蛋白质合成抑制剂存在的情况下,黄体酮不能诱导卵母细胞成熟。表明用黄体酮诱导卵母细胞成熟过程中有蛋白质合成。若用成熟卵细胞的细胞质诱导卵母细胞成熟,即使有蛋白质合成抑制剂存在,也可以诱导卵母细胞成熟。实验结果说明,在成熟卵母细胞中,MPF 已经存在,但处于非活性状态,被称为前体 MPF(preMPF)。非活性态的 preMPF 通过翻译后修饰,可以转化为活性态的 MPF。

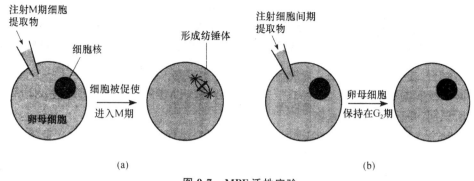

图 9-7　MPF 活性实验

(a)用非洲爪蟾 M 期的卵母细胞提取物注射非洲爪蟾非成熟期的卵母细胞,促使其进入 M 期,引起生发泡破裂,并形成纺锤体;(b)用细胞间期的提取物注射卵母细胞,不能促使卵母细胞进入 M 期

1988 年,Maller 实验室的 Lohka 等以非洲爪蟾卵为材料,分离获得了微克级的纯化 MPF,并证明其主要含有 p32 和 p45 两种蛋白。p32 和 p45 结合后,表现出蛋白激酶活性,使多种蛋白质底物磷酸化,说明 MPF 是一种蛋白激酶。

3. p34^{cdc2}激酶的发现及其与 MPF 的关系

1960 年 Hartwell 以芽殖酵母为实验材料,分离获得了数十个温度敏感突变体(ternpera-ture-sensirive mutant)。突变体最基本的特点是,在允许温度条件(permissive temperature)下,可以正常分裂繁殖,而在限定温度条件下,则不正常分裂繁殖。利用阻断在不同细胞周期阶段的温度敏感突变株(在适宜的温度下和野生型一样),分离出了几十个与细胞分裂有关的基因(cell division cycle gene,CDC)。如芽殖酵母的 cdc28 基因,在 G2/M 转换点发挥重要的功能。1970 年 Nurse 等以裂殖酵母为实验材料,也分离出了数十个温度敏感突变体。同样发现了许多细胞周期调控基因,如裂殖酵母 cdc2、cdc25 的突变型和在限制的温度下无法分裂;wee1 突变型则提早分裂,而 cdc25 和 wee1 都发生突变的个体却会正常地分裂。进一步的研究发现 cdc2 和 cdc28 都编码一个 34KD 的蛋白激酶,促进细胞周期的进行。而 wee1 和 cdc25 分别表现为抑制和促进 cdc2 的活性。酵母中这些与细胞分裂和细胞周期调控有关的基因,被称为 cdc(cell division cycle)基因。人们根据 cdc 基因被发现的先后顺序等,对这些基因进行了命名,如 cdc2、cdc25、cdc28 等,尽管当时 cdc 基因尚未被分离出来。

裂殖酵母 cdc2 基因是第一个被分离出来的 cdc 基因,它的表达产物相对分子质量为 3.4 ×10^4 的蛋白,被称为 p34^{cdc2},且具有蛋白激酶活性,可以使多种蛋白底物磷酸化,也称为 p34^{cdc2}激酶。芽质酵母 cdc28 基因是第二个被分离出来的 cdc 基因,其表达的产物也是一种相对分子质量为 3.4×10^4 的蛋白,称为 p34^{cdc28},并也是一种蛋白激酶,是 p34^{cdc2} 的同源物。研究发现,不管是 p34^{cdc2},或者是 p34^{cdc28},其本身并不具有激酶活性,只有当其与相关蛋白结合后,激酶活性才能够表现出来。例如,p34^{cdc2} 必须和另一种蛋白 p56^{cdd3}结合,才具有激酶活性。

Maller 实验室和 Nurse 实验室进行合作研究,证明 MPF 中的 p32 可以被 p34^{cdc2}特异抗体所识别,并且二者为同源物。

1983 年 Hunt 首次发现海胆卵受精后,在其卵裂过程中两种蛋白质的含量随细胞周期剧烈振荡,一般在细胞间期内积累,在细胞分裂期内消失,在下一个细胞周期中又重复这一消长现象,故命名为周期蛋白。周期蛋白被分离和克隆出来后,进一步揭示其广泛存在于从酵母到人类等各种真核生物中。研究表明,周期蛋白为诱导细胞进入 M 期所必需。而且,各种生物之间的周期蛋白在功能上有互补性。将海胆周期蛋白 B 的 mRNA 引入到非洲爪蟾卵非细胞体系中,其翻译产物可以诱导该非细胞体系进行多次细胞周期循环。将一种基因工程表达的抗降解的周期蛋白△90 引入非洲爪蟾卵非细胞体系或直接显微注射到非洲爪蟾卵细胞中,可以稳定 MPF 活性。上述实验结果提示周期蛋白可能参与 MPF 的功能调节。

1988 年 Lohka 纯化了爪蟾的 MPF,经鉴定由 32KD 和 45KD 两种蛋白组成,二者结合可使多种蛋白质磷酸化。James Maller 实验室和 Timothy Hunt 实验室进行合作,证明 MPF 的另一种主要成分为周期蛋白 B。后来 Nurse(2002)进一步的实验证明 p32 实际上是 *cdc2* 的同源物,而 p45 是 cyclinB 的同源物。

至此,MPF 的生化成分便被确定下来,它含有两个亚单位,即 *cdc2* 蛋白和周期蛋白。当两者结合后,表现出蛋白激酶活性。*cdc2* 为其催化亚单位,周期蛋白为其调节亚单位。

2001 年 10 月 8 日美国人 Hartwell、英国人 Nurse、Hunt 因对细胞周期调控机理的研究而荣获诺贝尔生理医学奖。

9.2.2 周期蛋白激酶

酵母 *cdc2* 和 *cdc28* 基因被分离出来后,一些实验室进行 *cdc2* 或 *cdc28* 类同基因的分离工作,成功分离到了 10 多个 *cdc2* 相关基因。它们表达的蛋白有两个共同的特点:一个是它们含有一段类似的氨基酸序列,另一个是各种蛋白分子均含有一段相似的激酶结构域,这一区域有一段保守序列,即 PSTAIRE,与周期蛋白的结合有关(图 9-8)。这些蛋白统称为周期蛋白依赖性蛋白激酶(cyclin-dependent kinase),简称 CDK 激酶。前已经发现并命名的 CDK 激酶包括 *cdc2*、CDK2、CDK3、CDK4、CDK5、CDK6、CDK7 和 CDK8 等。由于 *cdc2* 第一个被发现,*cdc2* 激酶被命名为 CDK1。

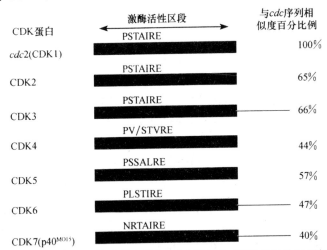

图 9-8　通过 PCR 技术测定的与 *cdc2* 类似的 CDK 蛋白分子图解

图中以 *cdc2*(CDK1)氨基酸序列为标准(100%),将其他 CDK 激酶活性区段(kinase domain)的氨基酸序列与其比较,得到序列相似度百分比

9.2.3　CDK 激酶活性的调控

CDK 激酶活性受到多种因素的综合调节。周期蛋白与 CDK 结合是 CDK 激酶活性表现的先决条件,但是,仅有周期蛋白与 CDK 结合,并不能使 CDK 激活,还需要其他几个步骤的修饰,才能表现出活性。当周期蛋白与 CDK 结合形成复合体后 Wee1/Mik1 激酶和 CDK 激酶(CDK1 激酶)催化 CDK 第 14 位上的苏氨酸和第 15 位上的酪氨酸和第 161 位上的苏氨酸磷酸化。此时 CDK 仍不表现出激酶的活性(称为前体 MPF)。CDK 在 cdc25c 的催化下,其 Thr14 和 Tyr15 去磷酸化,才表现出激酶的活性。

此外,细胞内存在多种因子,对 CDK 分子结构进行修饰,参与 CDK 激酶活性的调节。泛素(ubiquitin)介导蛋白酶水解途径,降解 cyclin-CDK 复合物中的 cyclin,使 CDK 激酶活性丧失。CDK1 结合活化形式的激酶形成 cyclin-CDK-CDK1 复合物,也是一种使酶失活的途径。

除周期蛋白和一些修饰性调控因子对 CDK 激酶活性进行调控之外,细胞内还存在一些对 CDK 激酶活性起负性调控的蛋白质,称为 CDK 激酶抑制物(cyclin-dependent ki-nase in-hibitor,CDK1)。

研究发现细胞内存在多种对 CDK 激酶起负性调控的 CDK1,分别归为 CIP/KIP 家族和 INK4 家族。CIP/KIP 家族成员主要包括 p21[CIP/WAP1]、p27[KIP1] 和 p57[KIP2],p21[CIP/WAF1] 为此家族的典型代表。在肿瘤中异常率低,含一相似的 60 氨基酸抑制区,广谱抑制 CDKs 活性。p21 主要对 G_1 期 CDK 激酶(CDK2、CDK3、CDK4 和 CDK6)起抑制作用。p21 还可与 PCNA(prolif-erating cell nuclear antigen)直接结合。PCNA 是 DNA 复制聚合酶芳的辅助因子,为 DNA 复制所必需。p21 与 PCNA 结合,可以直接抑制 DNA 复制。INK 家族成员主要包括 p16、p15、p18 和 p19 等,p16 为此家族的典型代表。在肿瘤中异常率高,含四次锚蛋白(ankyrin)重复结构,p16 主要抑制 CDK4 和 CDK6 激酶活性。

9.2.4　cyclin

人们从各种生物体中克隆分离了数十种周期蛋白,如酵母的 Cln1、Cln2、Cln3、Clb1-Clb6,在脊椎动物中为 A1-2、B1-3、C、D1-3、E1-2、F、G、H 等。周期蛋白在细胞周期内表达的时期有所不同,所执行的功能也多种多样。有的只在 G1 表达并只在 G1 期和 S 期转化过程中执行调节功能,称之为 G1 期周期蛋白,如 C、D、E、Cln1、Cln2、Cln3 等;有的虽然在间期表达和积累,但到 M 期时才表现出调节功能,所以常被称为 M 期周期蛋白,如周期蛋白 A、B 等。G_1 期周期蛋白在细胞周期中存在的时间相对较短。M 期周期蛋白在细胞周期中则相对稳定。各种周期蛋白之间有着共同的结构特点,但也有各自特点。其一,均含有一段相当保守的氨基酸序列,称为周期蛋白框(cyclin box),框内约含 100 个左右的氨基酸残基(周期蛋白框介导周期蛋白与 CDK 结合)。不同的周期蛋白框识别不同的 CDK,组成不同的周期蛋白——CDK 复合体,表现出不同 CDK 激酶活性。其次,M 周期蛋白的分子结构含有另一特点,在近 N 端含有一段有 9 个氨基酸组成的特殊序列,称为破坏框(desdruction box,RXXLGXIXN)(X 代表可变性氨基酸),破坏框主要参与泛素(ubiquitin)介导的周期蛋白 A 和周期蛋白 B 的降解。再者 G_1 周期蛋白分子中不含破坏框,但其 C 端含有一段特殊的 PEST 序列,认为 PEST 序列与 G_1 期周期蛋白的更新有关(图 9-9)。

不同的 cyclin 在细胞周期中表达的时期不同,并与之对应的 CDK 结合,调节相应的 CDK 激酶活性。

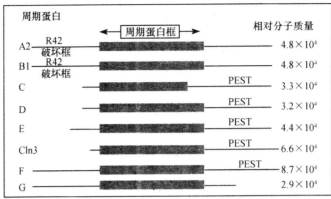

图 9-9　部分周期蛋白分子结构特征

图中除 Cln3 外,均为人类的周期蛋白分子。所有这些分子均含有一个周期蛋白框。M 期周期蛋白(A2,B2)分子的 N 端含有一个破坏框;G_1 期周期蛋白分子的 C 端含有一个 PEST 序列

在哺乳动物细胞中,G_1 期 cyclin D 表达,并与 CDK4、CDK6 结合,使下游的蛋白质如 Rb 磷酸化,磷酸化的 Rb 释放出转录因子 E2F,促进许多基因的转录,如编码 cyclinE、cyclinA 和 CDK1 的基因。在 G_1—S 期,cyclinE 与 CDK2 结合,促进细胞通过 G_1/S 限制点而进入 S 期。cyclinA 在 G_1 期的早期即开始表达并逐渐积累,到达 G_1/S 交界处,其含量达到最大值并一直维持到 G_2/M 期。cyclinB 则从 G_1 期晚期开始表达并逐渐积累,到 G_2 期后期阶段达到最大值并一直持到 M 期的中期阶段。在 G_2—M 期,cyclinA、cyclinB 与 CDK1 结合,CDK1 使底物蛋白磷酸化,如将组蛋白 H1 磷酸化导致染色体凝缩,核纤层蛋白磷酸化使核膜解体等下游细胞周期事件。在中期当 MPF 活性达到最高时,通过激活后期促进因子 APC,将泛素连接在 cyclinB 上,导致 cyclinB 被蛋白酶体(proteasome)降解,完成一个细胞周期。

在裂殖酵母和芽殖酵母中,周期蛋白含量的消长情况与哺乳动物细胞中的有许多相似之处。图 9-10 显示了几种周期蛋白在哺乳动物细胞和酵母细胞中的表达和积累状况。

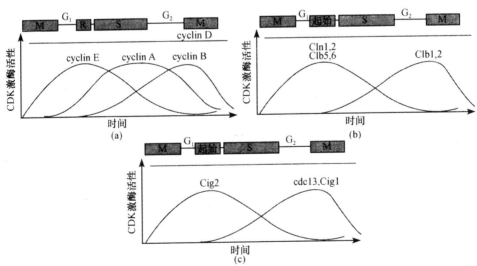

图 9-10　周期蛋白在细胞周期中的积累及其与 CDK 激酶活性的关系

(a)哺乳动物细胞周期;(b)芽殖酵母细胞周期;(c)裂殖酵母细胞周期

9.2.5　细胞周期运转调控

目前已经公认,CDK 激酶对细胞周期起着核心性调控作用。不同种类的周期蛋白与不同种类的 CDK 结合,构成不同的 CDK 激酶。不同的 CDK 激酶在细胞周期的不同时期表现出活性,因而对细胞周期的不同时期进行调节。例如,与 G_1 期周期蛋白结合的 CDK 激酶在 G_1 期起调节作用,与 M 期周期蛋白结合的 CDK 激酶在 M 期起调节作用。

1. G_2 期转化与 CDK1 激酶的关键性调控作用

CDK1 激酶即 MPF,或 $p34^{cdc2}$ 激酶,由 $p34^{cdc2}$(或 $p34^{cdc28}$)蛋白和周期蛋白 B 结合而成。$p34^{cdc2}$ 蛋白在细胞周期中的含量相对稳定,而周期蛋白 B 的含量则呈现周期性变化。$p34^{cdc2}$ 蛋白只有与周期蛋白 B 结合后才有可能表现出激酶活性。因而,CDK1 激酶活性首先依赖于周期蛋白 B 含量的积累。周期蛋白 B 一般在 G_1 期的晚期开始合成,通过 S 期,其含量不断增加,到达 G_2 期,其含量达到最大值。随周期蛋白 B 含量达到一定程度,CDK1 激酶活性开始出现。到 G_2 期晚期阶段,CDK1 活性达到最大值并一直维持到 M 期的中期阶段。CDK1 激酶活性和周期蛋白 B 含量的关系如图 9-11 所示。周期蛋白 A 也可以与 CDK1 结合成复合体,表现出 CDK1 激酶活性。

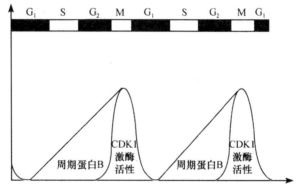

图 9-11　周期蛋白 B 在 CDK1 激酶活性调节过程中的作用

CDK1 激酶活性首先依赖于周期蛋白 B 含量的积累;周期蛋白 B 的含量达到一定值并与 CDK1 蛋白结合,同时在其他一些因素的调节下,逐渐表现出最大激酶活性

CDK1 激酶通过使某些蛋白质磷酸化,改变其下游的某些蛋白质的结构和启动其功能,实现其调控细胞周期的目的。CDK1 激酶催化底物磷酸化有一定的位点特异性。它一般选择底物中某个特定序列中的某个丝氨酸或苏氨酸残基。CDK1 激酶可以使许多蛋白质磷酸化,其中包括组蛋白 H1、核纤层蛋白 A、B、C、核仁蛋白 nucleolin 和 No. 38、$p60^{c-src}$、C-ab1 等。组蛋白 H1 磷酸化,促进染色体凝集;核纤层蛋白磷酸化,促使核纤层解聚;核仁蛋白磷酸化,促使核仁解体;$p60^{c-src}$ 蛋白磷酸化,促使细胞骨架重排,C-ab1 蛋白磷酸化,促使调整细胞形态等。

CDK 激酶活性受到多种因素的综合调节。周期蛋白与 CDK 结合是 CDK 激酶活性表现的先决条件。但是,仅周期蛋白与 CDK 结合,并不能使 CDK 激活。还需要其他几个步骤的修饰,才能表现出活性。首先,当周期蛋白与 CDK 结合形成复合体后,Weel/ Mikl 激酶和 CDK 激酶(CDK1 — activiting kinase)催化 CDK1 第 14 位的苏氨酸(Thr14)、第 15 位的酪氨酸(Tyr15)和第 161 位的苏氨酸(Thr161)磷酸化。但此时的 CDK 仍不表现激酶活性(称为前体 MPF)。然后,CDK 在磷酸酶 $cdc25c$ 的催化下,其 Thr14 和 Tyr15 去磷酸化,才能表现出激酶活性(图 9-12)。

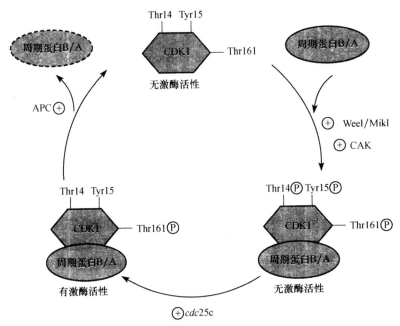

图 9-12　CDK1 激酶活性综合调控示意图

CDK 激酶活性本身蛋白激酶活性;当周期蛋白 B/A 含量积累到一定值时,二者相互结合成复合体,但不表现酶活性;在 Weel/Mikl 激酶催化下,CDKlThrl4、Tyr15 和 Thrl61 磷酸化,但此时的 CDK 仍不表现激酶活性;在磷酸酶 fdc25c 的催化下,Thrl4 和 Tyrl5 去磷酸化,CDK1 激酶活性才能表现出来;分裂中期过后,周期蛋白与 CDK1 分离,在 APC 的作用下经泛素化路径降解;虚线表示的周期蛋白为降解中的周期蛋白

2. M 期周期蛋白与分裂中期向分裂后期转化

细胞周期运转到分裂中期后,M 期周期蛋白 A 和 B 将迅速降解,CDK1 激酶活性丧失,上述被 CDK1 激酶磷酸化的蛋白质去磷酸化,细胞周期便从 M 期中期向后期转化。周期蛋白 A 和 B 的降解是通过泛素化途径(ubiquitination pathway)来实现的。泛素是 76 个氨基酸组成的热稳定多肽,在进化中高度保守。细胞内蛋白质通过与之连接由蛋白酶体(后期促进因子 APC)介导而被选择性降解。

MPF 活性达到最高时,通过泛素连接酶催化泛素与 cyclin 结合,cyclin 随之被 26S 蛋白酶体(proteasome)水解。M 期周期蛋白在泛素化途径裂解过程中,其分子中的破坏框起着重要的调节作用。G1 周期蛋白也通过类似的途径降解,但其 N 端没有降解盒,C 端有一段 PEST 序列与其降解有关。泛素由 76 个氨基酸组成,高度保守。共价结合泛素的蛋白质能被蛋白酶体识别和降解,这是细胞内短寿命蛋白和一些异常蛋白降解的普遍途径,泛素相当于蛋白质被摧毁的标签。26S 蛋白酶体是一个大型的蛋白酶,可将泛素化的蛋白质分解成短肽。

在蛋白质降解的泛素化途径中,首先,在 ATP 供能的情况下,泛素的 C 端与非特异性泛素激活酶 E1(ubiquitin-activating enzyme)的半胱氨酸残基共价结合,形成 EI—泛素复合体。

E1—泛素复合体再将泛素转移给另一个泛素结合酶 E2(ubiquitin-conjugating enzyme)。E2 则可以直接将泛素转移到靶蛋白赖氨酸残基的 ε 氨基基团上。但是,在通常情况下,靶蛋白泛素化需要一个特异的泛素蛋白连接酶 E3(ubiquitin-ligase)。当第一个泛素分子在 E3 的催化下连接到靶蛋白上以后,另外一些泛素分子相继与前一个泛素分子的赖氨酸残基相连,逐渐形成一条多聚泛素链。参与细胞周期调控的泛素连接酶至少有两类,其中 SCF(skpl—cullin-F-box protein,三个蛋白构成的复合体)负责将泛素连接到 G1/S 期周期蛋白和某些 CDK1 上,APC(anaphase promoting complex)负责将泛素连接到 M 期周期蛋白上。然后,泛素化的靶蛋白被蛋白酶体的蛋白质复合体逐步降解。多聚泛素也解聚为单个泛素分子,重新被利用(图9-13)。

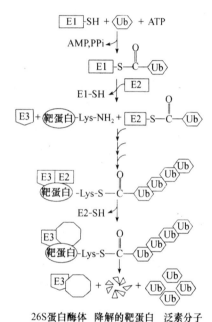

图 9-13　一般蛋白质泛素化途径裂解过程

　　1995 年,两个实验室率先分离并部分纯化了具有 E3 活性的蛋白质复合体。首先,Sudakin 等在青蛙卵中分离到了一个相对分子质量 1.5×10^5 的蛋白质复合体,称为 cyclosome。在 E1、E2、泛素和 ATP 再生体系存在的情况下,cyclosome 可以在体外将周期蛋白 A 和 B 通过泛素化途径降解。几乎与此同时,King 等在非洲爪蟾卵中分离到了一个 20S 的蛋白质复合体,称为后期促进因子,也支持周期蛋白 B 通过泛素化途径体外降解。此后证明,cyclosome 和后期促进因子为同源物,而"后期促进因子"这一名词则更广为应用,其简称为"APC"。APC 的发现表明分裂中期向后期转化也受到精密调控。进一步研究证明,APC 至少有 8 种成分组成,分别称为 APC1 至 APC8。蛋白质种类鉴定工作已经证明,8 种成分中有 4 种分别为 cdc16、cdc23、cdc27 以及 BimE。而 APC2、APC4、APC5 和 APC8 四种成分仍待进一步证明。

　　APC 活性变化是探明细胞周期由分裂中期向分裂后期转化的关键问题之一。APC 活性也受到多种因素的综合调节。首先,已知 APC 各个成分在分裂间期中表达,但只有到达 M 期后才表现出活性,暗示 M 期 CDK 激酶活性可能对 APC 的活性起着调节作用。体外实验发现 APC 可以被 M 期 CDK 激酶活性所激活,且 APC 的多个成分被 M 期 CDK 激酶磷酸化;活化的 APC 则可以被磷酸酶作用而失活。其次,研究发现 *cdc*20 为 APC 有效的正调控因子。*cdc*20 主要位于染色体动粒上,为姐妹染色单体分离所必需。APC 活性亦受到纺锤体装配检验点(spindle assembly checkpoint)的检控。纺锤体装配不完全,或所有动粒不能被动粒微管全部捕捉,APC 则不能被激活。在纺锤体装配检控过程中,Mad2 蛋白起着重要作用。纺锤体装配不完全,动粒不能被动粒微管捕捉,Mad2 则不能从动粒上消失。Mad2 与 *cdc*20 结合,有效地抑制 *cdc*20 的活性。当纺锤体装配完成以后,动物全部被动粒微管捕捉,Mad2 从动粒上消失,对 *cdc*20 的抑制作用被解除,促使 APC 活化,降解 M 期周期蛋白,使 M 期 CDK 激酶活性丧失;在酵母细胞中,促使 cut2/Pdslp 降解,解除其对姐妹染色单体分离的抑制,细胞则出中期向后期转化。

3. G_1/S 期转化与 G_1 期周期蛋白依赖性 CDK 激酶

细胞由 G_1 期向 S 期转化是细胞繁殖过程中的重要生命活动之一。细胞由 G_1 期向 S 期转化主要受 G_1 期周期蛋白依赖性 CDK 激酶所控制。在哺乳动物细胞中,G_1 期周期蛋白主要包括周期蛋白 D、E,或许还有 A。发挥作用的 CDK 激酶主要包括 CDK2、CDK4 和 CDK6 等。周期蛋白 D 主要与 CDK4 和 CDK6 结合并调节后者的活性,而周期蛋白 E 则与 CDK2 结合。周期蛋白 A 常常被划分为 M 期周期蛋白,但周期蛋白 A 也可以与 CDK2 结合而使后者表现激酶活性,提示周期蛋白 A 可能参与调控 G_1/S 期转化过程。

在哺乳动物细胞中表达三种周期蛋白 D,即 D1、D2 和 D3,但三者的表达有细胞和组织特异性。据推测,在快速增殖的细胞中至少表达一种周期蛋白 D2。一般情况下,一种细胞仅表达两种周期蛋白 D,即 D3 和 D1 或 D2。对周期蛋白 D-CDK 激酶作用的底物研究不十分清楚,目前发现 Rb(retinoblastoma protein)为其底物。Rb 是 G_1/S 期转化的负性调节因子,在 G_1 期的晚期阶段通过磷酸化而失活。

周期蛋白 E 也是哺乳动物细胞中 G_1 期表达的周期蛋白。它在 G_1 期的晚期开始合成,并一直持续到细胞进入 S 期。当细胞进入 S 期后,周期蛋白 E 很快即被降解。周期蛋白 E 与 CDK2 结合成复合物,呈现 CDK2 激酶活性。因而,周期蛋白 E-CDK2 激酶活性峰值时间为 G_1 期晚期到 S 期的早期阶段。在哺乳动物细胞中,TGF-β 是一种生长抑制因子。研究表明,周期蛋白 E-CDK2 激酶是 TGF-β 的主要靶物质。TGF-β 可以有效地抑制周期蛋白 E-CDK2 激酶活性,进而将细胞抑制在 G_1。另外研究发现,周期蛋白 E 在肿瘤细胞中的含量比在正常细胞中要高得多,在细胞中提高周期蛋白 E 的表达,该细胞则快速进入 S 期,而且对生长因子的依赖性降低。

实验表明,细胞周期蛋白 E-CDK2 激酶可以与类 Rb 蛋白 p107 和转录因子 E2F 结合成复合物,与 Rb 相似,p107 可以将 SAOS 细胞抑制在 G_1 期。而 F2F 则可以促进与 G_1/S 期转化和 DNA 复制有关的基因转录。一般认为,当细胞周期蛋白 E-CDK2 激酶与 p107 和 L2F 结合成复合物后,CDK2 激酶催化 p107 磷酸化,使 p107 失去抑制作用;E2F 的作用被显现出来,促进有关基因的转录,促使细胞周期由 G1 期向 S 期转化;此外,周期蛋白 E-CDK2 激酶还直接参与了中心体复制的起始调控。

周期蛋白 A 也可以与 CDK2 结合,形成周期蛋白 A-CDK2 激酶。周期蛋白 A 的合成开始于 G_1/S 转化时期。进入 S 期后,周期蛋白 A-CDK2 激酶成为该时期主要的 CDK 激酶。目前有实验显示周期蛋白 A-CDK2 与 DNA 复制有关。在 S 期,周期蛋白 A-CDK2 复合物位于 DNA 复制中心。将抗周期蛋白 A 的抗体注射到细胞中将抑制细胞 DNA 的合成,在体外,周期蛋白 A-CDK2 激酶可以使 DNA 复制因子 RF-A 磷酸化并使后者的活性增强。此外,周期蛋白 A-CDK2 激酶也可以与 p107 和 E2P 结合成复合物,进而影响后者的功能。

到达 S 期的一定时期,G_1 期周期蛋白也是通过泛素化途径降解,但与 M 期周期蛋白的降解有所不同。G_1 期周期蛋白的降解需要 G_1 期 CDK 激酶活性的参与以及特殊的 E2 和 E3。G_1 期周期蛋白分子中不含有破坏框序列,而是含有 PEST 序列。PEST 序列对 G_1 期周期蛋白降解起促进作用。

细胞周期以 DNA 复制期为核心,DNA 复制的起始标志着细胞周期的启动。细胞周期的调控研究已成为分子生物学重要的研究领域,而对 DNA 复制起始的研究是细胞周期研究领域的热点之一。细胞内存在多种因素对 DNA 复制起始活动进行综合调控。首先,DNA 复制起始点的识别,这个位点被称为 DNA 复制起始点(origin of DNA Replication),是 DNA 复制调控中的重要事件之一。当前最为流行的观点是,DNA 复制起始点是通过起始蛋白质结合在特定的 DNA 顺式序列上形成的。虽然 DNA 复制的起始和复制的全过程限于 S,但对 DNA 复制的调控早在 M 期就开始了。研究发现在 M 期的早期,Orc 蛋白复合体和其他一些与复制起点有关的蛋白质结合在染色体上形成前复制复合体(pre-replication complex,Pre-RC)。真核生物细胞周期的 G_1 期中存在一个 DNA 定点复制的调控点,这个点被称为 DNA 复制起始位置决定点(origin decision point,ODP)。这个的细胞周期调控点首次把细胞周期调控和 DNA 复制的起始控制联系起来。已经发现,从酵母细胞到高等哺乳类细胞,均存在一种称为复制起始点识别复合体(origin recognition complex,Orc)的蛋白质。Orc 含有 6 个亚单位,分别称为 Orc1、Orc2、Ocr3、Orc4、Orc5 和 Ocr6。Orc 识别 DNA 复制起始位点并与之结合,是 DNA 复制起始所必需的。其次,cdc6 和 cdc45 也是 DNA 复制所必需的调控因子。

另外,是什么因素控制细胞在“一个细胞周期中 DNA 复制一次,而且只能一次”呢?在 20 世纪 80 年代末,JulianBlow 和 RonLaskey 通过实验提出,在细胞的胞质内存在一种执照因子,对细胞核染色质 DNA 复制发行“执照”(licensing)。提出了“DNA 复制执照因子学说”(DNA,replication-licensing(actor theory)。在 M 期,细胞核膜破裂,胞质中的执照因子与染色质接触并与之结合,使后者获得 DNA 复制所必需的执照。细胞通过 G_1 期后进入 S 期,DNA 开始复制。随 DNA 复制过程的进行,“执照”信号不断减弱直到消失。到达 G_2 期,细胞核不再含有执照信号。只有等到下一个 M 期,染色质再次与胞质中的执照因子接触,重新获得执照,细胞核才能开始新一轮的 DNA 复制。研究发现,Mcm 蛋白(minichromosome maintenance protein)是 DNA 复制执照因子的主要成分。Mcm 蛋白共有 6 种,分别称为 Mcrrg、Mcm3、Mcm4、Mcm5、Mcm6 和 Mcm7。在细胞中去除任何一种 Mcm 蛋白,都将使细胞失去 DNA 复制起始功能(图 9-14)。

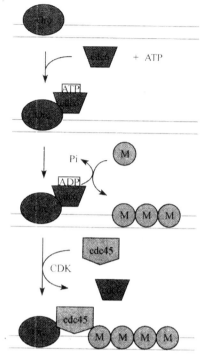

图 9-14　Orc，cdc61 cdc51 CDK 和 Mcm 与染色质的结合及其在
DNA 复制起始调控中的作用

4. DNA 复制延搁检验点参与调控 S/G_2/M 期转化

DNA 复制结束，细胞周期由 S 期自动转化到 G_2 期，并准备进行细胞分裂。然而，为什么在 DNA 复制尚未完成之前，细胞不能开始 S/G_2/M 期转化呢？原来，细胞中存在一系列检验 DNA 复制过程的检控机制。DNA 复制不完成，细胞周期便不能向下一个阶段转化。有实验表明，当 DNA 复制尚未完成时，M 期 CDK 激酶的活性不能够表现出来。用非洲爪蟾提取物进一步实验发现，在 S 期，$cdc25c$ 的活性比较低，而 Weel 的活性则比较高。Weel 可以促使 CDK1 的 Thr14 和 Tyr15 磷酸化，从而抑制 CDK1 激酶的活性。$cdc25$ 活性低，不能有效地促使 CDK1 的 Thr14 和 Tyr15 去磷酸化，因而不能激活 CDK1。若在 S 期中加入过量的 $cdc25c$，即使 DNA 复制尚未完成，也可以促使由 S 期向 G_2 和 M 期转化。提示 Weel 和 $cdc25c$ 的确参与了 DNA 复制延搁检验点的调控过程。

9.2.6　其他内在和外在因素在细胞周期调控中的作用

除上述多种因素参与细胞周期调控之外，还有一些其他因素参与细胞周期调控，其中最为重要的一类因素为癌基因和抑癌基因。癌基因和抑癌基因均是细胞生命活动所必需的基因，共表达产物对细胞增殖和分化起着重要的调控作用。癌基因非正常表达可导致细胞转化，增殖过程异常，甚至癌变。目前已经分离了一百多种癌基因。其表达产物大致可归为蛋白激酶、多种类生长因子、膜表面生长因子受体和激素受体、信号转导器、转录因子、类固醇和甲状腺激素受体、核蛋白等几个类型。它们在细胞周期调控过程中各自起着不同的作用。例如，生长因子与细胞表面的生长因子受体结合,可以促使处于生长静止状态(G0 期)的细胞返回细胞周期,开始细胞增殖。抑癌基因表达产物对细胞增殖起负性调控作用,如 p53、Rb 等。p53 是近年来研究得较多的人类抑癌蛋白之一,p53 基因突变,使细胞癌变的机会大大增加,已经证实,有许多肿瘤同时伴随 p53 基因突变。

除细胞内在因素外,细胞和机体外界因素对细胞周期也有重要影响,如离子辐射、化学物质作用、病毒感染、温度变化、pH 变化等;离子辐射对细胞最直接的影响之一是 DNA 损伤。DNA 损伤后,细胞会很快启动其 DNA 损伤修复调控体系,抑制细胞周期运转,直到 DNA 损伤完全修复;或者最终不能完成修复,细胞走向死亡。在人类细胞 DNA 损伤修复过程中,p53 表达水平大大提高,通过一些下游调控因子,抑制 CDK1、CDK2、CDK4 等激酶活性,从而影响细胞周期运转。化学物质种类繁多,有的可直接参与调控 DNA 代谢,影响细胞周期变化;有的可以通过其他途径,影响酶类和其他调节因素的变化,改变细胞周期进程。病毒感染也是影响细胞周期进程的主要因素之一。有的病毒感染将快速抑制细胞周期,有的则可以诱导细胞转化和癌变,使整个细胞周期进程发生改变。

9.2.7　细胞周期检验点

细胞要分裂,必须正确复制 DNA 和达到一定的体积,在获得足够物质支持分裂以前,细胞不可能进行分裂。细胞周期的运行,是在一系列称为检验点(check point)的严格检控下进行的,当 DNA 发生损伤,复制不完全或纺锤体形成不正常,周期将被阻断。

细胞周期检验点由感受异常事件的感受器、信号传导通路和效应器构成,主要检验点包括:

G_1/S 检验点:在酵母中称 start 点,在哺乳动物中称 R 点(restriction point),控制细胞由静止状态的 G_1 进入 DNA 合成期,相关的事件包括:DNA 是否损伤? 细胞外环境是否适宜? 细胞体积是否足够大?

atm(ataxia telangiectasia-mutated gene)是与 DNA 损伤检验有关的一个重要基因。atm 编码一个蛋白激酶,结合在损伤的 DNA 上,能将某些蛋白磷酸化,中断细胞周期。其信号通路有两条。一条是激活 Chk1(checkpoint kinase),Chk1 引起 *cdc*25 的 Ser216 磷酸化,通过抑制 cdc25 的活性,抑制 M-CDK 的活性,使细胞周期中断。另一条是激活 Chk2,使 p53 被磷酸化而激活,然后 p53 作为转录因子,导致 p21 的表达,p21 抑制 G1-S 期 CDK 的活性,从而使细胞周期阻断。

S 期检验点:DNA 复制是否完成?

G_2/M 检验点:是决定细胞一分为二的控制点,相关的事件包括:DNA 是否损伤? 细胞体积是否足够大?

中—后期检验点(纺锤体组装检验点):任何一个着丝点没有正确连接到纺锤体上,都会抑制 APC 的活性,引起细胞周期中断。

9.2.8　生长因子对细胞增殖的影响

单细胞生物的增殖取决于营养是否足够,多细胞生物细胞的增殖取决于机体是否需要。这种需要是通过细胞通信来实现的。生长因子是一大类与细胞增殖有关的信号物质,目前发现的生长因子多达几十种,多数有促进细胞增殖的功能,故又称有丝分裂原(mitogen),如表皮生长因子(EGF)、神经生长因子(NGF),少数具有抑制作用如抑素(chalone),肿瘤坏死因子(TNF),个别如转化生长因子 β(TGF-β)具有双重调节作用,能促进一类细胞的增殖,而抑制另一类细胞。

生长因子不由特定腺体产生,主要通过旁分泌作用于邻近细胞。生长因子的信号通路主要有:ras 途径,cAMP 途径和磷脂酰肌醇途径。如通过 ras 途径,激活 MAPK,MAPK 进入细胞核内,促进细胞增殖相关基因的表达。如通过一种未知的途径激活 c-myc,myc 作为转录因子促进 cyclin D、SCF、E2F 等 G1-S 有关的许多基因表达,细胞进入 G1 期。

9.3　有丝分裂

以高等动物细胞为例介绍有丝分裂。根据细胞形态结构的变化,为了便于描述人为地划分为六个时期:间期(interphase)、前期(prophase)、前中期(premetaphase)、中期(metaphase)、后期(anaphase)和末期(telophase)。其中间期包括 G1 期、S 期和 G2 期,主要进行 DNA 复制等准备工作。

9.3.1　前期

前期主要事件是:染色质凝缩,分裂极确立与纺锤体开始形成,核仁解体,核膜消失。最显著的特征是染色质通过螺旋化和折叠,变短变粗,形成光学显微镜下可以分辨的染色体,每条染色体包含 2 个染色单体。

前期是有丝分裂过程的开始阶段。前期开始时,细胞核染色质开始浓缩,形成光镜下可辨的早期染色体结构。在每条染色单体上,都含有一段特殊的 DNA 序列,称为着丝粒 DNA(centromere DNA)。其所在部位称为着丝粒(centromere)。两条染色单体的两个着丝粒对应排列。由于此处形态结构比较狭窄,被称为主级痕(primary constriction)。前期的较晚时期,在着丝粒处逐渐装配另一种蛋白质复合体结构,称为动粒(kineto— chore)。动粒和着丝粒紧密相连。

早在 S 期两个中心粒已完成复制,在前期移向两极,两对中心粒之间形成纺锤体微管,当核膜解体时,两对中心粒已到达两极,并在两者之间形成纺锤体,纺锤体微管包括:

①动粒微管:由中心体发出,连接在动粒上,负责将染色体牵引到纺锤体上,动粒上具有马达蛋白。

②星微管:由中心体向外放射出,末端结合有分子马达,负责两极的分离,同时确定纺锤体纵轴的方向。

③极微管:由中心体发出,在纺锤体中部重叠,重叠部位结合有分子马达,负责将两极推开(图 9-15)。

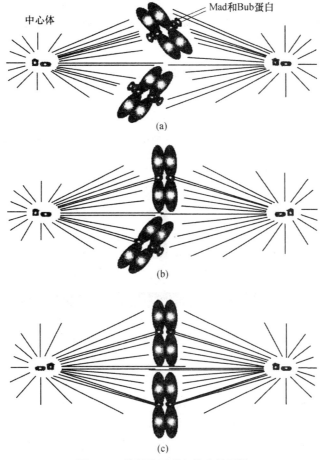

图 9-15 纺锤体形成与染色体列队

(a)细胞分裂前期和前中期,Mad 和 Bud 蛋白在染色体动粒上聚集,纺锤丝微管与动粒结合;(b)微管与动粒结合后,Mad 和 Bud 蛋白消失,姐妹染色体结合的各自微管作用力趋于均衡;(c)所有染色体的动粒与微管结合后,两侧动粒微管作用力均衡,染色体排列在赤道板

9.3.2 前中期

核膜破裂,标志着前中期的开始。前中期指由核膜解体到染色体排列到赤道面(equatorial plane)这一阶段。

核膜破裂后,染色体将进一步凝集浓缩,变粗变短,形成明显的 X 形染色体结构。染色体在一定区域内剧烈运动。位于染色体着丝粒上的动粒逐渐成熟。从前期向中期转化过程中的另一个重要事件是纺锤体(spindle)的装配。在前期,两个星体的形成和向两极的运动,事实上标志着纺锤体装配的开始。随之,星体微管逐渐伸长。有的星体微管迅速捕获染色体,并与染色体一侧的动粒结合,形成动粒微管(kinetochore microtubule)。而由另一极星体发出的微管则迅速与染色体另一极的动粒相连接。另一些星体微管的游离端也逐渐侵入核内,形成极性微管(polar microtubule)。动粒微管、极性微管以及辅助分子,共同组成前期纺锤体。由于同一条染色体的两个动粒相连接的两极动粒微管并不等长,染色体不完全分布于赤道板,所以看起来其排列没有规律性(图 9-16)。随后,在各种相关因素的共同作用下,纺锤体赤道直径逐渐收缩,两极距离拉长,染色体逐渐向赤道方向运动。细胞周期也由前中期逐渐向中期运转。

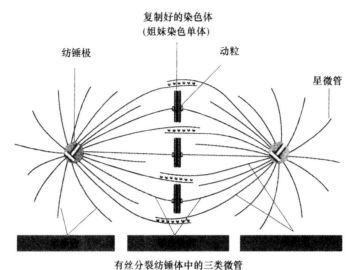

有丝分裂纺锤体中的三类微管

图 9-16 微管的种类和中期染色体排列在赤道板上

9.3.3 中期

所有染色体排列到赤道板(equatorial plate)上,标志着细胞分裂已进入中期。中期指从染色体排列到赤道面上,到姐妹染色单体开始分向两极的一段时间。纺锤体呈现典型的纺锤样。位于染色体两侧的动粒微管长度相等,作用力均衡。整个纺锤体微管数量,在不同物种之间变化很大,少则 10 多根,多的数千根甚至上万根。除动粒微管外,许多极性微管在赤道区域也相互搭桥,形成貌似连续微管结构[图 9-6(c),图 9-7]。如真菌(Phycomyces sp.)仅有 10 根纺锤体微管,而植物百合(Haemanthus sp.)的纺锤体微管约有 10000 根。染色体向赤道板上运动的过程称为染色体列队(chromosome alignment)或染色体中板聚合(congression)。

9.3.4 后期

中期染色体的两条染色单体相互分离,形成子代染色体,并分别向两极运动,标志着后期的开始。当子染色体到达两极后,标志这一时期结束,后期可以分为两个方面(图 9-17,图 9-18):

①后期 A,指染色体向两极移动的过程。染色体着丝点微管在着丝点处去组装而缩短,在分子马达的作用下染色体向两极移动。体外实验证明即使在 ATP 不存在的情况下,染色体着丝点也有连接到正在去组装的微管上的能力,使染色体发生移动。

②后期 B,指两极间距离拉大的过程。这是因为一方面极体微管延长,结合在极体微管重叠部分的马达蛋白提供动力,推动两极分离,另一方面星体微管去组装而缩短,结合在星体微管正极的马达蛋白牵引两极距离加大。可见染色体的分离是在微管与分子马达的共同作用下实现的。整个后期阶段约持续数分钟。染色体运动的速度为每分钟 $1\sim2\ \mu m$。

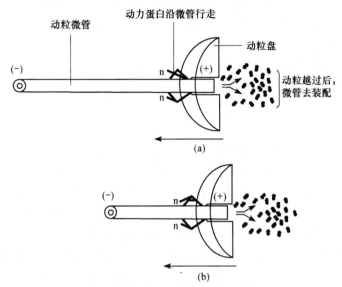

图 9-17　细胞分裂后期 A 动粒沿动粒微管向极部运动

(a)后期开始时,动力蛋白沿动力微管向微管负极行走,引导动粒向极部运动;

(b)当动粒越过后,动粒微管的正极末端随之去装配

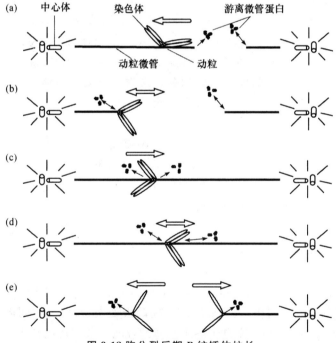

图 9-18 胞分裂后期 B 纺锤体拉长

(a)游离微管蛋白装配形成纺锤体微管;(b)动粒微管捕捉染色体动粒;

(c)动粒微管与染色体动粒连接;(d)染色体受到动粒微管的牵拉作用;

(e)在动粒微管的牵拉下,染色体发生分离,并向两极移动

后期 A,B 是结合药物实验发现的,如紫杉酚(taxol)能结合在微管的(＋)端,抑制微管(＋)端去组装,从而抑制后期 A。动物中通常先发生后期 A,再后期 B,但也有些只发生后期 A,还有的后期 A、B 同时发生。植物细胞没有后期 B。

有两类马达蛋白参与染色体、分裂极的分离,一类是 dynein,另一类是 kinesin。植物没有中心粒和星体,其纺锤体叫作无星纺锤体,分裂极的确定机制尚不明确。

9.3.5　末期

末期是从子染色体到达两极,至形成两个新细胞为止的时期。到达两极的染色单体开始去浓缩,在每一个染色单体的周围,核膜开始重新装配。前期核膜解体后,核纤层蛋白 B 与核膜残余小泡结合,末期核纤层蛋白 B 去磷酸化,介导核膜的重新装配。首先是核膜前体小膜泡结合到染色单体表面,小膜泡相互融合,逐渐形成较大的双层核膜片段,然后再相互融合成完整的核膜,分别形成两个子代细胞核。在核膜形成的过程中,核孔复合体同时在核膜上装配。随着染色单体去浓缩,核仁也开始重新装配,核仁由染色体上的核仁组织中心形成(NOR),几个 NOR 共同组成一个大的核仁,因此核仁的数目通常比 NOR 的数目要少。RNA 合成功能逐渐恢复。

9.3.6　胞质分裂

虽然核分裂与胞质分裂(cytokinesis)是相继发生的,但属于两个分离的过程,如大多数昆虫的卵,核可进行多次分裂而无胞质分裂,某些藻类的多核细胞可长达数尺,以后胞质才分裂形成单核细胞。多数细胞胞质分裂(cytokinesis)开始于细胞分裂后期,完成于细胞分裂末期。

动物细胞胞质分裂开始时,在赤道板周围细胞表面下陷,形成环形缢缩,称为分裂沟(furrow)。分裂沟的定位与纺锤体的位置明显相关。人为地改变纺锤体的位置可以使分裂沟的位置改变。也有实验证明,钙离子浓度的变化也会影响分裂沟的形成。对分裂沟定位的分子作用机制目前尚不清楚。

在分裂沟的下方,除肌动蛋白之外,还有微管、小膜泡等物质聚集,共同构成一个环形致密层,称为中间体(midbody)。胞质分裂开始时,大量的肌动蛋白和肌球蛋白在中间体处装配成微丝并相互组成微丝束,环绕细胞,称为收缩环(contractile ring)。分裂沟的产生是因收缩环的形成,收缩环在后期形成。实验证明,肌动蛋白和肌球蛋白参与了收缩环的形成和整个胞质分裂过程。用细胞松弛素及肌动蛋白和肌球蛋白抗体处理均能抑制收缩环的形成。胞质收缩环的收缩原理和肌肉收缩时相类似。

胞质分裂整个过程可以简单地归纳为 4 个步骤,即分裂沟位置的确立、肌动蛋白聚集和收缩环形成、收缩环收缩、收缩环处细胞膜融合并形成两个子细胞(图 9-19)。

植物胞质分裂的机制不同于动物,后期或末期两极处微管消失,中间微管保留,并数量增加,形成成膜体(phragmoplast)。来自于高尔基体的囊泡沿微管转运到成膜体中间,融合形成细胞板。囊泡内的物质沉积为初生壁和中胶层,囊泡膜形成新的质膜。膜间有许多连通的管道,形成胞间连丝。源源不断运送来的囊泡向细胞板融合,使细胞板扩展,形成完整的细胞壁,将子细胞一分为二。

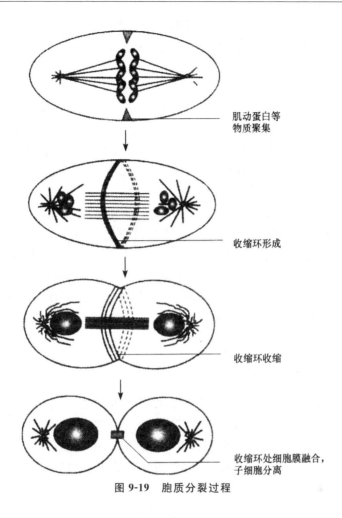

肌动蛋白等
物质聚集

收缩环形成

收缩环收缩

收缩环处细胞膜融合，
子细胞分离

图 9-19   胞质分裂过程

9.4   减数分裂

减数分裂是一种特殊形式的有丝分裂,仅发生于有性生殖细胞形成过程中的某个阶段。减数分裂的主要特点是,细胞 DNA 复制一次,而细胞连续分裂两次,形成单倍体的精子和卵子。再经过受精,形成合子,染色体数恢复到体细胞的染色体数目。减数分裂过程中同源染色体间发生交换,使配子的遗传多样化。减数分裂的意义在于,既有效地获得父母双方的遗传物质,保持后代的遗传性;又可以增加更多的变异机会,确保生物的多样性,增强生物适应环境变化的能力。因而,减数分裂是生物有性生殖的基础,是生物遗传、生物进化和生物多样性的重要基础保证。

减数分裂可分为 3 种主要类型:

①配子减数分裂(gametic meiosis),也叫末端减数分裂(terminal meiosis),其特点是减数分裂和配子的发生紧密联系在一起,在雄性脊椎动物中,一个精母细胞经过减数分裂形成 4 个精细胞,后者在经过一系列的变态发育,形成精子。在雌性脊椎动物中,一个卵母细胞经过减数分裂形成 1 个卵细胞和 2～3 个极体。

237

②孢子减数分裂(sporic meiosis),也叫中间减数分裂(intermediate meiosis),见于植物和某些藻类。其特点是减数分裂和配子发生没有直接的关系,减数分裂的结果是形成单倍体的配子体(小孢子和大孢子)。小孢子再经过两次有次分裂形成包含一个营养核和两个雄配子(精子)的成熟花粉(雄配子体);大孢子经过三次有丝分裂形成胚囊(雌配子体),内含一个卵核、两个极核、三个反足细胞和两个助细胞。

③合子减数分裂(zygotic meiosis),也叫初始减数分裂(initial meiosis),仅见于真菌和某些原核生物,减数分裂发生于合子形成之后,形成单倍体的孢子,孢子通过有丝分裂产生单倍体的后代。也就是说这类生物正常的生长个体是单倍体的。此外某些生物还具有体细胞减数分裂(somatic meiosis)现象,如在蚊子幼虫的肠道中,有一些由核内有丝分裂形成的多倍体细胞(可高达 $32\times$),在蛹期又通过减数分裂降低了染色体倍性,增加了细胞数目。

减数分裂由紧密连接的两次分裂构成。通常减数分裂工分离的是同源染色体,所以称为异型分裂(heterotypic division)或减数分裂(reductional division)。减数分裂Ⅱ分离的是姐妹染色体,类似于有丝分裂,所以称为同型分裂(homotypic division)或均等分裂(equational division)。与有丝分裂相似,在减数分裂之前的间期阶段,也可以人为地划分为 G1 期、S 期、G2 期三个时期。为区别于一般的细胞间期,常把减数分裂前的细胞间期称为减数分裂前间期(premeiotic interphase)。

9.4.1　减数分裂前间期

减数分裂前间期显著特点在于其 S 期持续时间较长,同时也发生一系列与减数分裂相关的特殊事件,如在植物百合中发现,其减数分裂前间期的 S 期仅复制其 DNA 总量的 99.7‰～99.9‰,而剩下的 0.1‰～0.3‰要等到减数分裂前期阶段才进行复制。研究发现,这些推迟复制的 DNA 被分割为 5000～10000 个小片段,分布于整个基因组中,每个小片段长 1000～5000 bp。另外还发现,有一种蛋白质,称为 L 蛋白,在减数分裂前间期与上述 DNA 小片段结合,阻止其复制。这些 DNA 小片段被认为与减数分裂前期染色体配对和基因重组有关。

另外,根据生物种类不同,减数分裂前间期的 G2 期的长短变化较大。有的 G2 期短,有的和有丝分裂前间期的 G2 期长短接近,也有的在 G2 期停滞较长一段时间,直到新的刺激来启动进一步分裂。

9.4.2　分裂期

减数分裂前 G2 期细胞进入两次有序的细胞分裂,即第一次减数分裂和第二次减数分裂。两次减数分裂之间的间期或长或短,但无 DNA 合成。减数分裂过程如图 9-20 所示。

1. 减数分裂期Ⅰ

减数分裂期Ⅰ(meiosisⅠ)人为地划分为前期Ⅰ,前中期Ⅰ,中期Ⅰ,后期Ⅰ,末期Ⅰ和胞质分裂Ⅰ6 个阶段。但减数分裂期工又有其鲜明的特点。其主要表现在分裂前期的染色体配对和基因重组以及其后的染色体分离方式等方面。

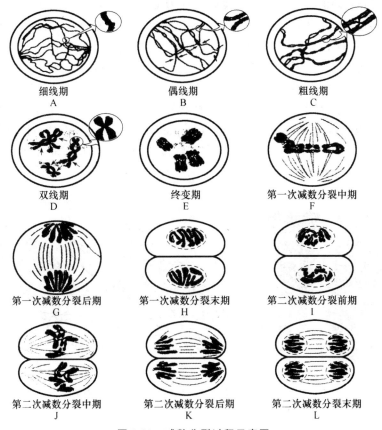

图 9-20　减数分裂过程示意图

（1）前期Ⅰ

前期Ⅰ（prophase Ⅰ）持续时间较长，在高等生物，其时间可持续数周、数月、数年，甚至数十年。在低等生物，其时间虽相对较短，但也比有丝分裂前期持续的时间长得多。在这漫长的时间过程中，要进行染色体配对和基因重组。此外，也要合成一定量的 RNA 和蛋白质。根据细胞形态变化，又可以将前期Ⅰ人为地划分为细线期（leptotene）、偶线期（zygotene）、粗线期（pachytene）、双线期（diplotene）、终变期（diakinesis）5 个阶段。必须注意的是这 5 个阶段本身是连续的，它们之间没有截然的界限。

1）细线期

持续时间最长，占减数分裂周期的 40%。首先发生染色质凝集，染色质纤维逐渐折叠，螺旋化，变短变粗。细线期虽然染色体已经复制，但光镜下分辨不出两条染色单体。由于染色体细线交织在一起，偏向核的一方，所以又称为凝集期（condensation stage）。另一个特点是，在细纤维样染色体上，出现一系列大小不同的颗粒状结构，称为染色粒（chromomere），虽然已经知道染色粒由染色质组成，但其功能并不清楚。在有些物种中表现为染色体细线一端在核膜的一侧集中，另一端放射状伸出，形似花束，也称为花束期（bouquet stage）。

2）偶线期

持续时间较长，占有丝分裂周期的 20%。亦称合线期，是同源染色体（homologous chromosome)配对(pairing)的时期,因而,偶线期又称为配对期(pairing stage)。在光镜下可以看到两条结合在一起的染色体,称为二价体(bivalent),每一对同源染色体都经过复制,含四个染色单体,所以又称为四分体(tetrad),但此时的四分体结构并不清晰可见。

同源染色体配对的过程称为联会(synapsis)。联会初期,同源染色体端粒与核膜相连的接触斑相互靠近并结合。从端粒处开始,这种结合不断向其他部位伸延,直到整对同源染色体的侧面紧密联会。联会也可以同时发生在同源染色体的几个点上。在联会的部位形成一种特殊复合结构,称为联会复合体(synaptonemal complex,SC)。联会复合体沿同源染色体长轴分布,宽为 2~15 μm,在电镜下可以清楚地显示其细微结构(图 9-21)。联会复合体被认为与同源染色体联会和基因重组有关。

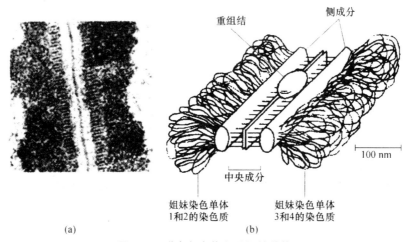

图 9-21 联会复合体和重组结结构

(a)联会复合体和重组结(电镜照片);(b)联会复合体及其组分示意图

在偶线期发生的另一个重要事件是合成在 S 期未合成的约 0.3% 的 DNA(偶线期 DNA,即 zygDNA)。若用 DNA 合成抑制剂抑制 zygDNA 合成,联会复合体的形成将受到抑制。zygDNA 在偶线期转录活跃。转录的 DNA 被称为 zygRNA。zygDNA 转录也被认为与同源染色体配对有关。

3)粗线期

开始于同源染色体配对完成之后,可以持续几天至几个星期。染色体变短,结合紧密,在光镜下只在局部可以区分同源染色体,这一时期同源染色体的非姐妹染色单体之间发生交换,产生新的等位基因的组合。此时在联会复合体部位的中间,有一个新的结构,呈圆球形、椭球形或长约 0.2 μm 的棒状,称为重组结(recombination nodule)。有些生物,在整个减数分裂过程中不出现重组结,因此并无基因重组发生。在粗线期,也合成一小部分尚未合成的 DNA,称为 P-DNA。P-DNA 大小为 100~1000 bp,编码一些与 DNA 点切(nicking)和修复(repairing)有关的酶类。

粗线期另一个重要的特征是,合成减数分裂期专有的组蛋白,并将体细胞类型的组蛋白部分或全部地置换下来。在许多动物的卵母细胞发育过程中,粗线期还发生 rDNA 扩增。如在非洲爪蟾卵母细胞中,经过 rDNA 扩增,可以产生大约 2500 个拷贝的 rDNA。这些 rDNA 将参与形成附加的核仁,进行 RNA 转录。

4)双线期

重组阶段结束,同源染色体相互分离,但在交叉点(chiasma)上还保持着联系。同源染色体的四分体结构清晰可见。双线期染色体进一步缩短,在电镜下已看不到联会复合体。交叉的数目和位置在每个二价体上并非是固定的,而随着时间推移,向端部移动,这种移动现象称为端化(terminalization),端化过程一直进行到中期。

植物细胞双线期一般较短,但在许多动物中双线期持续时间一般较长,其长短变化很大。两栖类卵母细胞的双线期可持续将近一年,而人类的卵母细胞双线期从胚胎期的第 5 个月开始,短者可持续十几年,到性成熟期开始;长者可达四五十年,到生育期结束。

在鱼类、两栖类、爬行类、鸟类以及无脊椎动物的昆虫中,双线期的二价体解螺旋而形成灯刷染色体(lampbrush chromosome),在灯刷染色体上有许多侧环结构,是进行活跃转录 RNA 部位。RNA 转录、蛋白质翻译以及其他物质的合成等,是双线期卵母细胞体积增长所必需的。这一时期是卵黄积累的时期。

5)终变期

二价体显著变短,并向核周边移动,四分体较均匀地分布在细胞核中。所以是观察染色体的良好时期。如果有灯刷染色体存在,其侧环回缩,RNA 转录停止。核仁此时开始消失,核被膜解体,但有的植物,如玉米,在终变期核仁仍然显著。终变期的结束标志着前期工的完成。

终变期由于交叉端化过程的进一步发展,故交叉数目减少,通常只有 1~2 个交叉,二价体的形状表现出多样性,如 V 形或 O 形。

(2)中期I

核仁消失,核被膜解体,标志进入中期I。在此过程中,要进行纺锤体装配。纺锤体形成过程和结构与一般有丝分裂过程中的相类似。中期I的主要特点是染色体排列在赤道面上。和有丝分裂不同的是,每个四分体含有 4 个动粒(图 9-22),姐妹染色单位的动粒定向于纺锤体的同一极,故称联合定向(co-orientation)。

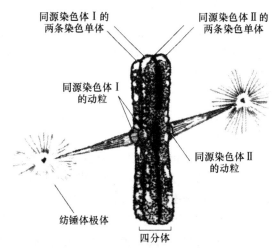

图 9-22　减数分裂中期工动粒与纺锤体的联系示意图

在减数分裂中期,四分体中同源染色体的两个动粒位于同侧,只与从同一侧发出的纺锤体微管相连接。

（3）后期Ⅰ

同源染色体对相互分离并向两极移动，标志着后期Ⅰ（anaphaseⅠ）的开始。二价体中的两条同源染色体分开，分别向两极移动。由于相互分离的是同源染色体，所以染色体数目减半。姐妹染色单体通过着丝粒相连，每个子细胞的 DNA 含量仍为 2C。同源染色体分向两极是随机的，结果使母本和父本染色体重新组合，产生基因组的变异。如人类染色体是 2 3 对，染色体组合的方式有 2^{23} 个（不包括交换），再加上基因重组和精子与卵子的随机结合，因此除同卵孪生外，几乎不可能得到遗传上等同的后代。

（4）末期Ⅰ

染色体到达两极，并逐渐进行去凝集。在染色体的周围，核被膜重新装配，核仁形成，同时进行胞质分裂，形成两个子细胞。

（5）减数分裂间期

在减数分裂Ⅰ和Ⅱ之间的间期很短，不进行 DNA 的合成。有些生物没有间期，而由末期Ⅰ直接转为前期Ⅱ。

2. 减数分裂Ⅱ

第二次减数分裂过程与有丝分裂过程非常相似，可分为前、中、后、末和胞质分裂等时期。

经过第二次减数分裂，形成 4 个子细胞。但它们以后的命运随生物种类不同而不同。在雄性动物中，4 个子细胞大小相似，称为精子细胞，进一步发育成 4 个精子。在雌性动物中，第一次分裂产生一个次级卵母细胞和一个第一极体。第一极体将很快死亡解体，有时也会进一步分裂为两个小细胞，但没有功能。次级卵母细胞进行第二次减数分裂，产生一个卵细胞和一个第二极体。第二极体也没有功能，很快解体。因此，雌性动物减数分裂仅形成一个卵细胞。高等植物减数分裂与动物减数分裂类似，即初级精母细胞产生 4 个精子，而初级卵母细胞仅产生一个卵细胞。

9.4.3 联会复合体和基因重组

联会复合体（synaptonemal complex，SO）是减数分裂偶线期两条同源染色体之间形成的一种临时性结构，它与染色体的配对，交换和分离密切相关。这种结构是 M. J. Moses 于 1963 年用电镜观察蝲蛄卵母细胞时发现的。随后证实，联会复合体在动物和植物减数分裂过程中广泛存在。联会复合体在同源染色体联会处沿同源染色体长轴分布，形成的梯子样的结构。在电镜下观察，由位于中间的中央成分（central element）和位于两侧的侧成分（lateral element）共同构成。侧成分的外侧则为配对的同源染色体（图 9-23）。两侧的侧成分之间为宽约 100 nm 的中央成分，侧成分宽 20～40 nm。从两侧的侧成分向中央成分方向发出横向纤维（transverse fiber），粗 7～10 nm，纤维交会于中央成分，使 SC 外观呈梯状。

蛋白质是联会复合体的主要组成成分之一。用胰蛋白酶、链霉蛋白酶等处理联会复合体，其中央成分、侧成分以及横向纤维等结构消失。DNA 片段也是联会复合体的组成成分之一。这些 DNA 片段多位于 50～550 bp 之间。序列分析显示，这些 DNA 片段中并无特殊的 DNA 序列。不同细胞之间，这些 DNA 片段的大小和碱基的排列顺序会有明显差别。在中央成分和侧成分中还发现有 RNA。因此，联会复合体中可能含有核糖核蛋白复合物。在磷钨酸染色

的 SC 中央,还可以看到呈圆形或椭圆形的重组节(recombinationnodule,RN),RN 是同源染
色体发生交叉的部位,RN 上有基因交换所需要的酶。

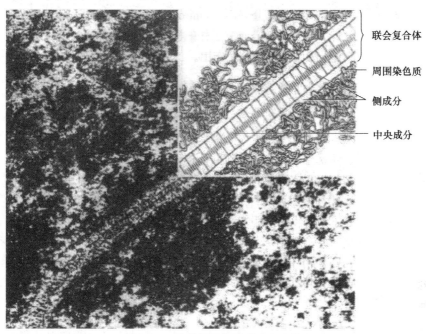

图 9-23　蝗虫粗线期的联会复合体

从形态学来看,联会复合体从细线期开始装配,到偶线期形成明显的联会复合体结构。到
达粗线期,重组结开始装配。联会复合体的形成与偶线期 DNA(zyg-DNA)有关,在细线期或
偶线期加入 DNA 合成抑制剂,则抑制 SC 的形成。

第10章 细胞的分化、衰老和死亡

10.1 细胞分化

10.1.1 个体发育

多细胞生物的个体发育是指从受精卵开始,经过细胞分裂、组织分化、器官形成,直到发育成性成熟个体的过程。从生长、发育、成熟到形成子代的卵细胞或精子,直至个体逐渐衰老死亡,构成了个体发育史。从形态上看,个体发育过程经历了生长、分化和形态发生。

高等动物的个体发育可以分为胚胎发育和胚后发育两个阶段。胚胎发育是指受精卵发育成为幼体,胚后发育则是指幼体从卵膜孵化出来或从母体出生后,发育成为性成熟个体的过程。

1. 胚胎发育

虽然动物的种类繁多,但是胚胎的发育依然拥有相似的过程,主要包括受精、卵裂、囊胚、原肠胚及器官形成等阶段。

(1)卵细胞

卵细胞具有极性,细胞核靠近北极(或动物极),即极体释放部位。母体物质(卵黄)则主要储存在于南极(或植物极)。以爪蟾为例,爪蟾的卵直径约 1mm(图 10-1A),卵上面颜色较深的一端为动物极,下部颜色较浅的一端为植物极。动物极和植物极具有不同的 mRNA 和细胞器,在受精后随着卵裂分布到不同的细胞中。如在植物极聚集和编码基因表达调控蛋白 VegT 以及信号通路成员 Wnt(图 10-1B)。结果,含有植物极细胞质的细胞将会产生信号来调控周围细胞的行为并形成肠道——身体的内部组织,而含有动物极细胞质的细胞将会形成外组织。

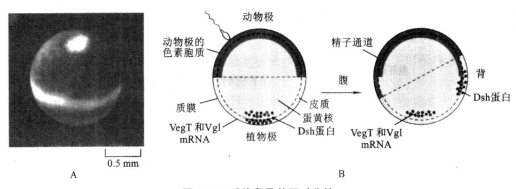

图 10-1 爪蟾卵及其不对称性

A. 卵受精前的侧面观;B. 示卵内分子的不对称性分布及这些分子随着受精是如何变化并决定了背腹部的不对称性

（2）卵裂

根据生物种类的不同，卵的受精可以发生在卵母细胞发育的任何阶段。爪蟾的受精卵从受精后 1h 开始进行细胞分裂，称为卵裂。受精卵细胞快速分裂形成许多小的细胞，而卵的整体大小不变（图 10-2）。第一次卵裂是沿着从动物极到植物极的卵轴方向进行；第二次卵裂的方向相同，但是分裂面与第一次的相垂直；第三次卵裂的方向与卵轴相垂直，但分裂面稍稍偏向动物极一侧。这样受精卵经过三次卵裂就形成具有八个细胞的胚胎，上面的四个细胞较小，下面的四个细胞较大（图 10-2），那些在卵中不对称分布的决定物质将分配到具有不同命运的细胞中（图 10-3）。

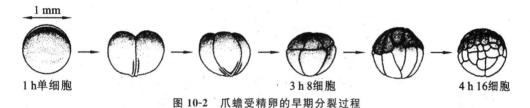

图 10-2　爪蟾受精卵的早期分裂过程

细胞分裂使受精卵迅速成为许多小细胞，在前 12 次分裂时，所有的细胞都同时分裂，但是不对称分裂，所以植物级由于卵黄存在，细胞较少、较大

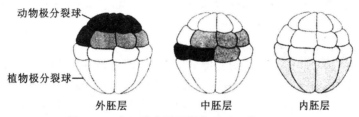

图 10-3　在胚胎分裂早期就可以区分三胚层

内胚层细胞大部分来源于植物极，外胚层细胞大部分来源于动物极，中胚层细胞既来源于植物极又来源于动物极。图中标为颜色部分将会发育为未来的胚层

（3）原肠胚

随着卵裂细胞逐渐增多，胚胎形成了一个内部有腔的球状胚，称为囊胚。囊胚内的腔称为囊胚腔，随后囊胚腔缩小，细胞内陷，形成一个新腔，即原肠腔。随着凹陷向内逐渐推进，原肠腔逐步扩大，囊胚腔进一步缩小。这个时期的胚具有了三个胚层：外胚层、中胚层和内胚层，称为原肠胚（图 10-4）。原肠胚的外胚层由仍然包在胚胎表面的动物极细胞构成，内胚层由内陷的植物极细胞构成，中胚层位于外胚层与内胚层之间。此时，虽然形态学上尚未出现可识别的分化细胞，但实际上早期胚胎各器官的预定区已经确定，是胚胎发育的一个转折点。三个胚层继续发育，经过组织分化、器官形成，最后发育成一个完整的幼体。

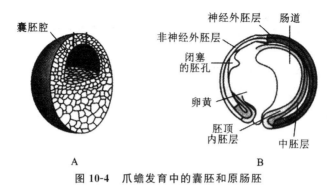

图 10-4　爪蟾发育中的囊胚和原肠胚

A. 囊胚；B. 爪蟾原肠胚时期胚胎横切面示三个胚层的位置

2. 胚后发育

许多动物的幼体在形态结构和生活习性上都与成体差别较小,因此,幼体不经过明显的变化就逐渐长成为成体。如爬行动物、鸟类和哺乳动物,对于这些动物来说,胚后发育主要是指身体的长大和生殖器官的逐渐成熟。而有些动物的幼体与成体,在形态结构和生活习性上具有明显的差异。如两栖类,这类动物在胚后发育过程中,形态结构和生活习性均发生显著的变化,而且这些变化是集中在短期内完成的。这种类型的胚后发育过程称为变态发育。

10.1.2　细胞分化

多细胞生物的个体发育过程中,受精卵分裂产生的是一个克隆的细胞,那么有机体又是如何形成不同的组织和器官呢? 在个体发育过程中,除了细胞分裂外,还有一个更重要的事件,那就是细胞分化(cell differentiation)。细胞分化是在个体发育过程中,由一种相同的细胞类型经过细胞分裂后逐渐在形态、结构和功能上形成稳定性差异的过程。生物在个体发育过程中,通过细胞分裂增加细胞的数目,通过细胞分化增加细胞的种类,形成不同的组织器官,最终形成完整的生命有机体。细胞分化过程常常伴随着细胞增殖与细胞凋亡,分化细胞的最终归宿往往是细胞的衰老和死亡。

细胞分化遵循以下特点:

①分化细胞来自共同的母细胞——受精卵。

②在个体发育中,细胞分化是一种相对稳定和持久的过程,但在一定的条件下,细胞分化又是可逆的。

③对于大多数生物种类来说,虽然细胞形态各异、功能不同,但仍保持几乎全部基因组。

④细胞分化是被特定刺激所诱导,细胞分化先于形态差异的形成(即细胞在发生可识别的形态变化之前,就已受到约束而向特定方向分化),细胞分化由遗传因子所调控。

1. 细胞分化的稳定性

一般情况下,已经分化成为某种特定的、稳定类型的细胞不可能逆转为未分化状态或者成为其他类型的分化细胞,即细胞分化是细胞原有的高度可塑性潜能逐渐减小和消失的过程。例如,培养的上皮细胞会持久地保持其类型特点,不能再转化为成纤维细胞或肌细胞。但是,在某些特殊情况下,已经分化的细胞仍有可能重新获得分化潜能,转向分化为另一种类型的细胞。如高度分化的植物细胞在适当条件下培养可失去已分化的特性重新进入未分化状态成为全能性细胞进行重新分裂,并通过再分化形成根茎并最终发育成植株。动物细胞不能完全去分化,但已分化的细胞在改变条件的情况下可转变成其他类型的细胞。如胚胎期细胞表达的一些基因会在出生以前按时间顺序关闭,但某些成体细胞在特殊情况下可能恢复表达胚胎性基因,如肝细胞和胰腺细胞表达的甲胎蛋白(AFP)。

2. 细胞分化的时空效应

多细胞生物的细胞分化具有时空效应。在个体的细胞数目大量增加的同时,分化程度越来越复杂,细胞间的差异也越来越大,而且同一个体的细胞由于所处位置不同而在细胞间出现功能分工,头与尾、背与腹、内与外等不同空间的细胞表现出明显的差别。低等生物仅有几十个细胞和两三种细胞类型。人类体细胞总数达到 10^{15} 个,含有 1000 种以上的不同类型。高等生物细胞的多样化为形成多种组织和器官以及机体复杂功能的分工提供了基础,使机体更好地适应变化的外界环境。这使细胞分化研究变得更有趣,但也带来了更多的理论上和实验技术上的困难。细胞分化存在于机体的整个生命过程中,但胚胎期是细胞分化最典型和最重要的时期,因此胚胎期细胞常成为细胞分化研究的主要对象。

3. 细胞分化的普遍性

在个体整个生命过程中均有细胞分化活动,胚胎期是最重要的细胞分化时期。另外,细胞分化也存在于成体细胞中,如多能造血干细胞可分化为不同血细胞。而且,细胞分化并不是多细胞有机体独有的特征,单细胞生物甚至原核生物也存在细胞分化问题。

4. 单细胞有机体的细胞分化

枯草菌芽孢的形成、啤酒酵母单倍体孢子的形成及萌发等都是典型的单细胞分化过程。特别是黏菌在孢子形成过程中,由单细胞变形体形成蛞蝓形假原质团,并进一步分化成柄和孢子的过程,均涉及一系列特异基因的表达。生物进化过程实际上也是分化由简单渐趋复杂的演变过程,分化给生物多样性提供了基础。与多细胞有机体细胞分化不同的是,前者多为适应不同的生活环境,而后者则通过细胞分化构建执行不同功能的组织和器官。因此,多细胞有机体在其分化程序与调节机制方面显得更为复杂。

5. 细胞的全能性

在胚胎发育过程中,细胞由全能(totipotency)局限为多能(pluripotency),即可分化为多种类型的细胞,最后成为稳定型单能(unipotency)的趋向是细胞分化的普遍规律。单个细胞在一定条件下分化发育成为完整个体的能力称为细胞全能性。全能性细胞具有完整的基因组,并可以表达基因组中所有的基因,分化形成有机体各种类型的细胞。生殖细胞,尤其是卵细胞是潜在的全能性细胞,可以进行孤雌生殖。两栖类在形成胚泡之前的受精卵和卵裂球、哺乳动物和人类的受精卵以及 8 细胞期以前的卵裂球的每个细胞均具有全能性。在胚胎发育的三胚层形成后,细胞所处的微环境和空间位置关系发生了变化,细胞的分化潜能受到限制,只能向发育为本胚层的组织器官的若干种细胞的方向分化,成为具有多能性的细胞。虽然理论上体细胞应该是全能性的,但是研究发现,大多数动物的体细胞已经"单能化",它们虽然含有全套基因组,但已经有相当程度的分化和专一化,不可能重新再分化发育为一个完整个体,也难以分化成其他类型的细胞。体细胞全能性仅保留在少数低等动物中,如水螅的细胞可以发育为一个新个体。由"全能"向"多能",最后到"单能",是细胞分化的一个共同规律。

6. 转分化与再生

分化既有相对不可逆性,在一些特殊情况下,又有一定的可逆性,典型的例子就是细胞的去分化(dedifferentiation)。去分化(也称脱分化)是指分化的细胞失去其特有的结构与功能变成具有未分化特征的细胞的过程。

(1)转分化

一种类型的分化细胞转变成另一种类型的分化细胞的现象称转分化(trans-differentiation)。细胞类型的转变主要有两大类,一类是成体干细胞的转分化,另一类是已分化的细胞的转分化。转分化经历了去分化和再分化的过程。如水母横纹肌细胞经转分化可形成神经细胞、平滑肌细胞、上皮细胞,甚至可形成刺细胞。而植物体细胞在一定条件下形成由未分化细胞群组成的愈伤组织,进而可以发育成完整的植株(图 10-5)。

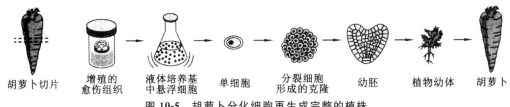

胡萝卜切片　增殖的愈伤组织　液体培养基中悬浮细胞　单细胞　分裂细胞形成的克隆　幼胚　植物幼体　胡萝卜

图 10-5　胡萝卜分化细胞再生成完整的植株

人们通常认为,细胞分化是一种单向行为:胚胎干细胞分化成人体各类具有一技之长的细胞,一旦分化结束,这些"专业细胞"的"职责"就确定不变了。而"多莉"羊的诞生表明,在特定情况下,具有"特定职业"的细胞可以突破藩篱。2007 年,美国和日本科学家将成体皮肤细胞转化为诱导多功能干细胞(induced pluripotent stem cells,iPS cells),后者具有和胚胎干细胞类似的功能,可以分化成各种成体组织细胞,并避免了胚胎干细胞研究带来的伦理障碍,由此也成为近年来干细胞研究的热点领域之一。

众所周知,大脑细胞和皮肤细胞含有同样的遗传信息。然而,在"转录因子"的控制下,这两种细胞内的遗传密码的解读大相径庭。韦尼希教授研究小组使用一个病毒激活老鼠皮肤细胞中的 3 种转录因子,它们在神经前体细胞中具有很高的浓度。3 周后,约十分之一的皮肤细胞变成了神经前体细胞,得到的神经前体细胞能发育成 3 种大脑细胞:神经细胞、星形胶质细胞和少突(神经)胶质细胞。这些新神经细胞不但功能完备,还可与实验室中的其他神经细胞形成突触,科学家称之为"诱导神经细胞"。

随后他们进一步揭示了转分化过程中的三个转录因子的作用(图 10-6):利用转录因子 Ascl1、Brn2 及 Mytl1 进行转分化,其中 Ascl1 能作为一种靶向前驱因子,迅速占据成纤维细胞中最同源的基因组位点;而 Brn2 和 Mytl1 则本身并不会直接接近成纤维细胞的染色质;另一个因子 Brn2 通过 Ascl1 召集到后者的基因组位点。这些研究结果表明,转录因子之间的精确配合,以及关键靶基因上的染色质变化是转分化为神经细胞或其他细胞类型的关键决定因素。这一新发现改变了人们对细胞分化的认识。他们认为体细胞转化为诱导多功能干细胞的过程不再被看做是细胞发展过程中的"反转"现象,而是倾向于认为,多功能阶段只是细胞分化的多种状态之一。

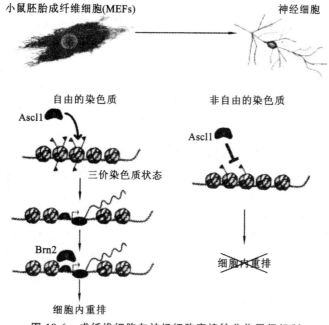

图 10-6　成纤维细胞向神经细胞直接转分化层级机制

（2）再生

生物体受外力作用创伤而缺失一部分后发生重建的过程称为再生（regeneration）。生物界普遍存在再生现象。再生现象又从另一侧面反映了细胞的全能性。转分化是再生的基础，也就是说再生过程中，有些细胞首先要发生去分化，然后发生转分化，再形成失去的器官或组织。不同物种中，细胞分化状态的可塑性有很大不同，因此其再生能力也有明显差异。一般来说，植物比动物再生能力强，低等动物比高等动物再生能力强。从水螅中部切下占体长 5％的部分，便可长成完整的水螅；而两栖类却只能再生形成断肢；人和其他高等哺乳动物只具有组织水平（除肝脏外）的再生能力。而且再生能力通常随着个体年龄增大而下降。

近年来，随着干细胞研究领域的重大突破，以干细胞为核心的再生医学越来越受到科学家及临床工作者的关注，该领域国际竞争日趋激烈，已成为衡量一个国家生命科学与医学发展水平的重要指标。干细胞与再生医学具有重大的临床应用价值，其通过干细胞移植、分化与组织再生，促进机体创伤修复、疾病治疗。干细胞与再生医学将改变传统对于坏死性和损伤性等疾病的治疗手段，对疾病的机理研究和临床运用带来革命性变化。我国是世界人口大国，由创伤、疾病、遗传和衰老造成的组织、器官缺损，衰竭或功能障碍也位居世界各国之首，以药物和手术治疗为基本支柱的经典医学治疗手段已不能满足临床医学的巨大需求。基于干细胞的修复与再生能力的再生医学，有望解决人类面临的重大医学难题。

10.1.3　影响细胞分化的因素

细胞的分化命运取决于两个方面：一是细胞的内部特性，二是细胞的外部环境。前者与细胞的不对称分裂以及随机状态有关，尤其是不对称分裂使细胞内部得到不同的基因调控成分，表现出一种不同于其他细胞的核质关系和应答信号的能力；后者表现为细胞应答不同的环境信号,启动特殊的基因表达,产生不同的细胞行为。如分裂、生长、迁移、黏附及凋亡等,这些行为在形态发生中具有极其重要的作用。探讨细胞内在和外在因素及基因之间的调控关系,是研究细胞分化问题的重要途径。

1. 胞内因素

(1)受精卵细胞质的不均一性对细胞分化的影响

卵母细胞的细胞质中除了储存营养物质和多种蛋白质外,还含有多种 mRNA,其中多数 mRNA 与蛋白质结合,不能被核糖体识别,处于非活性状态,称为隐蔽 mRNA。胚胎正常发育是起始于卵母细胞这些储存信息(因源于母本又称母本信息)的表达,而这些信息在细胞中呈定位分布(即不均匀的分布)。植物极具有大量的卵黄小体和储备的营养物质,而动物极则含有较少的储备营养,但含有细胞核、核糖体、线粒体及内质网和色素颗粒。一些特定类型的 mRNA 位于细胞质的特定区域。

在受精后卵细胞质重新定位,少数母体 mRNA 被激活,合成早期胚胎发育所需的蛋白质。随着受精卵早期细胞分裂,隐蔽 mRNA 被不均一地分配到子细胞中,从而决定细胞分化的命运。影响卵细胞向不同方向分化的细胞质成分——决定子(cytoplasmic determinants)支配着细胞分化的途径。受精卵在数次卵裂中,决定子一次次地被重新改组、分配。卵裂后,决定子的位置固定下来,并分配到不同的细胞中,子细胞便产生差别,这一作用也称为母体效应(maternal—effect)。对细胞骨架功能的研究发现,微管与特异 mRNA 的运输定位有关,而肌动蛋白纤维维持卵母细胞的不对称性。

(2)细胞分化中的核质关系

细胞核和细胞质的相互作用是细胞生存和细胞分化正常进行的必要条件。它们在个体发育中相互依存、分工协作,细胞核起主导作用,共同协作完成由基因型(包括核基因和质基因)所预定的各种基因表达过程,包括对外界环境条件变化做出的反应。发育过程中细胞核内的"遗传信息"均等地分配到子细胞中,为蛋白质(包括酶)合成提供各种 RNA,控制细胞代谢方式和分化程序;而细胞质则是蛋白质合成的场所,并为 DNA 复制、mRNA 转录、tRNA 或 rRNA 合成提供原料和能量,同时细胞质通过调节和制约核基因的活性影响细胞的分化,如细胞质的不等分配。

①细胞质对细胞核的影响:细胞质对核的影响是多方面的。在早期胚胎中,由于细胞质中某些物质成分的分布有区域性,细胞质成分是不均质的。因此,在细胞分裂时细胞质呈不等分配,即子细胞中获得的细胞质成分可能是不相同的。这些尚不完全明确的细胞质成分可以调控核基因的选择性表达,使细胞向不同方向分化。例如,当鸡的红细胞与培养的人 HeLa 细胞(去分化的癌细胞)融合后,核的体积增大 20 倍,染色质松散,出现 RNA 和 DNA 合成,鸡红细胞核的重新激活是由于 HeLa 细胞的细胞质调节的结果。又如,将培养的爪蟾肾细胞核注入蟾蜍的卵母细胞内,分析蛋白质合成情况发现,某些原来在肾细胞中表达的基因"关闭"了,而另一些基因则被激活,开始表达正常肾细胞不表达的蛋白质。这说明卵细胞细胞质中的某些成分可以激活或抑制核基因的活动。

②细胞核对细胞质的影响:细胞核对细胞质也有决定作用。如伞藻(acetabularia)的帽形是核决定的。如果将伞形帽品种的核移植到去核的菊花形帽的伞藻的细胞中,在第 2 周可出现一中间帽形,到第 3 周,帽完全变成了伞形;反过来移植,则变成菊花形帽(图 10-7)。

细胞分化过程中,越来越多的基因产物生成并加入到细胞质成分中,外来的某些因素(如激素和细胞间信号)作用于细胞,也使细胞质生成新的成分,因此,基因表达的细胞内环境一直处于不断变化之中,核内基因的表达状态也不断被调整,这种细胞核与细胞质的相互作用持续整个细胞的分化过程。

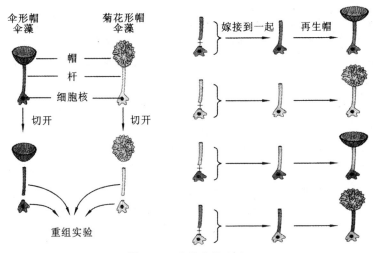

图 10-7　伞藻移植实验

2. 胞外因素

多细胞生物的细胞生活在细胞社会中,各细胞群体必然要建立相互协调关系才能形成具有正常形态和生命活动的群体。因此,相邻细胞间的相互作用对细胞分化具有重要影响。影响细胞分化的细胞外因素主要包括:胞外物质(各种信号分子)诱导的细胞之间的相互作用以及环境因素。

对胚胎中细胞影响最大的环境因素就是周围细胞的信号。在某些情况下,邻近的相似细胞互相交换信号促使它们分化。通过相互竞争,某个或某些组织细胞胜出___—不仅向特定的方向分化,而且向周围细胞分泌信号阻止它们以同样的方式分化,这一现象就是侧向抑制。另一种可能应用更广的策略是,一组细胞最初都具有同样的发育潜力,这些细胞外的某个信号促使这些细胞内的某个或某些细胞向不同方向分化,具备不同的特征。这一过程被称为诱导相互作用。

(1)诱导和抑制对分化的影响

通过分泌各种信号分子,一部分细胞对邻近细胞产生影响,并决定邻近细胞分化方向及形态发生,这种细胞间的相互作用既有诱导(induction)作用也有抑制(inhibition)作用。某些诱导信号是短距离的,它们通过细胞间作用传递。另外一些是长距离的,通过那些在细胞外基质中弥散的信号分子来调控。诱导事件的最终结果是相应细胞内 DNA 转录的改变,即某些基因被激活而另外的基因被抑制。不同的信号激活不同的基因调控蛋白。而且,有些基因调控蛋白在细胞中的作用还依赖于细胞内被激活的其他蛋白质,因为这些蛋白质通常协同作用。结果是对相同信号不同响应产生了不同类型的细胞。这一响应同时依赖于信号前细胞内已经存在的基因调控蛋白和细胞即将接受到的其他信号。

1）近端组织的相互作用

在研究胚胎早期发育过程中发现，一部分细胞会影响周围细胞使其向一定方向分化，这种作用即为近端组织的相互作用，也称胚胎诱导（embryonic induction）或分化诱导。近端组织的相互作用是通过细胞旁分泌产生的信号分子旁泌素（又称细胞生长分化因子）来实现的。如眼的发生，正常情况下，视泡诱导与其接触的外胚层发育成晶状体，而当把视泡移植到其他部位后也能够诱导与之接触的外胚层发育成晶状体。

在胚胎发育中，已分化的细胞也能够抑制邻近细胞进行相同分化而产生负反馈调节作用。如将发育中的蛙胚置于含成体蛙心组织碎片的培养液中，胚胎不能产生正常的心脏；用含成体蛙脑组织碎片的培养液培养蛙胚，也不产生正常的脑，说明已分化的细胞可产生某种物质，抑制邻近细胞向相同方向分化。

在实验胚胎学中，为了研究细胞和组织间是怎样相互作用的，需要将正在发育的动物的细胞和组织移除、重排、移植或隔离生长，结果往往是令人吃惊的。例如将早期胚胎分为两半，两部分都会产生一个完整的个体。诱导的相互作用可以在原本等同的细胞中建立起有序的差异。两栖类早期原肠期胚胎细胞间具有明显的相互作用。如在蝾螈移植实验中，将一种原肠胚（深色供体）胚孔的动物极细胞移植到另一种原肠胚（浅色受体）不同的位置，结果移植的胚孔物质诱导宿主发育成一个全新的胚胎：一个符合双生体（siamese twins），并且新胚胎的颜色与宿主的相似（图10-8）。通过这些现象的总结，我们可以了解一些细胞间的相互关系和细胞行为的规则。

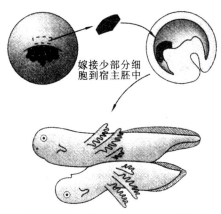

嫁接少部分细胞到宿主胚中

图 10-8 胚胎初级诱导作用实验

2）远距离细胞相互作用

在细胞之间的分化调节方式中，除了相邻细胞之间的作用外，还有远距离的调节作用。远距离细胞相互作用是通过激素作用实现的。激素是某些细胞分泌的多种信息分子的总称，它们经过血液或淋巴的运输，到达一定距离外所作用的靶细胞。经过一系列的信号传递过程，影响靶细胞的分化。如在昆虫变态中，幼虫的蜕变和化蛹受激素影响。脑激素是脑部产生的神经内分泌物质，若从已经成熟的幼虫中将脑取出，就不能化蛹。若将脑回植到体内，则此幼虫又恢复化蛹能力，推断脑激素实际是一种促蜕皮激素。而保幼激素则由咽侧体产生，能促进幼虫发育，但阻止变态。若将幼龄虫的咽侧体切除，则提前化蛹，变为成虫。

激素作用的特点是靶细胞的特异性。同样的激素对不同的靶细胞产生不同的作用，这取决于靶细胞膜上的受体和靶细胞中的决定。微量甚至痕量的激素可以促发一系列级联放大效应,产生复杂的变化。激素通过调节分化,协调机体广泛和复杂的发育过程。

(2)细胞记忆与决定

①细胞记忆(cell memory):动植物的复杂性主要依赖于遗传调控系统。细胞具有记忆性,细胞表达什么基因及细胞的分化行为不仅受周围细胞信号影响,还依赖于细胞以前和现在所处的环境。信号分子的有效作用时间是有限的,但细胞可将这种短暂作用储存起来并形成长时间的记忆,逐渐向特定方向分化。

②细胞决定(cell determination):细胞记忆使得细胞在其形态、结构和功能等分化特征尚未表现出来就已经确定了细胞的分化命运,这就是细胞决定。细胞决定是细胞潜能逐渐受限的过程,也是有关分化的基因选择性表达前的过渡阶段,具有高度的遗传稳定性。细胞在这种决定状态下,沿特定类型分化的能力已经稳定下来,一般不会中途改变。

③细胞命运决定早于细胞变化:细胞的决定与细胞的记忆有关。通过细胞标记技术,我们可以直接观察到胚胎正常发育时单个细胞的命运。细胞可能死亡、可能成为某种类型细胞、形成器官的一部分,或产生遍布全身的后代细胞。了解细胞命运就是要了解细胞的内在特征。例如:一方面,一个将要发育为神经的细胞就已经被保证无论其细胞周围环境如何改变都将会变成神经细胞,这样一个细胞的命运就被决定了;而另一方面,某类细胞与具有其他命运的细胞在生化上是一致的,只是细胞所处的位置不同,位置不同使细胞将来所受影响不同。实验胚胎学的主要结论是:由于细胞的记忆性,在表现出明显的分化特征前,细胞命运就已经被决定了。

(3)细胞识别与黏合

发育分化中细胞之间的特异亲和性称为细胞黏合(cell adhesion),包括细胞识别、细胞迁移和细胞聚集等过程。将不同类型的胚胎细胞用同位素标记后混合,发现细胞开始为混合聚集,然后分离,再按相同细胞类型重新发生接触、黏合在一起,相同细胞之间的聚合运动速度明显大于非同类细胞间的速度。从受精、胚泡植入、形态发生到器官形成都与细胞识别与黏合密切相关。如将蝾螈的原肠胚三个胚层的游离细胞体外混合培养,各胚层细胞又将自我挑选,相互黏着,依然形成外胚层在外、内胚层在内、中胚层介于二者之间的胚胎。进一步的实验发现,胚胎细胞的聚合具有组织特异性而没有种属特异性。细胞识别作用由位于细胞表面或结合于质膜上的复合物(糖蛋白、蛋白聚糖及糖脂)进行相互识别、黏着、聚集并相互作用,以利于形态发生以及正常结构的构建和维持。

10.2　细胞衰老

10.2.1　细胞衰老的概念与特征

1. 细胞衰老的概念

细胞衰老是指细胞内部结构发生衰变,从而导致细胞生理功能衰退或丧失的过程。细胞衰老和细胞的寿命密切相关。多细胞生物体内的所有细胞都来自受精卵,这些不同组织器官的细胞以不同速率、不同时间、不同方式发生衰老和死亡。同时又有新的细胞不断产生,二者处于一种动态平衡。机体内绝大多数细胞的寿命与机体的寿命不相等,而且机体不同组织、器官的各种细胞寿命差异很大。一般而言,能保持继续分裂能力的细胞不容易衰老,而分化程度高又不分裂的细胞寿命相对有限。衰老现象容易在短寿细胞中见到,而长寿细胞在个体发育的晚期方可见到衰老现象。

研究发现,离体培养的细胞与体细胞一样,也有一定的寿命。1961 年 Hayflick 和 Moorhead 报道,体外培养的人二倍体细胞随着传代表现出明显的衰老、退化和死亡现象,并因此提出了 Haymck 界限:即离体培养的细胞有寿命,其增殖能力也具有限度。体外培养实验证明,胚胎成纤维细胞在体外培养的代数与该动物寿命有关。传代次数越多,说明该动物寿命越长,衰老速度亦慢。培养细胞寿命长短不取决于培养的天数,而是取决于培养细胞的平均代数即群体倍增次数,即细胞寿命=群体细胞传代次数。

2. 细胞衰老的特征

细胞衰老过程是细胞生理、生化发生复杂变化的过程,如细胞呼吸率减慢、酶活性降低,最终反映出形态结构的改变,表现出对环境变化的适应能力降低和维持细胞内环境能力的减弱,以致出现细胞功能紊乱等多种变化。

(1)细胞形态结构的改变

衰老细胞内水分减少,细胞核发生固缩、核结构不清、核染色加深,细胞核与细胞质的比率减小。

(2)细胞内有色素或蜡样物质沉积

如神经细胞、心肌细胞与肝细胞内脂褐素的沉积。皮肤细胞中这些物质的沉积便形成"老年斑"。有人对脂褐素在脑细胞中的沉积进行过详细分析,发现初生小鼠脑细胞中无脂褐素存在;24 月龄者 20%的神经细胞中有脂褐素。脂褐素多存在于细胞的溶酶体内,一般认为由于溶酶体消化功能的降低,不能将摄入细胞内的大分子物质分解成可溶性分子而及时排出,因此蓄积在胞质内成为残余体(residual body)。

(3)化学组成与生化反应的改变

除了结构与形态改变之外,随着细胞的衰老还发生一系列化学组成与生化反应的改变。首先是氨基酸与蛋白质合成速率下降。如有人证明衰老细胞蛋白质摄取 35S—蛋氨酸的能力下降,而摄取半胱氨酸的能力增加。此外,由于原生质是一种以蛋白质为主要成分的复杂亲水胶体系统,当细胞水分逐渐减少时胶体的理化性质发生改变,更由于其中不溶性蛋白质的增多使得细胞的硬度增加。

衰老细胞内酶的活性与含量也改变。实验证实,去卵巢大鼠 NAD—ICDH 的活性下降,但可以用雌二醇诱导,而随着年龄的增加诱导作用减弱,至 85 周龄时不再能诱导出 NADP—ICDH 酶的活性。同样,老年神经细胞硫胺素焦磷酸酶(thiamine pyrophos— phatase)的活性减弱,使高尔基复合体的分泌功能与囊泡的运输功能下降。有人认为头发变白可能与头发基部黑色素细胞中酪氨酸酶活性的下降有关。

(4)细胞器的改变

衰老细胞内线粒体的数量也发生改变。线粒体的数量随年龄的增长而减少,有人认为线粒体是衰老的生物钟。在果蝇中发现线粒体 DNA 转录产物在衰老过程中逐渐减少,特别是 16SRNA 减少,影响线粒体蛋白质和酶的合成,使细胞代谢功能受影响。

(5)细胞增殖相关参数的改变

最明显的是细胞集落形成率在衰老过程中逐渐下降。每单位时间进入细胞有丝分裂 S 期的细胞数目减少。如在人成纤维细胞培养基里加入 ^{3}H—TdR,24 小时后标记指数从第 25 代(生长期)的 83％下降到第 50 代(衰老期)的 37％。如从上述两代的培养里选出分裂期的细胞进行传代,则生长期细胞与衰老期细胞的周期时间(到达下一次分裂的平均时间)相似。这一结果提示,衰老细胞增殖速度的下降是由于十分缓慢地通过 G_1 期的细胞,或是完全停止细胞周期循环的细胞增多之故,而其余的细胞则仍以正常的速度周转。据统计,细胞衰老有 150 余种功能与结构的改变。

10.2.2　细胞衰老学说

由于机体的寿命有限,衰老也在所难免。为什么每一个个体都逃脱不了有序的衰老与死亡？引起细胞与机体衰老的机理是什么？这一直是人们在探索的重大课题。近几十年,医学、遗传学、生理学、细胞生物学和分子生物学等领域的学者从不同角度尝试对这一重要问题进行研究。已从大量实验结果中提出若干学说。现将有关内容简要介绍如下。

1. 自由基理论

自由基是指在外层轨道上不成对电子的分子或原子的总称。体内常见的自由基如超氧离子自由基、氢自由基、羟自由基、脂质自由基、过氧化脂质自由基等等。它们可来自分子氧与多种不饱和脂类(如膜磷脂中的不饱和脂肪酸)的直接作用,也可来自分子氧与游离电子(包括体内形成与体外电离辐射产生)的相互作用。自由基性质活泼,易与其他物质反应生成新的自由基,后者又可进一步与基质发生反应,从而引起基质大量消耗和多种产物形成。因此,一般认为,自由基在体内除有解毒功能外,它对细胞更多的是有害作用,其主要表现为:它使生物膜的不饱和脂肪酸发生过氧化,形成过氧化脂质,从而使生物膜流动性降低,脆性增加,以致脂质双层断裂,各种膜性细胞器受损;过氧化脂质又可与蛋白质结合成脂褐素,沉积在神经细胞和心肌细胞等处,影响细胞正常功能;自由基还会使细胞 DNA 发生氧化破坏或交联,导致核酸变性,扰乱 DNA 的正常复制与转录;自由基也使蛋白质发生交联变性,形成沉淀物,降低各种酶的活性,并导致因某些异性蛋白出现而影响机体自身免疫现象等等。自由基理论的依据是人体血清中自由基含量随年龄而增加,细胞内脂褐素也随年龄而增加,加速了细胞衰老。

2. 神经免疫网络论

该理论认为衰老与神经系统及免疫系统的衰退有关。下丘脑的衰老是导致神经内分泌器官衰老的核心环节。由于下丘脑—垂体的内分泌腺轴系的功能衰退,使机体内分泌功能下降,从而导致免疫功能的减退,而机体免疫功能的减退是衰老的重要原因之一。又如发现机体免疫组织中 B 淋巴细胞制造抗体的能力,以及胸腺激素的分泌能力都随年龄而下降,以致机体对异物、病原体、癌细胞等的识别能力下降,免疫监视系统功能紊乱,不能有效抵抗有害物质对机体的侵害;同时,免疫系统功能的紊乱还表现在自身免疫现象增多,误把自身组织细胞当做异己攻击,最后导致机体衰老。尤其是胸腺随着年龄增长而体积缩小,重量减轻。例如新生儿的胸腺重约 15～20g,13 岁时 30～40g,青春期后胸腺开始萎缩,25 岁后明显缩小,到 40 岁胸腺实体组织逐渐由脂肪所代替。至老年时,实体组织完全被脂肪组织所取代,基本上无功能。

因此,老年人免疫功能降低,易患多种疾病,其中包括肿瘤。

3. 遗传程序论

该理论认为,机体从生命一开始,其生长、发育、衰老与死亡都按遗传密码中规定的程序进行着,在生命过程中随着时间的推延,有关基因启动与关闭的命令按时发生,细胞"自我摧毁"的计划按期执行。支持这种理论的实验如:有人在细胞体外培养中发现,人成纤维细胞在体外分裂的次数与细胞供体的年龄有关。胎儿成纤维细胞体外分裂的次数是 50 次左右,成人的成纤维细胞体外分裂的次数是 20 次左右,而一种叫 Hutchinson-Gilford 综合征的早老病患者(10 岁时具有正常老人特征,早亡)的细胞,在体外仅分裂 2～10 次。有人用不同细胞进行核质融合实验发现,年轻培养细胞的细胞质与同种老年培养细胞的细胞核融合,融合后的细胞有丝分裂只维持几次,似老年细胞那样;而当年轻培养的细胞核与同种老年细胞的细胞质融合时,融合后的细胞具有年轻细胞那样的有丝分裂能力,说明融合细胞的分裂能力是由细胞核中的遗传物质决定的。

在遗传程序论中,由于对遗传结构在衰老过程中作用的看法不同,又可分为几种假说。

(1)重复基因利用枯竭学说

此学说由 Cuher 等人在 1972 年提出。他们认为,在细胞的一生中只有少数基因在表达,大部分基因处于关闭状态,而在表达的基因中有一些是重复序列。如果某基因由于受损而不能表达,重复基因的作用可以弥补,但当重复基因也因损伤而不能表达时,一些生命大分子合成受阻,衰老随之出现。有人曾观察到 rRNA 基因的含量随着年龄的增长而减少。

(2)DNA 修复能力下降学说

此学说认为,细胞中的 DNA 在自然界会因各种致突变因素而发生损伤,同时细胞都有一定的 DNA 损伤修复能力。如果修复能力下降,基因受损而表达异常,细胞功能失常,衰老逐渐形成。细胞的这种修复能力是生物体长期进化的结果,是由遗传因素决定的。DNA 修复能力可因机体所属的物种平均寿命、个体的年龄不同而异。Hart 等人 1974 年观察 7 种不同物种成纤维细胞的 DNA 非程序合成水平,结果表明 10 J/m² 剂量紫外线(UV)照射不同培养时间的细胞后,细胞核中所出现的银染颗粒数显著不同。提示不同物种的 DNA 修复能力与物种各自的平均寿命呈正相关。Sedcm 等人(1979)用 UV 诱发的人外周血淋巴细胞的 DNA 修复,发现年轻人供体细胞的 DNA 修复能力高于中、老年人供体细胞。说明在同一物种内,高龄个体的 DNA 修复能力小于低龄个体。

(3)衰老基因学说

Smith 等认为,细胞中存在着衰老基因,其表达产物是一种可抑制 DNA 和蛋白质正常合成的蛋白。同时,细胞还存在一种阻遏基因,其产物可阻碍衰老基因的表达。阻遏基因有许多拷贝,但拷贝数会随着细胞分裂次数的增多而逐渐丢失。因此,年轻细胞中有足够阻遏基因的拷贝,可形成足够浓度的阻遏物质,抑制衰老基因的表达;随着细胞增殖次数增加,细胞中阻遏基因拷贝数减少,阻遏物浓度逐渐下降,以致不足以阻遏衰老基因的表达,于是细胞的 DNA 和蛋白质合成受阻,从而导致细胞衰老。

(4)密码子限制学说

Strehler 提出的密码子限制学说(theory on codon restriction)认为,细胞合成蛋白质的过程是由遗传密码所决定的,而遗传密码按时间顺序,相继被激活、抑制、合成发育的某一阶段所需的蛋白质成分,细胞发育分化至某一阶段,合成维持细胞生命所必需的蛋白质的遗传密码,因使用限制或数量限制而导致衰老。对各种组织中 tRNA、tRNA 合成酶类型的研究表明,这些分子的某些成分在不同生理过程是不相同的,如 9 个月和 3 个月大鼠胚胎组织的蛋白质分子不完全相同,不同年龄,细胞内酶的类型变化似乎与密码限制学说相吻合,但缺乏直接的实验证据。

(5)端粒缩短假说

Olovmikov 认为,细胞老化是由于细胞中的染色体端粒的长度随着年龄增加而逐渐缩短所致。分裂旺盛的细胞,其染色体端粒较长;分化后分裂能力较差的细胞,其染色体端粒缩短。Harley 等(1990,1991 年)发现,培养的成纤维细胞老化时,其染色体长度由 4 kb 缩短到 2 kb。EST—1 酵母突变株,其染色体端粒缩短,显示出早老特征。

(6)终末分化学说

该学说认为在受精卵的基因组中,某些特定基因在细胞经历了若干次分裂后被激活,它们可能编码某种抑制细胞进入 S 期的特殊蛋白质,使细胞不能进入 S 期,失去增殖能力,从而导致细胞衰老。

(7)基因程控学说

这一学说最初由 Hayflick(1966 年)提出,得到不少学者的支持。大量实验结果也表明细胞衰老是主动过程(active process),是基因自身调控的结果。染色体上的基因按既定时空程序进行活动,一个基因(或基因群)活动后便处于沉默,另一个基因(群)又被激活,当整个基因组活性降低时,就导致细胞衰老。

10.3　细胞死亡

10.3.1　细胞死亡的标志

衰老的细胞最后终将死亡,死亡即为细胞生命现象发生不可逆转的停止。死亡细胞的鉴定,通常采用活体染色的方法来进行,即用中性红、台盼蓝、次甲基蓝等活性染料对细胞进行染色,在活细胞中这些染料只积聚于细胞质的一定区域,如溶酶体等细胞器染成红色,而细胞内其他部分都不着色;但在死亡细胞中,细胞质与细胞核都被染色,且着色均匀。用中性红对体外培养细胞进行染色,可观察到死亡的细胞伪足收缩、细胞变圆、细胞核凝集皱缩、线粒体解体,细胞质与细胞核呈扩散性染色。

细胞死亡后,如不被吞噬细胞吞噬、消化,不被排出体外,则可发生由于细胞内某些酶的活动而造成自我解体性的死亡现象。这些现象包括:细胞渗透压增加,细胞体积膨胀;细胞质内出现颗粒状蛋白质,细胞呈现混浊的尘状外貌,即雾状膨胀;细胞酸度偏高;细胞核在细胞死亡后一段时间内继续维持其结构的染色性,甚至在有的细胞中出现染色增强现象,但随着核内蛋白质减少,DNA 的不断消失,最后核溶解,失去染色质。

由于细胞的死后现象完全改变了活细胞的面貌,因此,研究活细胞结构,必须采取合适的固定剂,把细胞很快杀死,使细胞各部结构维持在生前状态,而不发生死后变化。

10.3.2　细胞死亡的机制

1. 细胞凋亡与细胞坏死的概念

细胞凋亡与细胞坏死是细胞死亡的两种不同形式。细胞凋亡是一种主动性的,按细胞固有的,基因控制程序的生理性死亡现象,它受一系列生理性和病理性的因素所激活或抑制。胚胎形成、衰老和损伤细胞的清除以及肿瘤的发生发展和转归等病理生理过程,都与细胞凋亡有密切的关系。尽管许多文献中将细胞凋亡和编程性细胞死亡(programmed cell death,PCD)作为相同的概念,但严格来说二者强调的侧重点并不是完全相同的:PCD强调的是死亡发生的时间(何时发生死亡),指在胚胎发育过程中,到一定阶段,某一群细胞必然死亡(通过PCD实现胚胎形态改造);凋亡强调的是死亡的方式(死亡是怎样进行的);二者的形态特征也有所不同;尽管大多数PCD表现为典型细胞凋亡形态特征,但也有些PCD缺乏典型的凋亡形态特征,两者均涉及程序性,但程序性的内涵不同。凋亡的程序性是指凋亡细胞完成死亡的途径具有程序性,一旦凋亡途径被激活,一般不能逆转;PCD的程序性是指在胚胎发育过程中,发生死亡的细胞在时间和空间上受到严格控制。

细胞坏死(necrosis)则是指病理及损伤刺激引起的退行性变化所导致的细胞死亡。从抽象概念来讲细胞凋亡属于生理性过程,是自然死亡;坏死是意外死亡。凋亡和坏死是细胞死亡的两个不同途径,细胞凋亡在一定情况下可转化为坏死。但是,坏死是不可逆的被动过程。细胞凋亡从形态学、生化和分子事件与细胞坏死有明显的区别。

2. 凋亡细胞的特征

目前已证明,既往所提及的细胞坏死中也可观察到有大量细胞的凋亡现象。因此可以说凋亡现象广泛存在于生物机体中,是对机体的发育生长极为有利的生物现象。凋亡细胞的特征从形态学特征表现为核固缩、胞质浓缩、细胞器出现不同程度的改变、细胞体急剧变小、细胞骨架解体等。

(1)核的变化

1)染色质凝聚

核DNA在核小体连接处断裂成核小体片段,并在核膜下或中央部异染色质区聚集形成浓缩的染色质块,在电镜下呈高电子密度。凋亡细胞中染色质块聚集于核膜下,称为边聚;或聚集于核中央部,称为中聚。边聚的染色质块使胞核呈新月状、"八"字形、花瓣状或环状等,而染色质块中聚则使胞核呈眼球状。异染色质丰富,常染色质少的细胞核,在凋亡早期染色质呈现为高度浓缩的致密核(黑洞样核)。染色质聚集部以外的低电子密度区为透明区,这是由于核孔变大从而导致其通透性增大,细胞质中水分不断渗入而造成。

2)核碎片(核残块)

由于核内透明区不断扩大,染色质进一步聚集,核纤维层的断裂消失,核膜在核膜孔处断裂,两断端向内包裹将聚集的染色质块分割,形成若干个核碎片,其中含有少量的透明区。而个别的黑洞样核变得更致密,仍保持原状,不被分隔。

(2)胞质的变化

1)胞质浓缩

由于脱水,细胞质明显浓缩(约为原细胞大小的70%)是凋亡细胞形态学变化。

2）细胞器

在凋亡过程中,细胞器也出现不同程度的改变。

①线粒体:较为敏感,凋亡早期个别细胞内线粒体变大,嵴增多,表现为线粒体增殖,接着,增殖线粒体空泡化。生物化学研究证明线粒体内细胞色素 c 向胞质逸出是细胞凋亡早期常发生的一种现象,并认为线粒体内细胞色素 c 的逸出与细胞凋亡有密切关系。共聚焦显微镜观察证实,凋亡细胞线粒体膜电位下降。

②内质网:多数情况下凋亡细胞内的内质网腔扩大。增殖的内质网形成自噬体过程中提供包裹膜,与细胞的自噬性凋亡有密切关系。

③细胞骨架:凋亡细胞的细胞骨架也发生显著的改变,并与膜形态的改变有关,原来疏松、有序的结构变得致密和紊乱,其主要组成成分肌球蛋白和肌凝蛋白的表达受到显著的抑制,含量明显减少。

（3）细胞膜的变化

凋亡的细胞失去原有的特定形状,如微绒毛、细胞突起及细胞表面皱褶的消失,细胞膜表面张力使其变成表面平滑的球形,不易被损伤,而且对表面活性剂有很强的抵抗能力,细胞膜活性渗透性改变不明显,内容物难以逸出。共聚焦显微镜证明细胞膜电位下降,膜流动性降低。另外细胞膜上新出现了一些生物大分子如磷脂酰丝胺酸(phosphatidylserine)和血小板反应蛋白(thrombospondin)等,这些分子的出现与凋亡细胞的清除有关。有一些生物大分子则从凋亡细胞的膜上消失,如某些与细胞间连接有关的蛋白质,有些糖蛋白的侧链被降解,暴露出的成分可能介导了吞噬细胞和凋亡细胞的结合,从而有利于凋亡细胞的清除。

（4）凋亡小体的形成

凋亡小体的形成通过以下两种方式。

1）通过发芽脱落机制

凋亡细胞内聚集的染色质块,经核碎裂形成大小不等的染色质块(核碎片),然后整个细胞通过发芽(budding)、起泡(byzeiosis)等方式形成一个球形的突起,并在其根部发生窄缩而脱落形成一些大小不等,内含胞质、细胞器及核碎片的膜包小体,即凋亡小体(apoptotic body)。或通过在凋亡细胞内由内质网分隔成大小不等的分隔区,靠近细胞膜端的分隔膜与细胞膜融合并脱落形成凋亡小体。

2）通过自噬体形成机制

凋亡细胞内线粒体、内质网等细胞器和其他胞质成分一起被内质网膜包裹形成自噬体,并与凋亡细胞膜融合后,自噬体排出细胞外成为凋亡小体。

（5）生物化学改变

细胞凋亡时在生物化学方面也发生着复杂、多样的变化,至今尚不能确定哪一种变化是细胞凋亡过程所特有的。

1）梯状条带

1980 年,Wyllie 报道,胸腺细胞发生凋亡时,其 DNA 琼脂糖凝胶电泳呈特征性"梯状条带"（1adder）。研究表明,梯状条带是凋亡细胞 DNA 片断化(fragmentation)的结果,内源性核酸内切酶(endonuclease)将核小体间的连接 DNA 降解,形成长度为 $180\sim200$ bp 整数倍的寡聚核苷酸片段,组蛋白和其他核内蛋白质不降解,核基质也不改变。由于大部分细胞凋亡出现 DNA 梯状条带,而细胞坏死时 DNA 随意断裂为长度不一的片段,琼脂糖凝胶电泳呈"弥散状"(smear),因此,尽管后来发现并不是所有的凋亡细胞都出现 DNA 梯状条带,但仍把这一现象看做是细胞凋亡的典型生化特征。典型的凋亡细胞 DNA 琼脂糖凝胶电泳图如图 10-9 所示。

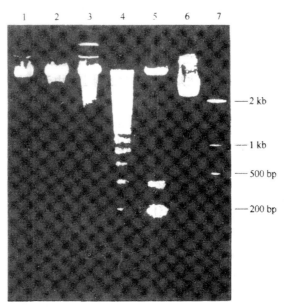

图 10-9 细胞色素 c 诱导的凋亡细胞 DNA 电泳图

细胞色素 c 诱导:1.0h;2.1h;3.2h;4.3h;5.4h;6.阴性对照;7.Marker

2)核酸内切酶

如前所述,"阶梯形"模式的 DNA 降解是由于核酸内切酶的活化所致。因此,对于内切酶的鉴定是细胞凋亡研究的一个重要的方面。近来的研究指出,在凋亡时出现在绝大多数细胞的一种与 DNA 降解有关的内切酶是与 DNA 酶 I 不可区别的一种酶。为 Ca^{2+} 和 Mg^{2+} 所依赖,而受 Zn^{2+} 抑制。在最易见到凋亡的胸腺细胞中这种内切酶是作为细胞固有成分存在的,只要胞浆内的 Ca^{2+} 升高,就可激活内切酶。

3)组织谷氨酰胺转移酶

进入凋亡的细胞胞浆的致密化和细胞皱缩的原因之一是生物化学改变,包括 mRNA 和蛋白质的合成减少。在 T 细胞的凋亡中,磷酸肌醇的形成和细胞内游离的 Ca^{2+} 浓度的升高起着重要作用。在此过程中,编码组织谷氨酰胺酶的基因被诱导表达,其编码的酶是 Ca^{2+} 依赖酶家族中的一员。它催化形成高稳定的广泛的胞浆蛋白交联,形成与角化鳞状上皮细胞相似的胞膜下的壳状结构,使凋亡小体稳定,防止有生物活性的物质释放到细胞外环境中而引起炎症反应。

10.3.3 细胞凋亡的分子机制

1. 诱导细胞凋亡的因素

诱导细胞凋亡的主要因素有物理因素,如射线(紫外线、λ 射线等)、温度等,化学因素,如各种自由基、钙离子载体、VK3、视黄酸、DNA 和蛋白质合成抑制剂(如环己亚胺)及一些药

物,生物因素,如细胞毒素、激素、细胞生长因子、肿瘤坏死因子(TNFα)、抗 Fas/Apo-1/CD95
抗体等。

2. 与细胞凋亡相关的基因

细胞凋亡是在凋亡因子的诱导之下,通过信号转导途径激活了细胞内与凋亡有关的基因,
从而使细胞凋亡。细胞内与凋亡有关的基因有以下几种。

(1)ced 基因(线虫 C. elegans 凋亡基因)

在线虫中已发现 14 个与细胞凋亡有关的基因,被分别命名为 ced1~ced14。其中有 3 个
在凋亡中起关键作用:ced3、ced4 和 ced9。研究结果表明,在所有的凋亡细胞中都有 ced3 和
ced4 两个基因的表达。即 ced3、ced4 可促进细胞凋亡,属于凋亡基因。而 ced9 基因为细胞控
制基因,其作用与 ced3 和 ced4 相反,可抑制线虫体细胞凋亡的发生。故 ced9 被称为"抗凋亡
基因"(anti-apoptosis gene)。正常情况下,ced4 与 ced3 和 ced9 结合形成复合物,保持 ced3 无
活性状态,当细胞接受凋亡信号,导致 ced9 脱离复合物,使 ced3 活化而致细胞凋亡。

(2)bcl-2 基因

bcl-2 是 B 细胞淋巴瘤/白血病-2(B-cell lymphoma/leukemia2,bcl-2)的缩写,是研究最早
的与细胞凋亡有关的基因。人 bcl-2 基因是从与滤泡性淋巴瘤相关的 t(14:18)染色体易位
的断裂点克隆到的基因,其编码的氨基酸序列与 ced9 基因编码的氨基酸序列有 23% 同源性。
bcl-2 发现之初被认为是一种癌基因,一般认为 bcl-2 通过抑制诱导凋亡的信号而在肿瘤中发
挥作用,后来发现它并无促进细胞增殖的能力,而它的过度表达则可防止细胞凋亡。由于其可
抑制多种原因诱导的细胞凋亡,故属抗凋亡基因。

(3)caspase 基因家族

白细胞介素-1β 转化酶(interleukin-1 13converting enzyme,ICE)基因在细胞凋亡中起重
要作用,迄今已发现 5 个成员:Ich-2/ICErelⅡ、CPP32、Nedd-2/Ich-1、Ich-2/ICErelⅡ 和 Ich-
2/ICErelⅢ,它们的高表达皆可导致细胞凋亡。后来又陆续发现了一些与 ICE 同源的基因,
1996 年,人们根据这些基因的产物均为底物特异性的半胱氨酸蛋白酶,将它们统一命名为
caspase。目前已确定至少存在 14 种 caspase,其中 caspase2,8,9 和 10 参与细胞凋亡起始,
caspase3,6 和 7 则参与执行细胞凋亡。

(4)Apafs

1997 年,人们从细胞提取物中分离出 3 种凋亡蛋白酶活化因子(apoptosis protease acti-
vating factor,Apafs)。在 ATP 存在时它们可使 caspase3 活化,参与执行细胞凋亡。

(5)c-myc 基因

c-myc 是与细胞生长调节有关的原癌基因,其主要编码转录蛋白来调节 mRNA 的转录。
在缺乏生长因子的条件下,c-myc 的转录水平低,其靶细胞处于 G_1 停滞阶段。在加入生长因
子后,c-myc 的转录迅速增加,诱导细胞进入 S 期。c-myc 蛋白在有其他延长存活的因子如
bcl-2 存在时,促进细胞生长,而在无其他生长因子时,可刺激细胞凋亡。

(6)p53 基因

人 p53 基因位于 17 号染色体短臂(17p13.17)上,其编码的 p53 蛋白是一种位于细胞核内
的 53 kDa 磷酸化蛋白。现已确认 p53 基因是多种中突变频率最高的抑癌基因。在某些情况
下 p53 依赖性细胞周期检查点的激活,无论有无生长阻滞,均可使细胞发生凋亡。p53 为 Bax

的转录活化因子,如果 DNA 损伤不能被修复,则 p53 持续增高,特异性抑制 bcl-2 基因的表达,进而促进 Bax 的表达,引起细胞凋亡。

3. 细胞凋亡的分子机制

多年来的分子生物学研究已鉴定了数百种与细胞凋亡有关的调控因子,这些因子组成了多条凋亡信号转导通路。其中某些通路相对具有一定的特异性,而有些通路为非特异性通路。表明在细胞凋亡信号的转导机制中,不同通路的作用形式不同,而且通路间存在错综复杂的关系。以下简要介绍细胞内外信号诱导的凋亡机制及 caspase 活性的调节在细胞凋亡中的作用,从而使我们对细胞凋亡分子机制有一个简要的了解。

(1)细胞内信号诱导的细胞凋亡

细胞色素 c(cytochrome C,Cyt C)是一种可溶性蛋白,正常时位于线粒体膜内并松散地附着于线粒体膜的内表面。在将要凋亡的细胞中观察到 Cyt C 是从线粒体中释放到细胞质。一旦在胞质中出现 Cyt C,其可与细胞浆中的其他成分相互作用,激活 caspases,诱导细胞凋亡的发生如染色质浓缩和核碎裂。释放的 Cyt C 和 Apaf 1 及 caspase9 酶原结合形成一个复合物称为 apoptosome。因 Apaf 1 分子中存在 ced4 同源区,而在其两侧,即 N 端存在 caspase 募集结构域(caspase recruitment domain,CARD),可直接与 caspase9 酶原结合,而 c 端有与 Cyt C 相互作用的结构域。形成的复合物使 caspase9 从酶原而激活成为具有活性的酶,激活的 caspase9 又导致 caspase 家族其他成员被激活。以使胞质中的结构蛋白和细胞核中的染色质降解,引发核纤层解体,从而导致细胞凋亡。

(2)细胞外信号诱导的细胞凋亡

Fas 是肿瘤坏死因子(TNF)受体和神经生长因子受体家族的细胞表面分子,Fas 配体(fas ligand,简称 FasL)是 TNF 家族的细胞表面分子。FasL 与其受体 Fas 结合导致携带 Fas 的细胞凋亡(apoptosis)。FasL 或 TNF 作为细胞外凋亡激活因子如分别与其相应受体 Fas 或 TNF 结合而启动,进而形成 Fas 或 TNF 受体一连接器蛋白 FADD 和 caspase2,8 和 10 酶原组成的死亡诱导信号复合物(death— inducing signaling complex,DISC)。当 caspase2,8 和 10 酶原聚集在细胞膜内表面达到一定浓度时,它们就进行同性活化,在其亚基问连接区的天冬氨酸位点进行切割,从而使 caspase 从酶原而激活成为具有活性的酶。caspase2,8 和 10 被激活后,通过异性活化(heteroactivation)使 caspase3,6 和 7 激活而引发核纤层解体,从而导致细胞凋亡。

(3)caspase 活性的调节

体内 caspase 能被激活而成为有活性的酶,同时也能在其他因素的作用下被抑制从而达到对细胞凋亡的调节作用。哺乳类细胞中 caspase 抑制剂是凋亡抑制因子(inhibitor of apoptosis,IAP)家族,如人细胞中的 XIAP,cIAP1 和 clAP2,它们能特异性地抑制 caspase3 和 7 的激活,IAP 能抑制 caspase9 的活化。定位于线粒体外膜上的 bcl-2 则具有双重功能,一方面阻止细胞色素 c 从线粒体释放,抑制 caspases 的激活,另一方面与 Apaf 1 结合,调节细胞凋亡。有些病毒蛋白如痘病毒蛋白 CrmA 和杆病毒蛋白 p35 也能抑制 caspase。通过 caspase 的活化和抑制,调节细胞凋亡。

10.3.4　细胞凋亡与医学的关系

细胞凋亡是个体发育过程中维持机体自稳的一种机制,是生长、发育,维持机体细胞数量恒定的必要方式。细胞凋亡与细胞周期、细胞癌变、细胞病理改变之间存在着密切的关系。细胞凋亡的研究,对理解胚胎发育、免疫耐受、细胞群体稳定等重要生命现象具有重要的意义。通过促进有害细胞的凋亡,可开发出治疗艾滋病、癌症等严重威胁人类生存的疾病以及其他疾病的新方案。同时采用人为干预凋亡,把维持身体正常功能的细胞从细胞凋亡中拯救过来,如通过抑制神经系统某些细胞的程序性死亡,治疗神经系统的变性或退行性疾病,如阿尔茨海默病等。

1. 细胞凋亡与机体发育

从低等动物到高等动物的发育,都存在着细胞主动凋亡的现象。现已认识到,在哺乳动物的胚胎发生、发育和成熟过程中,构成组织的细胞发生生死交替及细胞凋亡是保证个体发育成熟所必需的。例如,某些昆虫从虫卵到成虫,中间要经过几个蜕变期,每个时期组织结构以及外形都要发生改变,在这些过程中,均有赖于新旧细胞的生死交替。细胞的死亡是在完成了它的使命后而被淘汰消失的,井然有序。蝌蚪发育为蛙时,尾部自然消失,这是细胞有序凋亡的过程。人的胚胎肢芽(limb bud)的发育过程中,指(趾)间的部位则在胚胎发育过程中,以细胞凋亡的机制逐渐消退,从而成指(趾)间的裂隙。从生物学意义来讲,在胚胎发育过程中,通过细胞凋亡可清除对机体没有用的细胞,亦可清除多余的、发育不正常的结构细胞。在成年机体中,通过细胞凋亡清除衰老的细胞并代之新生的细胞,从而维持器官中细胞数量的稳定。细胞凋亡可参与和影响几乎所有胚胎新生儿的发育。一旦细胞凋亡规律失常,个体即不能正常发育,或发生畸形,或不能存活。人类免疫系统的发育是细胞凋亡最有代表性的例子,在淋巴细胞发育分化成熟过程中,始终伴随着细胞凋亡。T 淋巴细胞和 B 淋巴细胞在分化成熟中,由于免疫系统的选择作用,95% 的前 T 淋巴细胞和前 B 淋巴细胞均要发生凋亡,否则就会发生自身免疫性疾病。而成熟的白细胞的寿命也只有一天,死一批,再生一批,相互交替,且严格有序。如果淋巴细胞不能发生凋亡,则白细胞数量增加,将导致白血病的发生。

2. 细胞凋亡与疾病

细胞凋亡是维持人体正常功能所必需的。细胞凋亡的研究对医学最大的推动,是扩大了思维空间,明白了细胞的生与死都是其生理特征,都对机体正常的生理功能和内环境的稳定性有着相同的重要性。对细胞凋亡的研究,有助于理解胚胎发育、免疫耐受、细胞群体稳定等重要生命现象。近年来的研究显示病毒感染,自身免疫性疾病,神经变性性疾病及肿瘤的发生等都与细胞凋亡有关。医学研究工作者已经开始在着力于细胞凋亡机制探讨的同时,设计几种能够促进或抑制细胞凋亡的方案,并已取得一些突破性进展。相信在不久的将来可应用人为干预细胞凋亡的技术,把维持身体正常功能的细胞从凋亡中拯救过来,以达到治病救人、延年益寿的目的。也可通过促进有害细胞的凋亡,可开发出治疗艾滋病、癌症等严重威胁人类生存的疾病以及其他疾病的新方案。

(1)细胞凋亡与自身免疫性疾病

TNF 家族成员 Fas 是 1989 年发现的,为细胞毒性抗体识别的膜蛋白。人 Fas 是 325 个氨基酸组成的糖蛋白,主要存在于活化的 T 细胞膜上,其配体(Fas ligand,FasL)存在于将发生凋亡的细胞膜上,Fas 与 FasL 结合引起细胞凋亡。在编码的 Pas 蛋白的 1pr 基因发生突变的大鼠,可发生淋巴增生和类似于人类系统性红斑狼疮的自身免疫性疾病。编码 Fas 配体的 gld 基因缺失的大鼠也可发生淋巴增殖和狼疮。对此的解释是在免疫系统的发育过程中,机体为了识别和破坏在生命过程中可能遇到的外源性抗原,T 细胞和 B 细胞产生抗原受体基因(如 T 细胞受体和 Ig 基因)重排,随机地产生出数目在百万以上的携带不同抗原受体分子的克隆。其中一部分是针对机体的自身组织细胞的,正常情况下,这些携带针对自身抗原的受体分子的克隆在其发育的早期通过凋亡被清除。而在 Fas 及其配体基因发生突变或缺失时,自身反应性的 T 细胞未能通过凋亡除去,造成自身免疫性疾病。

(2)细胞凋亡与 AIDS

AIDS 的主要免疫学改变是患者血液中的 CD4 阳性 T 细胞减少。对 HIV 和 AIDS 的研究的新证据表明,HIV 感染所致的淋巴细胞减少和免疫缺陷与 CD4 阳性辅助 T 细胞对凋亡的敏感性增高有关。无症状的 HIV 阳性病人的成熟 T 细胞在用 Con A 或抗 T 细胞受体抗体激活后,诱导一部分 CD4 和 CD9 阳性 T 细胞的凋亡。CD4 阳性细胞容易凋亡的机制尚不完全清楚,已发现 HIV 病毒的包膜糖蛋白 gpl 20 与此有关。gpl 20 可与 CD4 受体结合,加上抗 gpl20 抗体的作用使 CD4 分子相互连接,为 T 细胞受体分子受到刺激后引起的凋亡做准备。在 HIV 感染细胞表面的 gpl 20 蛋白分子可通过 CD4 分子与未受到感染的 CD4 阳性细胞交连,一旦受到抗原刺激,将引起 CD4 阳性细胞的凋亡。除了 gpl 20 外,在 CD4 阳性细胞凋亡的诱导中起作用的还有细胞生长因子,如 TNFot。因此对凋亡抑制的研究,可能是 AIDS 治疗的突破口之一。

(3)细胞凋亡与神经变性性疾病

神经细胞的死亡方式主要是凋亡。Alzheimer 病的缺血性细胞死亡和神经细胞死亡已证实是凋亡所致。在体外培养的神经细胞受到多种刺激即将发生死亡时,bcl-2 基因的表达可保护其免于凋亡。已有报告指出,帕金森病和肌营养不良性侧索硬化等神经变性性疾病的发病均与凋亡有关。

10.4 干细胞

干细胞(stem cell)是具有自我更新、高度增殖和多项分化潜能的细胞群体,是动物有机体和各种组织器官的起源细胞。近几年来,干细胞的研究和应用已取得可喜进展,给临床细胞移植治疗、体外构建人工组织器官带来很大便利。

10.4.1 干细胞的概念及特点

在成体的许多组织中都保留着一部分未分化的细胞,一旦需要,这些细胞就可以按着发育途径进行细胞分裂,然后产生分化细胞,机体中这部分未分化的细胞称为干细胞(stem cell)。凡是需要不断产生新的分化细胞,以及分化细胞本身不能分裂的地方都需要干细胞以维持其结构和功能。

干细胞是当前细胞生物学领域和医学研究的一个重点,在个体生长发育中表现出以下几个主要特点：

①干细胞本身不是终末分化细胞，即不处于分化途径的终端。

②干细胞能无限分裂和增殖。

③干细胞分裂时，每个子代细胞具有一种选择，保持为与亲代一样的干细胞，或者开始向终末分化方向发展。

10.4.2　干细胞的类型

根据干细胞来源的不同，可以将有机体中的干细胞分为胚胎干细胞（embryonic stem cell，ES 细胞）和成体干细胞（adult stem cell，AS 细胞）两大类。胚胎干细胞主要来源于早期胚胎内细胞团（inner cell mass）、胎盘、脐带等组织中的多潜能干细胞。成体干细胞是指来源于成年个体组织的各种多潜能干细胞，如神经干细胞、骨髓干细胞、造血干细胞、表皮干细胞、肌肉干细胞等。

构成有机体的所有细胞都是由不同的于细胞分化而来的。胚胎干细胞理论上可以分化产生多种类型的细胞，具有发育的全能性。在正常情况下，成年组织中所存在的 AS 细胞起更新老化细胞的作用，不同的 AS 细胞具有特定的发育方向，即只形成所存在的特定组织细胞。目前发现，AS 细胞处于某些特定条件下，也具有可以分化形成 ES 细胞的可塑性特征。但究竟成体干细胞的这种可塑性和胚胎干细胞的多能性有何区别，是否可以相互替代，是目前细胞生物学研究领域的热门课题。

10.4.3　干细胞的研究及应用

干细胞具有自我更新和分化的潜能，生命是通过干细胞的分裂实现细胞的更新与生长的。组织器官的病损或功能障碍是人类健康所面临的主要危害之一。修复或替代因疾病、创伤或遗传因素所造成的组织器官缺损或功能障碍一直是人类的梦想和难以攻克的医学高峰。干细胞技术的发展，开创了制造组织和器官的"再生医学"时代。自 1998 年以来，干细胞组织移植技术发生了革命性的进步。在 21 世纪，干细胞的广泛应用，必将促使干细胞技术相关产业的发展，同时成为生物技术领域最热点的产业之一。综上所述，干细胞的应用主要包括以下几个领域：细胞移植；构建组织器官；克隆动物；转基因动物；药物毒理与药物筛选；生物学基础研究等方面。

总之，干细胞的研究和应用将会更加深入的了解人类疾病形成的过程，并带来全新的医疗手段。

参考文献

[1]何玉池,刘静雯．细胞生物学[M]．武汉:华中科技大学出版社,2014.

[2]梁卫红．细胞生物学[M]．北京:科学出版社,2012.

[3]赵宗江．细胞生物学[M]．2版．北京:中国中医药出版社,2012.

[4]韩榕．细胞生物学[M]．北京:科学出版社,2011.

[5]李瑶．细胞生物学[M]．北京:化学工业出版社,2011.

[6]罗深秋．医学细胞生物学[M]．北京:科学出版社,2011.

[7]翟中和等．细胞生物学[M]．4版．北京:高等教育出版社,2011.

[8]韩贻仁．分子细胞生物学[M]．3版．北京:高等教育出版社,2011.

[9]张景海,杨保胜,颜真．药物分子生物学．4版．北京:高等教育出版社,2011.

[10]沈振国．细胞生物学[M]．2版．北京:中国农业出版社,2010.

[11]杨恬．细胞生物学[M]．2版．北京:人民卫生出版社,2010.

[12]何奕騉,曾宪录．细胞生物学[M]．北京:科学出版社,2009.

[13]杨抚华．医学细胞生物学[M]．6版．北京:科学出版社,2009.

[14]刘艳平．细胞生物学[M]．长沙:湖南科学技术出版社,2008.

[15]翟中和等．细胞生物学[M]．3版．北京:高等教育出版社,2007.

[16]潘大仁．细胞生物学[M]．北京:科学出版社,2007.

[17]胡以平．医学细胞生物学[M]．北京:高等教育出版社,2003.

[18]沈振国,崔德才．细胞生物学[M]．北京:中国农业出版社,2003.

[19]王金发．细胞生物学[M]．北京:科学出版社,2003.

[20]张新跃,钱万强．细胞的分子生物学[M]．北京:科学出版社,2002.

[21]何润生,腾俊琳,陈建国．中心体复制及调控机制研究进展[J]．中国细胞生物学学报,2012,34(12),1187－1196.

[22]张必良,王玮.RNA在核糖体催化蛋白质合成中的作用[J]．中国科学,2009,39(1):69－77.

[23]丁戈等．着丝粒结构与功能研究的新进展[J]．植物学通报,2008,25(2):149－160.

[24]高燕,林莉萍,丁健．细胞周期调控的研究进展[J]．生命科学,2005,17(4):318－322.